园艺工基本技能
（第二版）

主　编　韩庆保
副主编　李长根

中国劳动社会保障出版社

图书在版编目（CIP）数据

园艺工基本技能/韩庆保主编. —2 版. —北京：中国劳动社会保障出版社，2017
职业技能短期培训教材
ISBN 978 - 7 - 5167 - 3081 - 2

Ⅰ.①园…　Ⅱ.①韩…　Ⅲ.①园艺-技术培训-教材　Ⅳ.①S6

中国版本图书馆 CIP 数据核字（2017）第 150716 号

中国劳动社会保障出版社出版发行

（北京市惠新东街 1 号　邮政编码：100029）

*

三河市华骏印务包装有限公司印刷装订　　新华书店经销

850 毫米 ×1168 毫米　32 开本　9.375 印张　231 千字
2017 年 7 月第 2 版　　　2021 年 12 月第 5 次印刷
定价：18.00 元

读者服务部电话：(010)64929211/84209101/64921644
营销中心电话：(010)64962347
出版社网址：http://www.class.com.cn

前言

　　职业技能培训是提高劳动者知识与技能水平、增强劳动者就业能力的有效措施。职业技能短期培训，能够在短期内使受培训者掌握一门技能，达到上岗要求，顺利实现就业。

　　为了适应开展职业技能短期培训的需要，促进短期培训向规范化发展，提高培训质量，中国劳动社会保障出版社组织编写了职业技能短期培训系列教材，涉及二产和三产百余种职业（工种）。在组织编写教材的过程中，以相应职业（工种）的国家职业标准和岗位要求为依据，并力求使教材具有以下特点：

　　短。教材适合 15～30 天的短期培训，在较短的时间内，让受培训者掌握一种技能，从而实现就业。

　　薄。教材厚度薄，字数一般在 10 万字左右。教材中只讲述必要的知识和技能，不详细介绍有关的理论，避免多而全，强调有用和实用，从而将最有效的技能传授给受培训者。

　　易。内容通俗，图文并茂，容易学习和掌握。教材以技能操作和技能培养为主线，用图文相结合的方式，通过实例，一步步地介绍各项操作技能，便于学习、理解和对照操作。

　　这套教材适合于各级各类职业学校、职业培训机构在开展职业技能短期培训时使用。欢迎职业学校、培训机构和读者对教材中存在的不足之处提出宝贵意见和建议。

人力资源和社会保障部教材办公室

简介

  《园艺工基本技能》第二版是为适应园艺工的实际工作需要，在第一版的基础上进行修订，最主要的变化是增加了园艺植物病虫害防治的内容，根据实际应用情况对具体的园艺植物品种进行了适当的补充和选择性的删减，使教材内容更加科学、合理。

  本书是园艺工培训教材，首先介绍了园艺植物的分类与识别、园艺工具与机械的使用和保养等基本知识；其次介绍了园艺植物的繁育、园林工程图样的识读、苗木的移植、常见园艺植物的栽植与养护、草坪的建植与养护等核心操作技能；最后介绍了园林植物常见病虫害防治知识。

  本书配有丰富直观图片，文字通俗易懂，便于读者轻松学习，适合于职业技能短期培训使用。通过培训，初学者或具有一定基础的人员可以达到上岗的技能要求。

  本书由盐城生物工程高等职业技术学校韩庆保、李长根、董晓鸣、李东编写，韩庆保任主编，李长根任副主编。

目录

第一单元　园艺植物分类与识别

模块一　植物分类基本知识

地球上的植物种类繁多，现存的有 40 多万种。为了更好地认识、利用和改造它们，就必须对植物进行分类。

一、园艺植物的主要形态特征

植物的分类依据是植物体的各种器官，包括根、茎、叶、花、果实、种子的形态特征和内部构造。其中，花是植物的繁殖器官，因其形态受外界环境的影响较小，所以被作为植物分类的主要依据。

1. 根

植物的根有主根、侧根和不定根之分。主根由胚根发育而成，通常垂直向下伸长，较粗壮。由主根长出的分枝叫侧根。有些植物的茎或叶也能生根，这种不是由胚根或固定生根的部位所发的根，称为不定根。由于环境的改变而使植物的根在形态上发生变化，这样的根称为变态根，主要有肉质根、气生根、呼吸根等。

2. 茎

木本植物按其主干的性质，可分为乔木、灌木和藤本三类。主干明显且高在 3 m 以上的木本植物，称为乔木；主干不明显且高在 3 m 以下的矮小丛生的木本植物，称为灌木；茎干不能直立而依附他物攀缘而生的木本植物，称为木质藤本。

植物的茎一般生长在地面上。但有些植物的茎却生长在地下，称为地下茎，如竹子的竹鞭，而竹秆则是它的分枝。

3. 叶

（1）叶子的组成。植物的叶子由叶片、叶柄和托叶三部分构成，称为完全叶。缺少其中一部分，称为不完全叶。托叶是叶柄与茎基相连处长出的两片小叶，常有变态，如刺状、片状或须状等。

（2）叶序。叶在茎或枝条上按一定的方式排列，称为叶序。叶序有互生、对生和轮生三种基本类型。有些树种具短枝，短枝节间很短，叶密集成簇，叫簇生。

（3）单叶或复叶。叶子按一个叶柄上着生叶片的多少分为单叶和复叶。叶柄上着生 2 至多枚叶片（称小叶）的称复叶。复叶依其小叶排列的情形不同又分为羽状复叶、掌状复叶和三出复叶等。

（4）叶片的形状。根据叶片长度与宽度的比例、最宽处所在的位置、叶片基部的形状，又可分为多种形状，如卵形、圆形、椭圆形、披针形等。

（5）叶脉与叶序。叶脉有主脉、侧脉和支脉之分。叶脉在叶片中分布的形式叫脉序。

（6）质地。叶片的质地有肉质、革质、纸质等。

由于长期受环境的影响，叶子发生变异而出现多种变态，如鳞芽外包的芽鳞，小檗叶的部分变成叶刺，刺槐的托叶变为刺，壳斗科的壳斗，攀缘植物的卷须，茅膏菜等的捕虫叶，相思树、金合欢等的叶片退化而叶柄扩大成片状叶状柄，以代替叶的功能。

4. 花

花是被子植物所特有的繁殖器官，由花芽发育而成，一个花芽可以形成一朵花或一个花序。

一朵完全花由花萼、花冠、雄蕊、雌蕊四部分组成，由外向内依次排列，缺少一部分或多部分的，即为不完全花。着生花的小枝称为花梗，花梗顶端膨大的部分称为花托，花的各部分都长在花托上。

根据花中雌蕊、雄蕊具备与否，可把花分为三类。

两性花：兼有雄蕊和雌蕊的花，如柑橘、梨、苹果、桃、李等。

单性花：仅有雄蕊或雌蕊的花，如南瓜、核桃、杨梅、银杏等。

无性花：既无雄蕊，也无雌蕊，又称中性花。

雄花和雌花生于同一植株的称雌雄同株；雌花和雄花不共同生于同一植株的，称雌雄异株；同一植株上既有单性花，又有两性花的，称杂性同株。

5. 果实、种子

开花植物传粉受精以后，花的各部分发生相应的变化，首先在胚珠发育为种子的同时，能合成吲哚乙酸等植物激素，子房内新陈代谢活跃，于是整个子房迅速生长，发育为果实。

（1）果实的形成。果实由子房发育而成，整个果实全部由子房发育而成的叫真果，多数植物的果实为真果。凡是子房上位的花形成的果一定是真果，如柑橘、桃、油菜、木兰、落葵等。但也有些植物的果实，只有一部分是由子房发育而成的，而相当大部分是由花托、花萼或花冠甚至整个花序发育而成的，这些果实叫假果，如梨、苹果、瓜类、菠萝、石榴、向日葵等。

（2）种子的形成。种子的形成包括胚的发育、胚乳的发育和种皮的形成。

胚的发育：胚是由合子发育而成的，受精后形成的合子通常要经过一段时间的休眠，分裂成胚柄和胚体，后者进一步分裂分化出子叶、胚芽、胚轴和胚根等部分，逐渐形成有一定形态结构的胚。

胚乳发育：胚乳是由极核受精后发育而成的。极核受精后立即分裂，数量增加到布满整个胚囊，才形成胚乳细胞，整个组织叫胚乳。

种皮的形成：种皮是由胚珠形成的。成熟种子的种皮，外层常为厚壁组织，内层常为薄壁组织，中层往往分化为纤维石细胞或薄壁细胞。

二、园艺植物的分类

1. 按生物学习性分类

（1）草本花卉。茎是草质茎，柔软多汁，木质化程度不高，按其生活周期，可分为：

1）一二年生花卉。在一年内完成其生活周期，称一年生花卉。如百日草、凤仙花、羽叶茑萝。秋季播种，翌年春季开花，在二年内完成其生活周期，称二年生花卉。如雏菊、飞燕草、三色堇、金鱼草等。

2）多年生花卉。其地下部分需要休眠，在一定的休眠期后，重新萌发生育，可以存活多年。根据其地下部分的形态不同，可分为：

宿根花卉：冬季在露地可以越冬，根系宿存于土壤中，如芍药、菊花等。

球根花卉：地下部分具有肥大的变态根或变态茎的植物，根据其形态不同又分为以下几类：

①鳞茎类。地下茎极度短缩呈鳞片状。如郁金香、风信子、水仙等。

②球茎类。地下茎呈球形或扁球形，球顶部着生主芽与侧芽。如小苍兰、香雪兰、唐菖蒲等。

③块茎类。地下茎呈不规则的块状。如花叶芋、大岩桐、马蹄莲等。

④块根类。地下部分为直根形成，不具芽眼，只在根颈部有发芽点。如大丽花、花毛茛等。

⑤根茎类。地下茎肥大呈根状，具有明显的节，节部具芽和

根。如虎尾兰、美人蕉等。

3）水生花卉。生长在水中或沼泽地中，能适应水域环境的花卉。如荷花、芡实、凤眼莲等。

（2）木本观赏植物。茎部木质化，质地坚硬。根据形态，又可分为三类。

1）乔木类。主干单一，由根部发生独立的主干，树干和树冠有明显区分。如落叶乔木有白玉兰、樱花等，常绿乔木有广玉兰、女贞等。

2）灌木类。无明显的主干，近地面处生出许多枝条，呈丛生状态。如落叶灌木有木槿、连翘等，常绿灌木有栀子花、夹竹桃等。

3）藤本类。茎木质化，长而细弱不能直立，必须缠绕或攀缘他物才能向上生长。如紫藤、凌霄等。

2. 按观赏部位分类

（1）观花类。以观赏花形、花色，闻花香为主。如杜鹃类、山茶类、月季、仙客来等。

（2）观叶类。以观赏叶形、叶色为主。如红叶李、红背桂、棕竹、龟背竹、一叶兰、彩叶草、花叶芋、蕨类等。

（3）观茎类。以观赏植物茎为主。如佛肚竹、竹节蓼、虎刺梅等。

（4）观果类。以观赏果实为主。如金橘、石榴、佛手、南天竹、火棘等。

（5）观芽类。以观赏叶芽或花芽为主。如银柳的肥大银色花芽、石楠的红色顶芽、白玉兰密生茸毛的肥大花芽等。

3. 按开花季节分类

（1）春花类。瓜叶菊、雏菊、连翘、白玉兰、碧桃、海棠等。

（2）夏花类。鸡冠花、唐菖蒲、扶桑、八仙花、天女花、合欢等。

（3）秋花类。菊花、锦葵、麦冬、凤眼莲、石蒜、木芙蓉、桂花等。

（4）冬花类。仙客来、茶花、蜡梅、梅花等。

4. 按用途分类

（1）室内花卉。耐阴与半耐阴类花卉用盆养的方式，置于室内以供观赏。如文竹、秋海棠、君子兰等。

（2）庭园花卉。庭园的类型很多，不同的庭园环境，其小气候差别很大，因此，只有根据庭园的生态特征，因地制宜地选用适宜的花卉材料美化庭园。如在靠近墙垣或屋基处，可种植垂盆草、玉簪花、秋海棠、大岩桐与蕨类等阴性花卉。庭园中央早晚的光照仍感不足，可栽种山茶、杜鹃、含笑、桂花、菊花等。西向墙垣常遭烈日西晒与雨淋，可在窗外或墙基栽培爬山虎、常春藤、木香、金银花等攀缘藤本花木。

（3）棚架花卉。在棚架的外侧栽种藤本花木以形成花廊。如凌霄、葡萄、紫藤等。

（4）切花花卉。切取鲜花，以花瓶、水盆等容器水养，并运用艺术造型，使其成为具有生命的装饰品。如唐菖蒲、香石竹、月季、马蹄莲、非洲菊、兰花等。

（5）食用花卉。如百合、萱草、石榴等。

（6）药用花卉。如牡丹、芍药、玉兰、五味子、厚朴等。

5. 按栽培方式分类

（1）露地花卉。其栽培与繁殖都在露地进行。包括春季播种的一年生草花，如翠菊、半支莲等，秋季播种的二年生草花，如石竹、二月兰、羽叶甘蓝等。球根花卉越冬后也可栽植的，如美人蕉、大丽花等，以及冬季在露地可安全越冬的萱草、麦冬等宿根花卉。木本观赏花卉可在露地栽培的为数更多，如紫荆、玫瑰、锦带花、樱花等。

（2）温室花卉。原产热带和亚热带或长江以南温暖地区的花卉，在北方寒冷地区不能在室外越冬，需要在温室内保护越冬。由于我国各地气候条件差异较大，温室花卉所包括的种类也是相对的。如白兰花、三角花在南方热带和亚热带地区的室外露地可安全越冬，而在北方地区则必须保护于温室中。

温室花卉通常可分为以下几个类型：

1）草本花卉。如蒲包花、瓜叶菊等。

2）宿根、球根花卉。宿根花卉如万年青、报春类、铁线蕨等。球根花卉如朱顶红、球根海棠、仙客来、红花酢浆草等。

3）木本花卉。如吊钟海棠、一品红、山茶等。

4）多肉、多浆类植物。茎或叶肥厚多汁，且在形态上茎部多变成扇状、球状、片状等，叶变为针刺状，以减少蒸腾，适应干旱。如仙人掌、昙花、芦荟等。

模块二 园艺植物的识别

一、常见露地草花的识别

（1）金盏菊。金盏菊（见图1—1）为菊科二年生草本，又名金钟花、金盏花、常春花、黄金盏等。植株被毛，叶互生，抱茎，长椭圆状倒卵形，全缘或稍有锯齿。头状花序单生，总花梗粗壮，舌状花橙黄或黄色，也有重瓣品种，管状花黄色，不育。瘦果弯曲形。

花期3—6月，果熟期6月。

（2）万寿菊。万寿菊（见图1—2）为菊科一年生草本，又名臭芙蓉、大芙蓉、蜂窝菊等。茎直立、粗壮、多分枝，高50~80 cm。叶对生，羽状全裂，裂片矩圆形或披针形，边缘有锯齿和油腺点，有特殊气味，顶端叶常具长而软的芒。头状花序单生，黄色或橙黄色，单瓣或重瓣，总花梗粗壮，近花序处肿大，花苞钟状。瘦果黑色，下端浅黄，具淡黄色冠毛。

花期6—10月，果熟期8—9月。

图1—1　金盏菊　　　　　　　　　图1—2　万寿菊

（3）矮牵牛。矮牵牛（见图1—3）为茄科多年生草本，常作一二年生栽培。高20～60 cm，全株具黏毛，茎稍立或倾卧。叶卵形，全缘，近无柄，上部对生，下部互生。花单生于叶腋或枝端，花萼深裂，花冠漏斗状，先端具波状浅裂，有紫、红、粉、白等色。蒴果圆形，种子细小。

花期4—10月。

（4）鸡冠花。鸡冠花（见图1—4）为苋科一年生草本。株

图1—3　矮牵牛　　　　　　　　　图1—4　鸡冠花

高40~100 cm，茎直立粗壮。叶长卵形或卵状披针形。花序扁平呈鸡冠状，雌花着生于花序基部，花色有紫红、红、玫红、橙黄等。种子黑色。

花期7—10月，果熟期9—10月下旬。

（5）雏菊。雏菊（见图1—5）为菊科多年生草本，又名春菊、延命菊。叶基部簇生，匙形或倒卵形，叶缘波状齿。头状花序单生，总苞片具有白色茸毛，外围舌状花，单性，有白、粉红、深红、洒金、紫等色，中央管状花，黄色，多为两性。瘦果。

花期3—6月，果熟期6月。

（6）羽叶甘蓝。羽叶甘蓝（见图1—6）为十字花科二年生草本，又名花甘蓝、叶牡丹、花苞菜、羽衣甘蓝等。茎直立，无分枝。基叶木质化，叶矩圆状倒卵形，大而肥厚，叶缘皱缩，被白霜，叶片重叠生于短茎上。总状花序顶生，有小花15~30朵，淡黄色。长角果，种子球形。各地栽培有两大类，一类心部呈紫红、淡紫或血青色，茎紫红色；另一类心部呈白色或淡黄色，茎部绿色。种子前者红褐色，后者黄褐色。

花期4—5月，果熟期6月。

图1—5　雏菊

图1—6　羽叶甘蓝

（7）半支莲。半支莲（见图1—7）为马齿苋科一年生草本，又名太阳花、龙须牡丹、洋马齿苋、松叶牡丹。植物体肉质，茎多分枝，植株低矮，匍匐或斜生。单叶，圆柱形，肉质。花单生或数朵簇生枝顶，花色较多。花在日中盛开，阴雨天不开花，能自播繁殖。

花期6—9月。

（8）三色堇。三色堇（见图1—8）为堇菜科一二年生草本，又名猫儿脸、蝴蝶花、鬼脸花。株形矮而光滑，茎多分枝，常匍匐地面。叶互生，基生叶圆心脏形，上部叶较狭，锯齿圆钝，托叶大而宿存。花单生于叶腋，每梗一花，两侧对称，花具三色，即黄、白、紫，花瓣5片，下面一瓣有短距，花萼5枚，宿存。蒴果。

花期3—5月，果熟期5—6月。

图1—7　半支莲

图1—8　三色堇

（9）一串红。一串红（见图1—9）为唇形科多年生草本或灌木状，又名墙下红、象牙红、撒尔维亚等，常作一年生栽培。茎四棱形，基部常木质化。叶卵形，对生，有锯齿。顶生总状花序，2~6朵花轮生，花冠唇形，花萼钟状，宿存，花冠和花萼均为鲜红色，也有白、紫、粉等品种及变种。小坚果卵形，有 3 棱，光滑。

花期 8—11 月。

（10）大丽花。大丽花（见图 1—10）为菊科多年生草本，又名大理菊、西番、天竺牡丹等。具纺锤状肉质块根，株高因品种而异，茎中空。叶对生，1～3 回羽状分裂，裂叶卵形，边缘具钝齿。头状花序顶生，具长柄，舌状花有红、橙、黄、粉、白、紫、杂色等，单瓣或重瓣，管状花黄色。瘦果。

花期 6—10 月，果熟期 11 月。

图 1—9 一串红　　　　图 1—10 大丽花

（11）郁金香。郁金香（见图 1—11）为百合科多年生球根草本，又名郁香、草麝香、洋荷花等。鳞茎圆锥形，具棕褐色皮膜。茎叶光滑被白粉，基生叶 2～3 片，阔披针形或卵状披针形。茎生叶 1～2 片，较基生叶小。花顶生，直立杯状，花瓣 6 片，抱合生长，雄蕊 6 枚，雌蕊 1 枚，单瓣或重瓣，花色有白、黄、粉、红、深红、玫瑰色等。蒴果胞背开裂，种子扁平。

花期 3—5 月，果熟期 6 月。

（12）芍药。芍药（图 1—12）为毛茛科多年生草本，又名将离、没骨花、婪尾春等。具直根系粗壮肉质根，<u>茎丛生</u>，株高70～100 cm。初生茎叶呈红褐色，叶为2回3出羽状复叶，基部和顶端为单叶。花单生，形大，单瓣或重瓣，花色多样，品种繁多。蓇葖果。

花期4—5月，果熟期8—9月。

图1—11　郁金香

图1—12　芍药

（13）鸢尾。鸢尾（见图1—13）为鸢尾科多年生草本，又名蓝蝴蝶花、铁扁担。地下根状茎短粗而多节，分枝丛生，淡黄色。叶剑形，淡绿色，全部根出叶。花茎自叶丛抽出，与叶片等长，1～2个分枝，每枝着花1～4朵，蓝紫色，花瓣6片，外3片大，上部翻卷呈鸡冠状皱折，内3片小，拱形，基部狭，雄蕊3枚，花柱3个，裂片呈花瓣状，与花冠同色。蒴果长圆柱形，种子球形。

花期4—5月，果熟期6—7月。

图1—13　鸢尾

二、常见温室花卉的识别

1. 温室草本花卉

温室草本花卉包括一二年生花卉、宿根和球根花卉。

（1）瓜叶菊。瓜叶菊（见图1—14）为菊科一二年生草本，又名千日莲、生荷留兰。茎短而粗，全株被毛。叶三角状心形，叶缘具不规则的锯齿和浅裂，网状脉明显，叶背灰白色有紫晕，叶基耳状而抱茎。头状花序排列成伞房状，舌状花冠色彩艳丽，有粉红、紫红、墨红、玫红、蓝、白、紫、红等色。瘦果，种子黑色。

花期2—4月，果熟期5月。

（2）蒲包花。蒲包花（见图1—15）为玄参科多年生草本，又名荷包花，常作二年生栽培。全株有茸毛。叶对生，卵形或卵状椭圆形。聚伞状花序，具二唇花冠，花冠下唇瓣膨大成蒲包状，故名。花色有乳白、黄、橙红、米黄等。蒴果，种子细小多数。

花期自元旦至五一前后，是重要的室内观赏花卉。

图1—14　瓜叶菊

图1—15　蒲包花

（3）仙客来。仙客来（见图1—16）为报春花科多年生块茎植物，又名兔耳花、萝卜海棠、翻瓣莲。块茎肉质而扁圆，表层稍木栓化。叶丛生于块茎顶端，心状卵圆形，叶面常有白色斑纹，边缘细锯齿，具紫红色肉质长柄。花顶生而下垂，花瓣扭曲向上反卷，有紫红、淡红、玫红、白色等，还有带香气的园艺品种。蒴果圆形，种子褐色。

花期 10 月至翌年 5 月。

（4）四季秋海棠。四季秋海棠（见图 1—17）为秋海棠科多年生肉质草本，又名瓜子海棠、洋海棠等。茎直立，肉质，绿色稍带红晕，茎节膨大。叶互生，卵形，具光泽，边缘有锯齿，叶基部略偏斜，绿色或淡红色，托叶大，膜质。聚伞花序腋生，花单性，雌雄同株，有红、白、粉或间色。蒴果有翅，种子极细。

花朵四季开放，种子陆续采收。

图 1—16　仙客来

图 1—17　四季秋海棠

（5）马蹄莲。马蹄莲（见图 1—18）为天南星科多年生球根花卉，又名慈姑花、观音莲、野芋等。块茎肉质。叶基生，箭形，叶柄长而粗壮，质地疏松，柄基鞘状。花茎着生叶侧，肉穗花序鲜黄色，独立生在白色的佛焰苞内，上部为雄性花，下部为雌性花。浆果，多不易成熟。

花期 2—4 月。

（6）四季报春。四季报春（见图 1—19）为报春花科多年生草本，别名四季樱草、仙鹤莲，常作一二年生栽培。具肉质长叶柄，叶片椭圆形，叶面上有短毛。顶生伞状花序，每株可抽生 4～6 枝。花漏斗状，花瓣 5 枚，花有紫、粉、白、玫瑰红等色。蒴果球形，5 裂，种子细小，深褐色。种子寿命短，应随采随播。

花期 12 月至翌年 5 月。

图 1—18　马蹄莲

图 1—19　四季报春

（7）君子兰。君子兰（见图 1—20）为石蒜科多年生常绿草本，又名剑叶石蒜、大花君子兰。地下具白色肉质须根，不分枝或少分枝。叶基生密抱而呈假茎状，两列相对迭生，宽带形，浓绿具光泽。花茎自叶腋而出，扁平而海绵质。伞形花序顶生，着花 6～20 朵，花冠漏斗状，橙红色。浆果紫红色，种子球形。

花期 1—5 月或 9—10 月。

（8）扶郎花。扶郎花为菊科多年生草本，又名非洲菊、灯盏花。全株被毛，叶基生，羽状分裂或深裂，具疏齿。头状花序单生，花茎长而中空，高出叶丛，舌状花 1～2 轮或多轮成重瓣，有红、橙红、粉红、黄、奶黄、白等色。瘦果扁平，黑褐色。

花期 4—5 月或 9—10 月。

（9）吊兰。吊兰为百合科多年生常绿草本，又名垂盆吊兰。地下根的上部为白色肉质状，下部须状根。叶基生，阔线形，全缘呈波状，花茎细长自叶丛中抽出，下垂，节部能生出新的小叶丛，长出肥大肉质白色气根。总状花序顶生，着生不显眼的小白花，以观叶为主。

花期春夏两季。

（10）红掌。红掌（见图 1—21）为天南星科多年生常绿草本，别名安祖花、大叶花烛。茎节密集，叶革质，叶片长圆状心形或卵圆形，长可达 50 cm，宽 25 cm。叶柄长约 40 cm，圆棍形，坚挺。花序梗生于叶腋，长约 50 cm。肉穗花序黄白色，具红色佛焰苞，蜡质。每花可持续开放 2～3 个月。

图 1—20　君子兰

图 1—21　红掌

（11）香石竹。香石竹（见图 1—22）为石竹科多年生半灌木状草本，又名康乃馨、麝香石竹。茎细软常匍匐或下垂生长，基部半木质化，茎、叶均被白粉。叶对生，线状披针形，基部抱茎。花单生或 2～5 朵簇生，浓香，花色极为丰富，有粉红、紫红、大红、黄、橙、白、杂色等。有半重瓣或重瓣品种。蒴果，种子褐色。

自然花期5—7月，温室栽培周年生产切花，以冬季1—2月为盛。

（12）文竹。文竹（见图1—23）为百合科多年生蔓性草本，又名云片竹、芦笋山草。根系稍肉质。茎蔓性攀缘状，老茎半木质，枝和叶状枝极多，纤细如羽毛，平展，叶状枝簇生，鲜绿色，由12~20个小枝组成三角形，呈云片状。花极小，淡黄色，1~3朵生于短柄上。浆果球形，紫黑色，种子1~3粒。

花期6月，果熟期10月。

图1—22　香石竹

图1—23　文竹

2. 温室木本观赏植物

温室木本观赏植物是指在温带寒冷地区不能露地越冬，必须在温室中满足其温度要求，才能正常生长的一类植物。

（1）苏铁。苏铁为苏铁科常绿乔木，又名铁树、凤尾蕉、避火蕉。茎圆柱形，不分枝，密被宿存的叶根和叶痕。叶大，丛生于茎顶，羽状复叶，小叶线形，边缘反卷，深绿色，具光泽。花单性，雌雄异株，雄花黄色，圆柱形，雌花扁圆褐色。种子微扁，朱红色。

花期7—8月，果熟期10月。

（2）一品红。一品红（见图1—24）为大戟科常绿或半常绿灌木，又名象牙红、圣诞花、猩猩木。茎直立中空，具乳汁。单叶互生，浅波状或浅裂呈琴形，叶脉明显，叶柄红色，开花时茎端生长缓慢，节间缩短，上面丛生鲜红色苞片，向四周平展，形似花瓣，是主要的观赏部位。杯状花序顶生，具1～2个黄色腺体，花小，雌雄同株，无花被。蒴果。

花期12月至翌年2月。

（3）米兰。米兰（见图1—25）为楝科常绿小乔木，又名米仔兰、碎米兰、树兰、伊兰。茎直立，分枝多而稠密。叶互生，奇数羽状复叶，3～5片小叶组成，倒卵形，全缘，具光泽。小型圆锥花序腋生，花极小、似小米，黄色，浓郁清香。浆果近球形。

周年开花，夏、秋最盛。

图1—24　一品红

图1—25　米兰

（4）橡皮树。橡皮树为桑科常绿大乔木，又名缅树、印度榕、印度橡皮树。株高可达30余米，盆栽不超过3 m，全株光滑，有乳汁。叶大宽厚，革质光亮，椭圆形或长椭圆形，全缘，中肋凸出，侧脉平行，叶柄粗壮，幼芽为淡红色的托叶所包，新叶展开后，托叶即脱落而留下环状叶痕。花细小，白色，盆栽一般不开花。

（5）龟背竹。龟背竹（见图1—26）为天南星科常绿藤本，又名电线兰、蓬莱蕉、龟背蕉。主茎粗壮，蔓生，节上生有多数气生根，老熟后半木质化呈褐色，形似电缆。幼叶心脏形，全缘，无孔，长大后呈羽状深裂，革质，叶脉间有椭圆或圆形穿孔。佛焰花序，淡黄色。浆果。

（6）茉莉。茉莉（见图1—27）为木犀科常绿藤本或灌木，又名茶叶花、茉莉花。小枝绿色，细长有棱，老枝灰白色，茎节扁平状。单叶对生，卵形至阔卵形，全缘，具光泽。聚伞花序顶生，着花5～12朵，花白色，极芳香，单瓣或重瓣。浆果球形，黑色，内含种子1～2粒。

花期6—7月。

图1—26　龟背竹

图1—27　茉莉

（7）棕竹。棕竹（见图1—28）为棕榈科常绿丛生灌木，又名矮棕竹、棕榈竹。茎干为褐色网状纤维叶鞘所包。叶掌状深裂达基部，小裂叶3～7片，条形，丛生于茎端，叶缘具细锯齿，嫩叶及柄具棕色柔毛。肉穗花序位于佛焰苞内，花小，淡黄色，雌雄异株。浆果，种子球形，蓝黑色。

花期4—5月。

（8）朱蕉。朱蕉（见图1—29）为百合科常绿小乔木，又名红铁树、红竹。茎干直立细长，呈丛生状。单叶丛生茎顶，叶革质，全缘，披针形，叶面紫红色，间有玫瑰色的条斑。叶柄长10～15 cm，基部抱茎，在茎干上呈螺旋状排列。

图1—28　棕竹

图1—29　朱蕉

（9）散尾葵。散尾葵（见图1—30）为棕榈科常绿丛生灌木，别名黄椰子。高7～8 m。干光滑，黄绿色，环状鞘痕明显。叶羽状全裂，叶柄、叶轴、叶鞘均为淡黄绿色。肉穗花序圆锥状，生于叶鞘下。雄花花蕾卵形，黄绿色，端钝。果近圆形，橙黄色。

3．多肉植物

多肉植物在园艺栽培中自成一类，它包括仙人掌类和多肉、多汁、多浆植物。

图1—30　散尾葵

多肉植物原产于热带、亚热带和干旱的沙漠地带，这类植物有的茎叶能储藏大量水分，有的叶片退化成针刺状，也有的全株被毛，以适应高温干旱的环境，同时这些植物的茎、叶、珠芽都能繁殖，所以它们的种类极其繁多，形态各异，花型别致，色彩丰富。

（1）虎刺梅。虎刺梅（见图1—31）为大戟科落叶灌木，又名虎刺、铁海棠、麒麟花。茎干肉质具多棱，密生褐色硬刺，茎节不明显，侧枝纵横生长没有规律。小叶嫩绿色，单生，倒卵形。聚伞花序顶生，花小而难以见到，苞叶2片，大红色，形似花瓣，萼筒浅绿，具黄绿色晕，开花不结实。

图1—31　虎刺梅

花期3—12月。

（2）石莲花。石莲花为景天科多年生肉质草本，又名宝石花。茎短，枝匍匐，叶肉质肥厚，倒卵形，淡绿色，表面被白粉，叶丛生似莲花状。花茎自叶丛中央抽出，总状聚伞花序，花红色，顶端和内部黄色。

花期4—6月。

（3）龙舌兰。龙舌兰为龙舌兰科多年生常绿草本，又名剑麻、番麻、世纪树。茎极短。叶肥厚，茎基簇生呈莲座状，被白粉，长剑形，叶缘具细锯齿。圆锥花序顶生，花茎粗壮，着生淡黄绿色花朵，异花授粉才能结实。蒴果球形。

（4）仙人掌。仙人掌为仙人掌科多年生常绿灌木，又名仙人扇、仙桃、月月掌。株高可达5 m以上，老茎干木质，圆柱形，褐色，嫩茎椭圆形，绿色，扁平，肥厚肉质，茎节相连，茎上具刺丛。花生于节上，鲜黄色，在原产地月月开花，花后结实，浆果状，黄色至暗红色。

花期6—7月。

（5）仙人球。仙人球（见图1—32）为仙人掌科多浆植物。茎圆球形，多棱，黄绿色，棱上刺丛等距而生，刺丛中央4根刺较长而刚硬，金黄色，周围为短刺和淡黄色柔毛。花白色，漏斗状，型大，具芳香。

花期7—9月。

（6）令箭荷花。令箭荷花（见图1—33）为仙人掌科多年生常绿半灌木状，又名小朵令箭、红孔雀。茎肉质、扁平呈片状，多分枝，边缘为粗钝锯齿，凹入部分丛生细刺，主肋和侧肋隆起。花大型，着生于叶状枝上端锯齿凹入处，花筒短，盛开后花瓣向外反卷，花朵艳丽多彩，有深红、粉红、紫红、橙黄、黄、白等色。果梨形，红色。

花期5—7月。

图1—32　仙人球

图1—33　令箭荷花

三、常见木本植物的识别

凡具有高大树身，由根部发生独立的主干和葱茏的冠，树干和树身有明显区分者，均属乔木。树矮小，无明显主干，近地面处生出许多枝条，成为丛生状态，属于灌木。有攀附或缠绕习性的树木属木质藤本。

1. 常绿乔木

（1）黑松。黑松为松科常绿乔木，又名日本黑松、白芽松。树皮灰黑色，老枝略下垂，冬芽银白色。叶2针1束，粗硬。球果卵形，鳞盾稍厚，横脊显著，鳞脐微凹，有短刺。种子倒卵形，灰褐色，略有黑斑，种翅长1~1.8 cm。

花期3—5月，翌年10月果熟。

（2）五针松。五针松（见图1—34）为松科常绿乔木，又名日本五须松、五钗松。针叶5针1束，短、微弯，缘具细齿。球果卵圆形或卵状椭圆形，无梗，鳞盾近斜方形，先端圆，微内曲，鳞脐下凹。种子为不规规圆形，种翅三角形。

花期4—5月，翌年6月果熟。

（3）雪松。雪松（见图1—35）为松科常绿乔木，又名喜马拉雅雪松。大枝平展，小枝微下垂，树冠尖塔形。针叶在长枝上螺旋状散生，在短枝上簇生，先端锐尖，呈三棱状。球果卵圆形，翌年成熟，直立，种鳞木质，宽大，扇状三角形，排列紧密，熟时自中轴脱落。种子上部具宽大膜质的种翅。

花期10—11月，翌年10月果熟。

图1—34　五针松

图1—35　雪松

（4）云杉。云杉（见图1—36）为松科常绿乔木，又名白儿松。树冠圆锥形，小枝基部宿存芽鳞，先端反曲。叶呈螺旋状着生，先端尖，横切面菱形，上面5~8条气孔带，下面4~6条。球果圆柱形，成熟后栗褐色。

花期4月，10月果熟。

（5）侧柏。侧柏（见图1—37）为柏科常绿乔木，又名扁柏。树皮浅褐色，呈薄片状剥落，小枝扁平。鳞叶，交互对生。单性，雌雄同株，雄球花单生小枝顶端，雌球花有四对珠鳞。球果卵形，种鳞木质，顶端具一反曲尖钩头，开裂。种子卵形，褐色，无翅。

花期3—4月，10—11月果熟。

图1—36　云杉

图1—37　侧柏

（6）龙柏。龙柏为柏科常绿乔木，又名绕龙柏、螺丝柏。树冠圆柱形或柱状塔形。鳞叶排列紧密，枝条向上拱曲，常有扭转上升之势。球果蓝色，微被白粉。

花期4月，翌年10月果熟。

（7）柳杉。柳杉（见图1—38）为杉科常绿乔木，又名长叶孔雀杉。树冠塔形或圆锥形。树皮棕红色长条状剥落。小枝细长下垂，叶钻形，螺旋状排列，略成五行，基部下延，略向内弯。花单性，雄球花单生于小枝上部的叶腋，多数密集成穗状；雌球花无梗，单生枝顶，种鳞与苞鳞合生，仅先端分离。球果种鳞宿存，木质，盾形，上部肥大，有 3～7 裂齿。种子扁三角状椭圆形，缘具窄翅。

花期 4 月，10—11 月果熟。

（8）罗汉松。罗汉松（见图 1—39）为罗汉松科常绿乔木，又名罗汉杉、土杉。树冠广卵形。树皮鳞片状剥落。枝较短而横斜密生。叶螺旋状互生，条状披针形，先端尖，两面中脉显著，叶面暗绿色，叶背粉绿色。花单性，雌雄异株。种子卵形，长约 1 cm，熟时紫色，被白粉，着生于肉质膨大的种托上，种托初时深红色，后为紫色，略有甜味，可食。

花期 4—5 月，8—11 月果熟。

（9）香樟。香樟为樟科常绿乔木，又名乌樟、小叶樟。树冠广卵形。树皮灰褐色。单叶互生，卵状椭圆形，边缘微波状，叶面深绿，有光泽，叶背灰绿色，微具白粉，离基 3 出脉，脉腋有腺体。花两性，圆锥花序，腋生，花绿色或黄绿色。浆果，球形，紫黑色，果托杯状。

花期 5 月，9—11 月果熟。

图 1—38 柳杉

图 1—39 罗汉松

（10）广玉兰。广玉兰（见图1—40）为木兰科常绿乔木，又名荷花玉兰、洋玉兰。树冠圆锥形，芽及小枝具铁锈色柔毛。单叶互生，倒卵状或长椭圆形，革质，先端钝尖，基部楔形，全缘，叶面深绿色，有光泽，叶背具锈色短毛。花两性，单生枝顶，花冠大，白色，芳香，花丝紫色。聚合骨突果圆柱形，密生锈色毛，顶端具喙，种子具红色假种皮。

花期5—7月，9—10月果熟。

（11）棕榈。棕榈（见图1—41）为棕榈科常绿乔木，又名棕树、山棕。树干直立而不分枝，茎具环状叶痕及残存之叶柄。单叶簇生干端，近圆形，掌状深裂达中下部，有皱折，裂片狭长，多数，先端浅2裂，叶柄长40～100 cm，上面近平形，下面半圆形，两侧细齿明显。花单性，雌雄异株，圆锥状肉穗花序，花小而色黄。核果，球形，蓝褐色，被白粉。

花期4—5月，10—11月果熟。

图1—40　广玉兰　　　　　图1—41　棕榈

（12）枸骨。枸骨（见图1—42）为冬青科常绿灌木状小乔木，又名枸骨冬青。枝密生，树冠宽卵形。单叶互生，革质，矩圆状方形，先端宽大，有3枚尖硬的刺齿，叶面深绿色，有光泽；老树基部的叶呈圆形，全缘，具短柄。花单性，雌雄异株，花冠黄绿色，簇生于上年生枝的叶腋内。核果球形，鲜红色。

图1—42　枸骨

花期4—5月，9月果熟。

2. 落叶乔木

（1）佛肚竹。佛肚竹（见图1—43）为禾本科竹亚科丛生型竹类，又名佛竹、密节竹。秆高2.5 m，直径1.2 cm，畸形秆仅高25～50 cm，茎节基部膨大如瓶，形如佛肚，正常秆圆筒形，幼秆深绿色，老时转橄榄黄色，秆每节分枝1～3枝。箨叶于秆基部者直立，上部者稍反卷，脱落性卵状披针形，箨鞘无毛，初时深绿色，老则橘红色，干时草黄色，鞘口具纤细刚毛，箨耳发达，圆形，箨舌极短。叶卵状披针形或长圆状披针形，叶背微具毛。

（2）慈孝竹。慈孝竹（见图1—44）为禾本科竹亚科丛生型竹类，又名凤凰竹、孝顺竹、蓬莱竹。秆密集丛生，圆柱形，秆高2～7 m，直径1～4 cm，节间长20～30 cm，秆箨宽硬，革质，先端近圆形。箨叶直立，三角形，顶端渐尖，边缘内卷，枝多数簇生于节上。小枝具5～10片叶，叶薄，狭长披针形，顶端渐尖，叶面深绿色，叶背粉白色，叶鞘无毛，叶耳不明显。叶舌平截。

笋期8—10月。

（3）凤尾竹。凤尾竹为禾本科竹亚科丛生型竹类，又名观音竹。秆高2～3 m，多分枝，枝叶稠密、纤细而下弯。叶细小，通常10多片生于小枝两侧，形如羽状复叶，叶背灰白色。

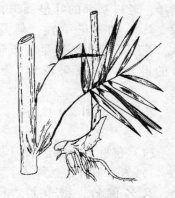

图1—43　佛肚竹　　　　　　　　　　　图1—44　慈孝竹

（4）银杏。银杏为银杏科落叶乔木，又名白果树、公孙树。树干端直，树冠广卵形。有长枝与短枝之分，叶在长枝上螺旋状着生，在短枝上簇生，扇形叶，上缘有浅或深的波状缺刻，有时中部缺刻较深，成2裂状，叶脉叉状并列。花单性，雌雄异株，雄花为柔荑花序，雌球花有长梗，常数个生于短枝顶端叶丛中，淡绿色。种子核果状，椭圆形或近球形，熟时黄色，被白粉，外种皮肉质有臭味，中种皮白色骨质，内种皮黄褐色。

花期3月下旬至4月中旬，8—10月果熟。

（5）水杉。水杉为杉科落叶乔木，树干基部常膨大。小枝对生或近对生，叶条形，交互对生，基部成羽状2列，冬季与无芽小枝一同脱落。花单性，雌雄同株，雄球花单生于叶腋或枝顶，有短梗，多数组成总状或圆锥状花序，雌球花单生于去年生枝顶，有短梗，珠鳞交互对生。球果下垂，当年成熟，具长梗；种鳞木质、盾形，顶部有凹槽；种子扁平，周围有窄翅。

花期2月下旬，11月球果成熟。

（6）梅花。梅花（见图1—45）为蔷薇科落叶乔木，又名春梅、红梅、干枝梅。常有枝刺，小枝绿色。单叶互生，卵形至椭圆状卵形，基部阔楔形或近圆形，缘具细尖锯齿，叶柄常具腺体。花两性，单生或两朵并生，花冠白色、淡红色或红色。核果，球形，黄色，密被细毛。

花期 11 月至翌年 3 月，4—6 月果熟。

（7）樱花。樱花（见图 1—46）为蔷薇科落叶小乔木，又名福岛樱、青肤樱。单叶互生，卵形或卵状椭圆形，先端尾尖，缘具尖锐锯齿；叶柄具腺体。花两性，白色或淡粉红色，3～5 朵成短总状花序。核果，球形，熟时红褐色。

花期 4 月，7 月果熟。

图 1—45　梅花

图 1—46　樱花

（8）碧桃。碧桃为蔷薇科落叶小乔木，又名千叶桃。小枝红褐色，单叶互生，椭圆状披针形，先端渐尖，缘具细锯齿。花两性，单生，花冠重瓣或单瓣，花色有大红、粉红、白色等。核果。

花期 3—4 月。

（9）垂丝海棠。垂丝海棠（见图 1—47）为蔷薇科落叶小乔木，又名海棠花。树冠疏散，枝开展，幼时紫色。单叶互生，卵形至卵状椭圆形，缘具细钝锯齿或近全缘，叶面具光泽，叶柄及中脉紫红色。花两性，4～7 朵簇生于小枝顶端，鲜玫瑰红色，花萼紫色，花梗细长下垂，紫色；花序中常有 1～2 朵花无雌蕊。梨果，倒卵形，紫色。

花期 4 月，9—10 月果熟。

（10）木瓜。木瓜（见图 1—48）为蔷薇科小乔木，又名木瓜海棠、香瓜。树皮片状剥落。单叶互生，椭圆状卵形，先端急尖，基部宽楔形，缘具芒状腺齿，托叶卵状披针形，具腺齿。花两性，单生于叶腋；花冠粉红色。梨果大，暗黄色，木质，味芳香。

花期 4 月，9—10 月果熟。

图 1—47　垂丝海棠　　　　　图 1—48　木瓜

（11）红叶李。红叶李（见图 1—49）为蔷薇科落叶小乔木，又名紫叶李。单叶互生，卵形或倒卵形，先端尖，基部圆形，缘具尖细锯齿，紫红色。花两性，单生，单瓣，花瓣白色。核果球形，暗红色，果面有沟槽。

花期 4 月，7 月果熟。

（12）紫玉兰。紫玉兰（见图 1—50）为木兰科落叶小乔木或大灌木，又名辛夷、木笔。小枝褐紫色或绿紫色，顶芽卵形，被淡黄色绢毛。单叶互生，椭圆状倒卵形，先端突尖，基部楔形，全缘。花两性，花被片外紫内白；花、叶同时开放。聚合蓇葖果，圆柱形。

花期4月，8—9月果熟。

图1—49 红叶李   图1—50 紫玉兰

（13）白玉兰。白玉兰（见图1—51）为木兰科落叶乔木，又名玉兰、木兰，俗称应春花、望春花。花芽顶生，长卵形，密被灰黄绿色长绒毛，单叶互生，倒卵形，先端突尖，基部楔形，叶柄具托叶痕。花两性，单生枝顶，先叶开放，花被片白色。聚合蓇葖果。

花期3—4月，8—9月果熟。

（14）垂柳。垂柳为杨柳科落叶乔木，又名水柳。树冠倒广卵形，开展而疏散，小枝细长下垂。单叶互生，披针形，或线状披针形，先端长尖，缘具细锯齿。花单性，柔荑花序。蒴果；种子细小，基部具白色丝状长毛。

花期3月，4—5月果熟。

（15）龙爪柳。龙爪柳为杨柳科落叶乔木。树冠倒卵形，枝条扭曲下垂。单叶互生，披针形，花单性，柔荑花序，雌雄异株。蒴果。

花期3月，4月果熟。

（16）三球悬铃木。三球悬铃木为悬铃木科落叶乔木，又名法国梧桐。树皮呈不规则大薄片状剥落，内皮淡绿白色，平滑。单叶互生，掌状脉，3～5裂，裂片三角状卵形，边缘疏生齿牙，中裂片长宽近等。花单性，雌雄同株，头状花序。球果下垂，通常3个生于1个果序柄上，花柱宿存，粗糙，经冬不落。

花期4—5月，9—10月果熟。

（17）梧桐。梧桐为梧桐科落叶乔木，又名青桐。小枝粗壮，绿色。单叶互生，掌状3～5裂，裂片三角形，全缘，基部心形，叶柄约与叶片等长。花单性，聚伞圆锥花序，顶生，花萼花瓣状，淡黄色，无花瓣。蓇葖果未成熟即开裂，果瓣膜质，匙形，每果瓣边缘具种子2～4粒；种子球形，熟时种皮皱缩。

花期6月，9—10月果熟。

（18）重阳木。重阳木（见图1—52）为大戟科落叶或半常绿乔木，又名秋枫。树冠伞形。三出复叶互生，小叶圆卵形或椭圆状卵形，先端渐突尖，基部圆形或近心形，边缘具细钝齿。花单性，雌雄异株，无花瓣，总状或圆锥花序，腋生，下垂。果实浆果状，球形，熟时红褐色，种子矩圆形。

花期4—5月，11月果熟。

图1—51 白玉兰

图1—52 重阳木

（19）乌桕。乌桕为大戟科落叶乔木，又名蜡子树。树冠圆球形。单叶互生，菱状广卵形，先端尾尖，基部阔楔形，全缘；叶柄细长，顶端有 2 腺体。花单性，同株，花序穗状顶生，黄绿色。蒴果三棱状球形，熟时黑色，3 裂，果皮脱落；种子黑色，外被白蜡，着生于中轴上经冬不落。

花期 5—7 月，10—11 月果熟。

（20）鸡爪槭。鸡爪槭（见图 1—53）为槭树科落叶小乔木，又名青枫、鸡爪枫。单叶对生，5～9 掌状深裂，长宽近相等，先端锐尖，基部心形，裂片卵状长椭圆形，缘具重锯齿，叶背脉腋具白簇毛。花杂性，同株，伞房花序顶生，紫红色。翅果，两翅开展成钝角。

花期 4—5 月，10 月果熟。

（21）枫香。枫香（见图 1—54）为金缕梅科落叶乔木，又名枫香树。单叶互生，掌状分裂，掌状脉，基部心形，缘具锯齿。花单性，雌雄同株；雄花总状花序，雌花头状花序。蒴果球形，木质。

花期 2—4 月，10 月果熟。

图 1—53　鸡爪槭

图 1—54　枫香

（22）红枫。红枫为槭树科落叶小乔木，又名紫红鸡爪槭，为鸡爪槭的变种。与正种的区别在于：叶7~9深裂，终年紫红，果较正种略大。

（23）合欢。合欢为豆科落叶乔木，又名绒花树。小枝棕绿色，具棱。二回羽状复叶，总叶柄下部具腺体，羽片和小叶对生，小叶柄短；羽片4~12对，栽培的有时达20对，小叶10~30对，镰状矩圆形，先端急尖，微内弯，基部截形，中脉紧靠上部叶缘；托叶条状披针形，早落。花两性，整齐，头状花序呈伞房状排列；花丝淡红色。荚果条形，扁平；种子8~14枚。

花期6—7月，9—10月果熟。

（24）槐树。槐树为豆科落叶乔木，又名国槐。奇数羽状复叶，小叶7~15枚，对生或近对生，卵状矩圆形或卵状披针形，先端渐尖，基部阔楔形。花两性，圆锥花序，花淡黄色。荚果串珠状，熟时黄绿色；果皮肉质，含胶质，不裂；种子肾形，黑色。

花期6—7月，10月果熟。

（25）栾树。栾树为无患子科落叶乔木，又名灯笼树。小枝稍有棱，无顶芽，皮孔明显。叶互生或近对生，一回奇数羽状复叶，有时为二回或不完全的二回羽状复叶，小叶7~15枚，卵形或卵状披针形，缘具锯齿或羽状分裂。花杂性不整齐，圆锥花序顶生，淡黄色。蒴果三角状长卵形，膨大如囊状，有膜质果皮三片；种子圆形，黑色。

花期6—7月，9—10月果熟。

3. 常绿灌木

灌木类观赏植物，有的具有艳丽清香的花朵，有的枝叶青翠欲滴，有的具有累累盈枝的果实。灌木在园林配置中可用作花丛、花坛、花境材料。特别是果木类观赏灌木，在深秋季节点缀于园林之间，可为萧寂的园景增艳生色。

（1）千头柏。千头柏为柏科常绿灌木，又名凤尾柏、子孙柏、扫帚柏。枝丛生密集，树冠球形或阔长圆形。幼枝鲜绿色，扁平，排成平面而斜展。鳞叶交互对生。花单性，雌雄同株，球花均单生枝顶。球果卵圆形，木质种鳞背部顶端有一钩状尖头，中间种鳞各具 1～2 粒种子。

花期 3—4 月，球果 10 月成熟。

（2）阔叶十大功劳。阔叶十大功劳为小檗科常绿灌木，又名土黄柏。奇数羽状复叶，小叶 9～15 枚，卵状椭圆形，革质，宽而短，自下向上渐次增大，边缘反卷，有 2～3 坚硬尖齿，叶面深绿色，具光泽。花黄色，总状花序，顶生直立，芳香。浆果卵圆形，熟时蓝黑色。

花期 4—5 月，9—10 月果实成熟。

（3）南天竹。南天竹（见图 1—55）为小檗科常绿灌木。枝无刺，幼枝常为红色，老后呈灰色。叶互生，2～3 回羽状复叶，总叶轴上有节，小叶椭圆状披针形，全缘，近于无柄，革质，叶色因环境不同而有变化，在直射阳光下呈砖红色，在疏阴下呈绿色，冬季变红色。花单性，雌雄同株，圆锥花序顶生，花白色。浆果鲜红色，球形，经冬不落。

花期 5 月，11 月果熟。

（4）茶花。茶花（见图 1—56）为山茶科常绿灌木或小乔

图 1—55　南天竹

图 1—56　茶花

木。枝叶密生，树冠呈卵形。单叶互生，革质，有光泽，卵形或椭圆形，缘具细锯齿。花两性，单生枝顶，红色。蒴果近球形。

花期2—4月，10月果熟。

（5）含笑。含笑（见图1—57）为木兰科常绿灌木。分枝紧密，嫩枝及叶柄上有褐色绒毛。单叶互生，全缘，革质，椭圆形，有光泽，叶柄极短。花两性，单生于叶腋，直立，花冠白色而带乳黄，边缘具紫晕，具很浓的香蕉香味，花开而不全放，故名"含笑"。蓇葖果扁球形，2瓣裂。

花期4月，9月果熟。

（6）栀子花。栀子花为茜草科常绿灌木，又名山栀、黄栀子。小枝绿色，有毛。单叶对生或3叶轮生，具短柄，革质，叶片倒卵形或长椭圆形，全缘，叶面浓绿色，有光泽。花大，两性，白色，芳香，有短梗，单生于枝顶或腋生。蒴果，黄色，卵形至椭圆形，有4~9条翅状纵棱；种子多数，嵌在肉质胎座上。

花期5—6月，10月果熟。

（7）夹竹桃。夹竹桃（见图1—58）为夹竹桃科常绿灌木，茎丛生。单叶，革质，3~4片轮生，窄披针形，先端锐尖，边缘略反卷，中脉显著，侧脉密生而平行。花两性，聚伞花序顶生，花冠桃红或白色，单瓣或重瓣，芳香。蓇葖果长圆形，种子顶端具黄褐色毛。

花期6—9月，翌年2月果熟。

（8）杜鹃花。杜鹃花为杜鹃花科常绿或落叶灌木，又名映山红、满山红、紫阳花。分枝多而纤细，幼枝被扁平的糙伏毛。单叶互生，春季叶纸质，夏季叶革质，卵形或椭圆形，先端钝尖，基部楔形，全缘，叶面暗绿，疏生白色糙毛，叶背淡绿，密被棕色糙毛；叶柄短。花两性，2~6朵簇生于枝顶，花冠漏斗状，蔷薇色、鲜红色或深红色，有紫斑。蒴果卵圆形，密被棕色糙伏毛。

图1—57 含笑 图1—58 夹竹桃

花期5—6月，10月果熟。

（9）海桐。海桐为海桐科常绿灌木，又名山矾。树冠圆球形，嫩枝绿色。单叶互生，或于枝顶轮生，厚革质，倒卵形，全缘，先端钝圆，基部楔形，边缘稍反卷，叶面浓绿而有光泽。花两性，顶生伞房花序，花冠白色或淡黄色，芳香。蒴果卵形，具3棱角；种子鲜红，被黏胶质。

5—6月开花，10月果熟。

（10）桂花。桂花（见图1—59）为木犀科常绿小乔木或丛生如灌木，又名木犀。树冠浑圆。单叶对生，革质，椭圆形，全缘，或上半部具稀细锯齿。聚伞花序簇生于叶腋，花冠白色或淡黄，具浓郁香味。核果椭圆形，成熟后紫黑色。

花期8—10月，翌年4—6月果熟。

（11）女贞。女贞为木犀科常绿小乔木或灌木，又名冬青、蜡虫树。单叶对生，革质，卵形或椭圆形，先端渐

图1—59 桂花

尖，基部圆形或近圆形，有时阔楔形，叶面深绿色，有光泽，中脉下凹，叶背淡绿色，中脉凸起，全缘。花两性，圆锥花序，顶生，花冠淡黄白色。核果长圆形，成熟后蓝黑色；种子1粒。

花期7月，10月果熟。

（12）迎春花。迎春花为木犀科常绿或落叶灌木，又名四方消、金腰带。枝条细长弯曲，幼枝四棱形。三出复叶对生，卵形至长圆状卵形，侧生小叶较小，缘具短缘毛，叶面深绿，叶背灰绿色，顶生小叶近无柄。花两性，单生，着生于2年生的叶腋，花冠黄色。浆果紫黑色。

花期2—4月，7—8月果熟。

（13）大叶黄杨。大叶黄杨为卫矛科常绿灌木，又名正木、冬青卫矛、黄爪龙树。小枝绿色。单叶对生，厚革质，椭圆形或卵圆形，叶面淡绿色，有光泽，叶背白绿色，叶缘具钝齿。花两性，聚伞花序，生于小枝顶端叶腋内。蒴果球形，内含具淡红色假种皮的种子。

花期5—6月，7—8月果熟。

（14）瓜子黄杨。瓜子黄杨为黄杨科常绿灌木或小乔木，又名千年矮、豆瓣黄杨。小枝绿色，四棱形。单叶对生，革质，全缘，椭圆状倒卵形。花单性，雌雄同株，簇生或顶生、腋生，无花瓣，雌花生于雄花之上。蒴果球形，顶端宿存3个分离的呈角状的花柱，熟时紫黑色，3瓣裂。

4月开花，7月果熟。

（15）石楠。石楠（见图1—60）为蔷薇科常绿灌木或小乔木，又名千年红。小枝幼时紫红色。单叶互生，革质，长椭圆形，边缘微反卷，有腺状锯齿，叶面光亮，深绿色，叶背黄绿色。花两性，复伞房花序顶生，花冠白色。梨果球形，红色。

花期4—5月，10—11月果熟。

（16）火棘。火棘（见图1—61）为蔷薇科常绿灌木，又名火把果、救兵粮。枝具刺，拱形下垂。单叶互生，倒卵状长圆形，先端微凹，基部狭楔形，缘具钝圆细锯齿；近基部全缘。花两性，复伞房花序，花冠白色或黄白色。梨果小，球形，红色或橘红色。

花期5—6月，9月果熟。

图1—60　石楠

图1—61　火棘

（17）珊瑚树。珊瑚树（见图1—62）为忍冬科常绿灌木或小乔木，又名法国冬青。全株无毛。单叶对生，厚革质，椭圆形，全缘或边缘上部具有不规则浅波状钝齿，叶面深绿色有光泽，叶背苍白色。花两性，圆锥花序顶生，花冠钟状，白色，芳香。核果卵形，先红后黑。

花期5—6月，9—10月果熟。

4．落叶灌木

（1）木槿。木槿为锦葵科落叶灌木，又名朱槿、木锦。单叶互生，卵状或菱状卵形，具三出脉，先端常3裂。花两性，常单生于叶腋，花冠有紫、红、白等色，单瓣或重瓣。蒴果长圆形，被绒毛。

图1—62　珊瑚树

花期6—9月，9—11月果熟。

（2）榆叶梅。榆叶梅（见图1—63）为蔷薇科落叶灌木，又名榆梅。短枝上的叶常簇生，一年生枝上的叶互生，宽卵形至倒卵圆形，缘具粗重锯齿。花两性，单生或2朵并生，先于叶开放，花冠粉红色。核果近球形，红色，被毛。

花期3—4月，5—6月果熟。

（3）月季。月季为蔷薇科落叶或半常绿灌木，又名月月红、长春花。小枝具基部膨大的钩状皮刺。奇数羽状复叶，小叶3～7枚，宽卵形或卵状长圆形，缘具粗锯齿，叶面暗绿色，有光泽，托叶大部与叶柄合生。花两性，单生或数朵聚生呈伞房花序，花冠重瓣，花色丰富。果卵圆形或梨形，红色，具宿存萼。

花期5—11月，9月第一批果熟。

（4）玫瑰。玫瑰（见图1—64）为蔷薇科落叶灌木，又名刺玫花。枝干粗壮，丛生，密生短茸毛，有皮刺或针刺。奇数羽状复叶，互生，小叶5～9枚，椭圆形，缘具钝锯齿，叶面有光泽，多皱，叶背灰绿色，有茸毛及腺毛；叶柄疏生小皮刺和腺毛，托叶披针形，大部与叶柄合生，缘具细锯齿。花两性，单生，或3～6朵聚生，花冠紫红色，也有极少的为白色，单瓣或重瓣。果扁球形，萼宿存。

图1—63 榆叶梅

图1—64 玫瑰

花期5—6月，9—10月果熟。

（5）珍珠梅。珍珠梅（见图1—65）为蔷薇科落叶灌木，又名华北珍珠梅。奇数羽状复叶，小叶13～21枚，对生，长圆状披针形，缘具尖重锯齿。花两性，圆锥花序顶生，花冠白色。蓇葖果长圆形。

花期6—7月，9—10月果熟。

（6）连翘。连翘为木犀科落叶灌木，又名黄寿丹、黄绶带。小枝褐色，稍四棱形，通常下垂，节间中空。单叶对生，叶片卵形，缘具粗锯齿，有时呈羽状三出复叶。花单性，单生于叶腋，雌雄异株，花冠黄色，先于叶开放。蒴果卵形，先端有长喙，表面散生瘤点。

花期3—4月，7—8月果熟。

（7）丁香。丁香（见图1—66）为木犀科落叶灌木，又名紫丁香、华北紫丁香。幼枝常被腺状柔毛，小枝粗壮，灰色。单叶对生，圆卵形至肾形，常宽大于长，全缘，无毛。花两性，圆锥花序顶生，花冠紫色或淡粉。蒴果长圆形；种子长圆形，扁平，先端尖，周围有翅。

花期4月，6—7月果熟。

图1—65　珍珠梅

图1—66　丁香

（8）紫薇。紫薇（见图1—67）为千屈菜科落叶灌木或小乔木，又名百日红。树皮光滑，小枝四棱，通常有狭翅。单叶对生或近对生，椭圆形、倒卵形至矩圆形，全缘；叶面红色，叶背淡红色。花两性，圆锥花序顶生，花冠鲜红或粉红色。蒴果椭圆状。

花期7—9月，10—11月果熟。

（9）木芙蓉。木芙蓉（见图1—68）为锦葵科落叶灌木或小乔木，又名芙蓉、木莲。单叶互生，阔卵形至圆卵形，掌状3~5中裂，缘具钝齿，主脉7~11条。花两性，单生于枝端叶腋，花冠大，白色或淡粉红色，后变深红色，单瓣或重瓣。蒴果扁球形，被黄色刚毛，种子多数，肾形，有长毛。

花期9—10月，12月果熟。

图1—67 紫薇

图1—68 木芙蓉

（10）蜡梅。蜡梅为蜡梅科落叶或半常绿灌木，又名蜡梅、黄梅花。单叶对生，椭圆状卵形至卵状披针形，全缘，叶面深绿有光泽，粗糙有硬毛，叶背淡绿色无毛。花两性，单生于叶腋，先于叶开放，花被片薄而有蜡质光泽，外轮蜡黄而大，内轮常在淡黄底上具紫色条纹。果为花托膨大的椭圆形假果，外被黄褐色茸毛。

花期 2—3 月，8—9 月果熟。

（11）重瓣溲疏。重瓣溲疏为虎耳草科落叶灌木。小枝中空，茎皮片状剥落。单叶对生，卵形至卵状披针形，缘具小齿牙，叶面与叶被均具星状柔毛。花两性，圆锥花序，花重瓣，纯白色。蒴果近球形，顶端宿存花萼。

花期 5—6 月，10—11 月果熟。

（12）锦带花。锦带花（见图1—69）为忍冬科落叶灌木，又名五色海棠。单叶对生，椭圆形至倒卵形，缘具锯齿，具短柄或无柄。花两性，单生或呈聚伞花序状，生于侧生短枝叶腋或先端，花冠大而色艳，鲜紫红色或玫瑰红色，内面浅红色。蒴果，先端具短柄状喙。

花期 4—6 月，7—10 月果熟。

图 1—69　锦带花

（13）石榴。石榴为石榴科落叶灌木或小乔木，又名安石榴、海石榴。小枝有角棱，营养枝先端呈刺状。单叶对生或簇生，倒卵形至长圆状披针形，全缘。花单性，雌雄异株，单生或数朵簇生于枝顶，萼肉质，宿存，具蜡质，橙红色，花冠红色或白色，单瓣或重瓣。浆果球形，成熟后果皮裂开，露出种子。

花期 5—8 月，9—10 月果熟。

（14）紫荆。紫荆为豆科乔木，栽培多为大灌木，又名馍叶树、满条红。单叶互生，近圆形，先端渐尖，基部心形，全缘。花两性，先于叶开放，4～10 朵簇生于老枝上，假蝶形花冠紫红色。荚果条形，扁平，沿腹缝线有狭翅；种子 2～8 枚，扁且近圆形，深褐色。

花期 4 月，8—9 月果熟。

复 习 题

1. 结合你所在地区谈谈如何进行园艺植物的分类。
2. 举例谈谈常见露地草花的形态特征。
3. 当地常见的温室草本花卉有哪些？如何识别它们？
4. 举例说说你所在地区温室花卉的种类和特征。
5. 举例谈谈如何识别常见的常绿园艺植物。
6. 说说当地常见的常绿园艺乔木植物有哪些。
7. 如何识别常见的常绿园艺灌木？
8. 如何识别常见的落叶园艺灌木？

第二单元　园艺工具与机械的使用和保养

模块一　常用园艺工具的使用和保养

一、常用园艺手工工具

园艺工具根据功用可分为锹、铲、锄、镐、耙、常用园镰、叉、刷、锯、剪、斧等，图2—1所示为部分常见园艺工具。

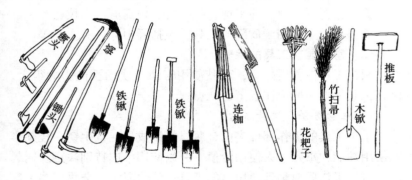

图2—1　部分常见园艺工具

锹：掘土工具，主要用于开沟掘土、铲取物品，包括圆头锹、尖头锹、单脊锹、开脊锹、闭脊锹等。

铲：由宽铲斗或中间略凹的铲身装上手柄组成的工具，包括园艺苗圃铲、排水铲、沟槽铲、杆桩铲、拨盖铲、月牙铲、雪铲等。

锄：疏松土壤及除草的工具，包括园艺锄、松土锄、杂草锄、栽培锄等。

镐：刨土的工具，包括开山镐、挖根镐、尖头镐等。

耙：农业生产中传统的翻地农具，包括硬齿耙（弯齿耙、平齿耙）、软齿耙（落叶耙、草耙）、滚齿耙（松土耙、边耙）等。

镰：割庄稼或草的农具，由刀片和木把构成，有的刀片上带有小锯齿，包括草镰、山镰等。

叉：包括钩叉、平叉、肥料叉等。

刷：用成束的毛棕等制成的清除或涂抹的用具，包括板刷、块刷、滚刷等。

锯：用来切割木料、石料、钢材等的工具，用钢片制成，边缘有尖齿，包括弯把锯、鱼头锯、罗汉锯、弓线锯、手板锯、折合锯、高枝锯等。

剪：包括园艺剪、稀果剪、疏枝剪、树篱剪、高枝剪等。

斧：一种主要用于砍削的工具，包括开山斧、劈木斧等。

二、常用园艺工具的保养

园艺工具保养得好坏，对其使用寿命及使用性能影响很大。园艺工具保养一般应注意下面几点。

1. 注意防锈，保持清洁

手工工具的工作部件多由金属材料制成，一旦生锈，轻则影响使用性能，重则失去使用价值，所以使用中应特别注意防锈。

每日工作后应整理使用过的工具，清除泥土、杂物，擦干后放在通风处，保持干燥，避免生锈。

2. 妥善保管

工具长期闲置时应注意妥善保管。将工具清洗干净，擦干，金属表面涂抹防锈油，放在适当位置，最好应存放在为不同工具而设计的存物架上，避免多层挤压，放在通风干燥的地方。

3. 保护刃口

对工具中带有刃口的部分应特别注意保护，存放时应全部浸油，最好用蜡纸包好，避免倾斜重叠，防止受压而产生弯曲变形。对刃口部分的刃磨应用专用工具保证刃磨角度，正确刃磨以延长其使用寿命。

模块二　常用园艺机械的使用和保养

一、常用园艺机械

1. 树木培育和养护机械

园林绿化树木培育所用主要作业机械有种子采集和处理机械、育苗机械、种植地带清理机械、整地机械、树木栽植与移植机械、中耕除草机械、整枝修剪机械等。此处着重介绍油锯、割灌机、树木移植机和绿篱修剪机。

（1）油锯（见图2—2）。油锯由发动机、离合器、减速器、导板和锯链组成，携带方便，手持使用，装满油后便可进行作业。油锯通过汽油机输出机械功，带动锯链沿导板进行高速运转产生切削力，进而完成锯切工作。油锯主要用来锯除直径大于8 cm的立木，在树木打枝、抚育作业时使用，也可用于锯切木段。

图2—2　油锯

（2）割灌机（见图2—3）。割灌机是割除灌木、杂草的便携式机械，有背负式、侧挂式及手持式等。割灌机由发动机、离合器、传动系统、工作装置、操纵装置及背挂部分组成，有电动割灌机和内燃割灌机两类。其工作原理比较简单，如内燃割灌机由小型汽油机输出转矩，经传动轴传递驱动力使刀片旋转，进而完成割锯功能。工作时，把割灌机背挂在身上或手持，握住把手，锯片向前，割小灌木和杂草时，可采取连续切割法，工作刀盘左右摇摆，工作幅宽为 1.5 ~ 2 m；割根径小于 8 cm 的林木时，可单向切割；割根径大于 8 cm 的林木时，须先在树倒下的方向开锯口，然后再锯切上茬口。

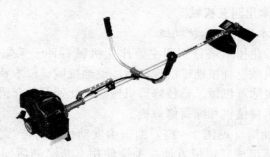

图 2—3　割灌机

（3）树木移植机（见图 2—4）。树木移植机是用于树木带土移植的机械，可以完成挖穴、起树、运输、栽植、浇水等全部或部分作业。树木移植机通过液压控制系统控制，将树铲插到树根下部，切断侧根，并将带土的树根掘起，然后将挖出的树木及时送到移植地点重新栽植。用树木移植机挖的树木能保证土球完整，便于运输，土球形状为圆锥形，根系损失少，在运输过程中用雨布包扎不会流失水分，树木成活率高，挖一棵树木所需的时间一般为 3 ~ 5 分钟，挖掘质量好，比人工效率提高近百倍。

树木移植机可分为自行式、牵引式和悬挂式三类。自行式以载重汽车为底盘，一般为大型机，可挖土球直径达 160 cm；牵引式和悬挂式可以选用前翻斗车、轮式拖拉机或自装式集材拖拉机为底盘，一般为中小型机，中型机可挖土球直径为 100 cm（树木胸径为 10 ~ 12 cm），小型机可挖土球直径 80 cm（树木胸径一般在 6 cm 左右）。

图2—4 树木移植机

（4）绿篱修剪机。绿篱修剪机按工作部件结构和工作原理不同，分为往复切割刀片式绿篱修剪机和回转切割刀片式绿篱修剪机；根据动力不同，分为电动绿篱修剪机和汽油机绿篱修剪机。往复切割刀片式绿篱修剪机的切割刀片为往复直线运动，有单刀片运动和双刀片运动两种。回转切割刀片式绿篱修剪机的刀片是回转运动，多为一组刀片旋转，另一组刀片固定。绿篱修剪机多为便携手持式，也有以液压马达作为动力的大型绿篱修剪机。

2. 草坪机械

草坪从建植到各阶段的养护管理，需要与之配套的各种功能的草坪机械，主要分为草坪建植机械和养护管理机械两大类。草坪建植机械包括整地机械、坪床机械、播种机、喷播机等，养护管理机械包括修剪机、打孔机、施肥机、滚压机、梳草机、切边机、覆沙机等。下面着重介绍草坪修剪机。

草坪修剪机是一种用于修剪草坪、植被等的机械，主要由刀盘、发动机、行走轮、行走机构、刀片、扶手、控制部分组成。草坪修剪机减少了除草工人的作业时间，节省了大量的人力资源。草坪修剪机按配套动力和作业方式分为手推式、手扶推行式、手扶自行式（或称手扶随行式）、驾乘式（或称坐骑式）、拖拉机式等；按切割器形式分有旋刀式、滚刀式、往复割刀式和甩刀式等。使用时根据草坪类型和草坪面积大小选用不同类型的草坪修剪机。

（1）手推式剪草机。手推式剪草机（见图2—5）配备滚刀式切割器，由地轮、滚刀、定刀、手柄等组成。地轮转动，通过地轮内的齿轮驱动与之啮合的小齿轮旋转，从而带动动刀轴转动，小齿轮和动刀轴之间设有单向离合器，只能在向前推行时剪草。手推式剪草机劳动强度大，工作效率低，仅适用于小面积草坪或家庭庭园剪草。

图2—5　手推式剪草机

（2）手扶推行式剪草机。手扶推行式剪草机由手扶推行，行走轮无动力驱动，由操作者推行行走。手扶推行式剪草机主要由发动机、切割装置、蜗壳、行走轮、操纵机构及集草装置组成，发动机的动力经离合器驱动刀片旋转。

（3）手扶自行式剪草机（见图2—6）。在手扶推行式的基础上设置行走轮驱动机构便成为手扶自行式。由于机器能够自动行进，操作者只需控制行进方向随行，大大降低了劳动强度，有些机型增加了割刀离合制动机构，提高了作业的安全性。割刀离合制动机构操作和启动时，向后扳动离合器手柄，离合器分离。

割草时始终把离合器手柄和扶手握在一起，离合器处于分离状态，停止时，松开离合器手柄，手柄回位，离合器结合起制动作用，使刀片迅速停止。

图2—6　手扶自行式剪草机

（4）坐骑式剪草机（驾乘式剪草机）。一般以园林拖拉机、专用的草坪车或草坪拖拉机为动力。其割草装置与拖拉机挂接方式有前置式、后置式、轴间式及侧置式等。坐骑式剪草机一般用于公用绿地、商业草坪（如高尔夫球场、运动场）和环保草坪等大型草坪的修剪，生产率高，修剪质量好，劳动强度低，操作舒适。

草坪修剪机一般均配套使用多种养护机具，系统全面地完成草坪养护作业。

3．病虫害防治机械

园林中常把病虫害防治机械称为"打药机械"，用于喷施农药。按施药方式的不同分为液力喷雾机、气力喷雾机、离心喷雾机、烟雾机、静电喷雾机、喷粉机等。这里只简要介绍常用的液力喷雾车、气力喷雾车和手动喷雾器。

（1）液力喷雾车。液力喷雾车是用液力喷雾法进行喷雾的多功能喷洒车辆，以汽车作为动力和承载体，车上装有给药液加压的药泵、药液箱和喷洒部件等。液力喷雾车一般除用于喷药外，还有喷灌、路面洒水、射流冲刷、自流灌溉、应急消防等功能。

液力喷雾车的形式多种多样，但结构和工作原理基本相似，一般都是用三缸活塞泵或隔膜泵对药液加压，汽车的动力通过带传动机构传给液泵，药液罐内的药液经液泵加压后具有压能和动能，获得能量的高压药液便经输液管道及阀门被压至喷洒部件，从喷嘴喷出与空气撞击形成细小雾滴，喷洒部件可以是喷枪或喷头。

（2）气力喷雾车。气力喷雾车是以汽车为动力和承载体的气力喷雾设备，车上除安装加压泵、药液罐、喷洒部件外，还装有轴流式风机，液泵和风机由发动机驱动，发电机的动力可来自汽车的动力输出轴，也可设置内燃机发电机组供电。工作时，轴流式风机产生的高速气流将被液泵加压后送至喷头，从喷嘴喷出的小雾滴进一步破碎雾化，并吹送到远方。与液力喷雾车相比，由于风机的参与大大提高了雾化程度和射程，穿透性和附着性能改善，流失量大为降低，提高了药剂的利用率，减少了污染。

（3）手动喷雾器。手动喷雾器有液泵式和气泵式两种。

1）手动液泵式喷雾器。手动液泵式喷雾器以液泵为加压泵，由药液桶、手动活塞泵、空气室及喷洒部件组成。工作时，扳动摇杆，通过连杆机构的作用，使活塞杆带动活塞在泵筒内做上下运动。活塞上行时，活塞下腔形成局部真空，药桶的药液冲开进水球阀进入泵筒，完成吸液过程。当活塞向下运动时，活塞下腔的药液被挤压，压力升高，进水阀关闭，出水球阀打开，药液进入空气室，空气室内的空气被压缩。当药液达到安全水位线时，空气室内压力达到 0.8 MPa，此时，打开喷洒开关，具有压力的药液便经输液管从喷头喷洒出去。空气室的作用是使药液有稳定的压力，喷洒均匀。

2）手动气泵式喷雾器。气泵式喷雾器与液泵式喷雾器的不同点是不直接给药液加压，而是通过装在药液桶内的气泵将空气打入圆筒形气密药桶的上部（桶内药液只加到水位线，留出一部分空间），利用压缩空气对液面的压力将药液从喷头喷出。

二、园林绿化机械的使用和维护

1. 机械作业的安全

机械作业中的安全至关重要。为保证作业安全，应做到以下几点：

（1）加强安全教育，建立严格的规章制度，操作人员应经培训持证上岗，认真贯彻执行各项制度，遵章作业。

（2）操作人员应熟悉机械的构造、性能、操作注意事项，并熟悉作业内容、作业对象及作业环境，作业过程中要集中精力，不得在过度疲劳的状况下继续作业。

（3）保持机器良好的使用状态，这不仅是提高生产率、保证作业质量、降低作业成本的保障，同时也是实现安全生产的前提。

2. 机械的使用

机械使用的全过程可以分为新机验收、正常使用及封存保管三大阶段，在每个阶段中都有许多工作需要认真完成。

（1）新机验收。新机验收是购买机器后拆箱、验机的过程，要按照机器使用说明书的内容检查机器外观是否完好，组成机器的部件是否齐全，易损件和备件是否齐全，随机专用工具是否完整，然后进行安装、调试、磨合。

（2）正常使用。经过验收、调试、磨合的机器可以投入正常使用。为保证正常使用需要培训操作人员，制定规章制度，并要求使用人员正常作业。

通过培训使操作人员熟悉机器性能、参数、结构、工作原理、调整、维修保养、机器的适用范围和安全使用等知识。在规章制度中需要明确写出班前、正常作业及班后的注意事项。

班前要求操作人员经过培训方可上岗，要穿戴合格的劳动防护用品，检查机器各部位状态是否良好，燃油是否足够，机器在启动前应处于空挡或离合器分离的位置，清点并带好随机工具、易损件及附件，注意作业的周边环境，与作业无关的人员应远离现场，在作业前要清除妨碍作业的物品和杂物。

作业中应时刻注意机械状况，观察作业质量，及时添加油料，发生故障及时排除。

班后要求操作人员对机器进行擦拭，检查机器各部位有无损伤、松动，发现松动的要紧固，损坏的部件应及时更换，加润滑油，并做好翌日工作的准备。

（3）封存保管。园林绿化机械的使用季节性强，有些机械会较长时间闲置存放，必须妥善保管，如保管不善会导致停放阶段的损坏大大超过使用时期的损坏，缩短机器使用寿命，造成浪费。在实际工作中，一般重视主机的保管，而容易忽略对机具的保管，甚至无人过问，任其锈蚀、变形、零部件丢失，影响再次使用。因此要特别注意机具的保管，建立健全机器存放保管制度，并严格执行制度。

3. 机械的维护和保养

维护和保养是指定期对机械的各系统、各部件进行清洗、检查、调整、紧固、润滑等工作，并及时更换易磨损、损坏或变形的零部件。保养是很重要的一项工作，一件经过良好试运转的机械，在使用中能正常操作并进行精心保养，可显著延长其使用寿命，保持良好的技术状态，减少故障，避免事故的发生。

以发动机保养为例，分为班保养和定期保养。班保养在每班工作开始前和结束后进行，包括检查、清洗、紧固外部螺栓、润滑、加油、加水等。定期保养的周期按工作时数确定，一般有 50 h、100 h、500 h、1 000 h，根据发动机的型号不同，进行不同周期和内容的保养。

三、园林绿化机械常见故障的排除

机械出现故障时，绝不要乱拆乱卸，而应在熟悉机器结构的基础上，从动力装置、传动装置、工作装置、操纵机构等各系统顺序查找原因，逐一排除。先查外部机件，再查管路、线路和封闭的机构部件；先查易发现、易解决的油、电系统，再查机械传动装置等。一般在小型园林绿化机械中，汽油机故障较多，可参照说明书进行排除，也可在发动机不启动时初步判断。

1. 电路

检查高压点火线圈、火花塞及电路（连接是否可靠）。

2. 油路

检查油箱中有无足够的燃油，检查油箱开关是否打开，化油器是否有油。

3. 压缩系统

用手拉动启动绳，感觉有无压缩力和飞轮气冲现象，检查各部位螺栓是否紧固，有无漏气现象。

正确地判断和排除故障，在很大程度上取决于经验，应在实践中注意积累。

复 习 题

1. 常见的园艺工具有哪些？应如何保养？
2. 常见的树木培育和养护机械有哪些？应如何保养？
3. 何谓草坪机械？常见的有哪些？应如何保养？
4. 园林病虫防治机械有哪些？应如何保养？

第三单元　园艺植物的繁育

模块一　播种苗的培育

一、种子的成熟与采集

1. 种子的成熟

为了获得大量的优质种子，就必须了解不同园艺植物种子成熟的时期和特点，从而掌握适宜的采种时期，进行科学的采集。如果采集过早，则种子未成熟而影响发芽，而采集过晚，则种子易脱落、飞散或遭到鸟兽的侵害，使采集种子的数量减少，质量下降。

种子的成熟有两个过程，即生理成熟和形态成熟。种子的生理成熟，是指种子的种胚已经发育成熟，种子内营养物质的积累已基本完成，种子已具有发芽能力。但是，处于生理成熟的种子，含水量还很高，种子内的营养物质还处于易溶状态，种皮不致密，尚未具备保护种胚的能力。此时的种子易失水干瘪，难储藏，种粒小而轻，发芽率低，并易很快失去发芽能力，对外界不良环境的抵抗力也差，容易被微生物等侵害。另外，只是达到生理成熟的种子，没有明显的外部形态标志，不好识别和掌握。因此，种子的采集多不在此时进行。当种子内部的物理化学变化基本结束，营养物质的积累已经停止并已转化为难溶于水的淀粉、脂肪、蛋白质时，种子含水量降低，酶活性减弱，呼吸作用减弱，种胚处于休眠状态，种皮坚硬致密，抗性增加，种子耐储藏。种子的外部形态也已呈现出成熟的特征，这种状态被称为种子的形态成熟。处于形态成熟的种子，往往具有一定的外观特征，如变色、果实变软、具香味、开始脱落等。生产中多以形态成熟作为种子成熟的标志，依此来确定采种的时间。

一般种子都是生理成熟在先，经过一段时间后才能达到形态成熟。但也有一些树种的种子，其生理成熟和形态成熟的时间几乎是一致的，如白榆、泡桐和银合欢等，当其生理成熟后即自行脱落，故需及时采收。而有一些植物，如银杏和白蜡等，其果实虽然在形态上已经成熟，但种胚还没有发育完全，需要经过一定时间，在储藏和催芽过程中，种胚才逐渐发育完全而具有发芽能力，即所谓生理后熟。虽然利用发芽试验或其他试验方法来确定种子的成熟度是一种可靠的方法，但手续繁杂，生产上很难采用，所以，通常都依据形态成熟的外部特征，来确定种子的成熟期和采收期。不同种类的观赏树木，其果实和种子成熟时的外部特征都各不相同，大致可分为三类：

一是干果类。果皮由绿色变为黄色、褐色或紫黑色等，果皮干燥、紧缩、变硬或自然开裂，有的因成熟开裂而散出单个种子。主要包括荚果（如刺槐、紫荆、合欢、紫藤和皂荚）、蒴果（如丁香、紫薇、木槿和金丝桃）、翅果（如槭、榆、白蜡和杜仲）、坚果（如橡栎类、七叶树和板栗）等。

二是肉质果类。果皮变色，有的出现白霜，果肉软化，颜色有黄色（如银杏、佛手和柑橘）、红色（如火棘、冬青、珊瑚树、石楠和南天竹）、蓝黑色（如女贞、香樟和桂花）、蓝紫色（如紫珠）等。

三是球果类。针叶树种果实成熟后，果鳞干燥、变硬，微微开裂，球果由绿色变为黄褐色。部分球果果鳞开裂后，种子容易脱落，故应及时采收。

不同的绿化观赏树种，由于生物学特性的差异，其种实的成熟期也各不相同。多数绿化观赏树种的种实成熟期在秋季，也有一些在春、夏季成熟，如圆柏、柚木等树种的种实在春季成熟，杨、柳、榆等树种的种实在春末成熟，桑树、枇杷和杨梅等树种的种实在夏季成熟。即使是同一树种，由于生长地区和地理位置不同，其种实的成熟期也不同，如杨树在江浙地区4月成熟，在北京需至5月才成熟，而在哈尔滨则要到6月才成熟；又如侧柏，在华北地区9月成熟，在华东地区10月成熟，在华南地区则11月成熟，这是由于在南方因生长期延长而延迟了种子的成熟期。

此外，同一树种在同一地区，由于立地条件等的差异，其种实的成熟期也有不同，如在阳坡生长的比在阴坡生长的成熟早，林缘的比林内的早，沙性土壤生长的比黏性土壤生长的早，旱地生长的比低湿地生长的早等。

2. 种子的采集

种子成熟后，会逐渐脱落，应及时采集。但不同树种的种实，其脱落方式也各不相同，采集时也应有所区别，如大多数松科、杉科类的果实，成熟后开裂，种子易脱落，且种子较细小，故应注意在种子脱落前采收；一些形体较大的种子，如七叶树、壳斗科植物的种子，可在其脱落到地面后收集；一些树种的果实成熟后悬挂在树上，不会很快开裂脱落，如蜡梅、槐树、合欢、苦楝、乌桕、悬铃木、女贞和香樟等，可适当延迟采收。

此外，在采收种子时还要注意其他一些事项。如先要选择优良的采种母株，母株应尽量选用与育苗栽植地区地理条件相近地区的，最好在本地区采种。母株要选壮龄树，对异花授粉树，要安排授粉树或辅以人工授粉。此外，一些易开裂的干果类种子，最好在早上采集，因早上空气湿度大，果实不至于一触即开裂而影响采收。

种子的采集通常以从植株上采集的方式最为常用。一般较低矮植株的种实可直接采收，如采收海桐、紫金牛、南天竹、十大功劳和绣线菊等植株的种实。较高植株的种实可先清理树下地面或在地面铺摊薄膜、塑料布等，再用竹竿、木棍等击落种实，然后进行收集，如采收女贞、桂花、乌桕、枫香和银杏等树的种实。对植株较高且果实又集中于果序上的树种，如栾树、白蜡、臭椿和香椿等，可采用高枝剪、采种钩和采种镰等采收其种实。对植株较高且果实又分散或单生的，则可用木架、绳索、折梯等工具协助上树采收，有条件的，则可利用连接式登树梯或升降机等进行采收。对一些大粒种实，可待其脱落后直接从地面上拾集，如栎类、板栗、核桃、七叶树和长山核桃等树的种实。

二、种实调制与种子储藏

1. 种实的调制

种实采集后，因其往往带翅、带球果、带果皮、带果肉等，不易储藏，必须经过调制处理，才能得到适合运输、储藏和使用的纯净种子或果实。种实采集后应尽快调制，以免发热、发霉而降低品质，影响发芽率。调制方法因种实的类型不同而异，其方法必须恰当，才能保证种实的品质。通常种实的调制主要包括脱粒、净种、晾晒和分级等程序。

（1）脱粒。有干燥脱粒法和水洗取种法。

1）干燥脱粒法。对干果类和球果类的种子，可用干燥脱粒法获得。干燥脱粒的方法又可分自然干燥脱粒法和人工干燥脱粒法两种。自然干燥脱粒法，是将果实摊成薄层，厚度不超过 20 cm，经适当日晒或晾干，待果鳞或果壳开裂，种子自行散出，或经人工打击、碾轧等，使种子脱出，再行收集。人工干燥脱粒法，则用人工通风、加热，促进果实干燥。烘干温度不宜过高，一般不超过 43℃，如种子湿度大，则烘干温度还要更低，以 32℃左右为宜。

2）水洗取种法。肉质果多用水洗来取出种子。将果实浸于水中，待肉质果软化后，再以木棒舂捣，使果肉与种子分离，洗净后取出种子，予以干燥。

（2）净种。种子脱粒后，就要净种，消除空瘪粒和杂物，以提高种子纯度。生产上常利用种子和杂物密度不同的原理，除去种子中的夹杂物。常用方法有以下三种。

1）风选。用自然或人工风力，扬去与饱满种子质量不同的空瘪种子和夹杂物。风选还能对种子大致分级。风选常用于中、小粒种子。

2）筛选。利用不同孔径的筛子，筛去和饱满种子体积不同的杂物和空瘪种子。

3）水选。利用种子和夹杂物密度的不同，将种子浸入水或其他溶液中，如盐水、硫酸铜溶液中，饱满种子下沉，剔除浮在液面的空粒和杂物。水选种子时，浸水时间不宜过长，水洗后，将种子阴干。

（3）晾晒。种子经过净种处理后，仍需要晾晒，使其干燥。但晾晒要适度，使种子的含水量能够维持其生命活动的最低限量，即达到其标准含水量。不同树种种子的含水标准差异较大，部分树种种子的标准含水量见表3—1。

表3—1　　　　　　部分树种种子的标准含水量

树种	标准含水量（%）	树种	标准含水量（%）
白皮松	8~10	麻栎	30~40
侧柏	6~11	皂荚	5~6
圆柏	9~11	刺槐	7~8
杉木	10~12	杜仲	13~14
杨树	5~6	椴树	10~12
白榆	7~8	臭椿	9
白蜡	9~13	复叶槭	10
油松	7~9	元宝枫	9~11

（4）分级。种子经净种处理后，按大小或轻重进行分级。一般可分为大、中、小三级，分级一般用不同孔径的筛子筛选。同一批种子，一般种子越大，出苗率越高，幼苗也越健壮。经分级的种子，播种后出苗整齐，便于管理。

2. 种子的储藏

针对不同种子的生理特点及种子的储藏目的，可将种子的储藏方法分为两大类，即干藏法和湿藏法。

（1）干藏法。干藏法适用于含水量低的种子，常用的有普通干藏法和密封干藏法。

1）普通干藏法。将种子经过充分干燥后，装入种子袋或桶中，置于阴凉、通风、干燥的室内进行储藏。视储藏时间长短和储藏条件，适当利用通风和吸湿设备或干燥剂，一般室内相对湿度宜保持在50%以下。种子不宜堆放过厚，最好分层置于床架上或悬挂于空中，以利于空气流通，防止种子发热霉变。储藏期间应定期检查，如有生热或潮湿现象，应立即进行晾晒，防止种子因变质而降低生命力。普通干藏法多用于短期储藏，适用于大多数乔木和灌木的种子，尤其是针叶树种子及常见的蒴果、荚果类等植物的种子，如柏木、柳杉、云杉、落羽杉、水杉、紫薇、木芙蓉、紫荆、蜡梅、白蜡、凌霄、紫藤等。

2）密封干藏法。普通干藏不适于种子长期储藏。尤其对一些寿命短、易丧失发芽力的种子，如杨、柳、榆、桉、桑等树种的种子，可用密封干藏法。密封干藏法是将干燥种子置于密闭容器中，在容器中加入适量干燥剂，并定期检查和更换干燥剂来储藏种子的方法。采用密封干藏法可有效延长种子寿命，如果结合低温条件，则效果更好。

3）低温干藏法。对一些能干燥储藏的树木种子，将其储藏温度降至0~5℃，相对湿度维持在50%~60%，可进一步延长种子寿命。常可用于紫荆、白蜡、冷杉、侧柏、赤杨、朴树、圆柏、枫香、漆树等种子的储藏。低温干藏法储藏种子可有效延长种子寿命，但需要有专门的储藏室和温度控制设备，设施、设备的投入和维护成本较高。

（2）湿藏法（见图3—1）。湿藏法适用于含水量较高的种子，常多限于越冬储藏，往往和催芽相结合。常见树种，如银杏、栎类、女贞、火棘、海棠、桃、梅和木瓜等，一般将其种子与相当种子容量 2~3 倍的湿沙或其他基质拌混，埋于排水良好的地下或堆放于室内，保持一定的湿度。也有将种子与沙等分层堆积，即所谓层积储藏。这类方法可有效促进种子后熟并具催芽作用，提高种子出芽率和发芽的整齐度。

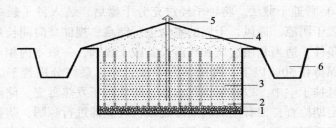

图 3—1　湿藏法
1—卵石　2—沙子　3—种沙混合物　4—覆土　5—通气竹管　6—排水沟

三、种子品质的检验

种子品质的检验，是通过检验种子的各项指标，以确定种子的使用价值，从而合理使用种子，减少生产中的损失。

种子品质的指标包括：种子净度、种子千粒重、种子含水量、种子发芽率、种子发芽势和种子生活力等。

1. 种子净度的测定

种子净度，是指纯净种子的质量占供检种子质量的百分比。种子的净度是种子品质的重要指标之一，也是计算播种量的必需条件。种子的净度高，则品质好，使用价值高；种子的净度低，则表明种子中有夹杂物，或干瘪、破损的种子多，这不仅使种子的利用率低，还会对种子的储藏产生不利的影响，造成种子霉烂变质，降低发芽率。

2. 种子千粒重的测定

种子千粒重，是指在气干状态下，某种植物 1 000 粒纯净种子的质量，以克为单位，它可通过直接称量来测得。种子的千粒重说明种子的大小和饱满度。同一树种的种子千粒重常因其母株的株龄、所处的环境条件、生长发育状况、采收时期以及品种的不同而有变化。同一树种的种子，其千粒重越大，则种粒越大、越饱满，发芽能力越强。种子的千粒重是计算该树种播种量的重要依据。表3—2列举了部分常见树种种子的千粒重，可供生产者参考。

表3—2　　　　　部分常见树种种子的千粒重

树种	千粒重（g）	树种	千粒重（g）	树种	千粒重（g）
圆柏	46～51	悬铃木	3.5～4	栾树	152
侧柏	21～23	海棠	18	七叶树	125
白皮松	140～155	山杏	1 000～1 100	元宝枫	170～180
黄杨	13～15	山桃	1 900～2 100	大叶椴	145～155
小叶女贞	25	合欢	48～55	小叶椴	40～48
云杉	6	刺槐	17～21	青桐	152
银杏	1 600～3 500	国槐	10～120	白蜡	30
枫杨	70～90	香椿	13	溲疏	0.15
火炬树	849	臭椿	20	榆叶梅	460～490
白榆	8	红豆树	800～1 150	紫荆	28
杜仲	70～110	伯乐	590～750	紫薇	0.35
连翘	5～5.5	金钱松	35～50	香樟	12～130
紫丁香	8	福建柏	5～7	红楠	320～380
紫珠	1～1.2	竹柏	450～520	刨花楠	280～320
金银花	4～5	大叶榉	15～20	华东楠	450～510
紫藤	450	鹅掌楸	83～111	闽楠	250～350
地锦	29	厚朴	210	紫楠	300～350
银鹊树	40～55	天女花	63～71	南酸枣	1 600
杜英	220～230	乳源木莲	60～80	大叶冬青	6
蓝果树	180～220	深山含笑	50～75	小果冬青	4.5
四照花	58	乐东拟单	140～160	铁冬青	26～33
朱砂根	170～200				

3. 种子含水量的测定

种子含水量，是指在 100～105℃ 条件下种子所能消除的水分的质量与种子的质量的百分比。

它可通过称量供检种子干燥前后的质量，并经一定的计算来确定。种子含水量的高低，对种子在储藏期间呼吸作用的强弱有极大的影响，从而也极大地影响着种子的寿命。

种子含水量计算公式如下：

种子含水量(%) = (供检种子干燥前后的重量差 / 供检种子干燥前的质量) × 100%

4. 种子发芽能力的测定

种子发芽能力，是种子质量最重要的指标，可以直接通过发芽试验来测定。通常主要是测定种子的发芽率和发芽势。发芽试验的期限因树种的不同而有较大的差异，一般在 1～2 周最为常见。具体而言，通常是在发芽末期连续 5 天发芽粒数平均不足供试种子总数的 1% 时，结束发芽试验。

种子发芽率，是指在最适宜发芽的环境条件下，在规定的期限内，正常发芽的种子数占供检种子总数的百分比。种子的发芽率是种子生命力的反映，代表着种子的总体质量。发芽率的计算公式是：

发芽率(%) = (发芽的种子数 / 供检种子总数) × 100%

种子发芽势，是指在种子发芽高峰时，正常发芽的种子数与供检种子总数的百分比。发芽高峰期是指试验中发芽数最多的阶段，一般是指整个发芽期的最初 1/3 阶段。发芽势是种子发芽整齐度的指标，反映了种子的品质。发芽势的计算公式是：

发芽势(%) = (种子发芽高峰期发芽的种子数 / 供检种子总数) × 100%

此外，反映种子发芽能力的指标还有发芽实用值。发芽实用值体现了种子的实际使用价值，是直接用于指导、安排生产的一个数据。发芽实用值的计算公式是：

$$发芽实用值 = 种子净度 \times 发芽势$$

5. 种子生活力的测定

种子生活力，是指种子发芽的潜在能力。一般可以通过发芽试验来测定种子的生活力。但由于该方法时间较长，且对处于休眠期的种子无效，因此可以通过快速测定方法，来测定种子的生活力。其测定的方法，通常有染色法、X射线照射法和紫外线荧光法等，其中染色法最为常用易行。

染色法，是指利用某些化学药剂的溶液浸泡种胚，根据种胚和胚乳的不同染色反应，来判断种子有无生活力。染色法通常分为以下几种：

（1）靛蓝染色法。此法适用于大多数针叶树和阔叶树树种的种子。其染色的原理是苯胺染料（靛蓝）不能渗入活细胞的原生质，但能渗入死细胞的原生质而使其染色，因此，可以根据胚的着色程度来鉴定种子的生活力。

（2）碘—碘化钾染色法。此法适用于一些针叶树树种的种子。其染色原理是种子的胚开始发芽时会生成淀粉，淀粉在碘试剂的作用下，产生碘的有色反应。有生活力的种子的种胚呈暗褐色或黑色，无生活力的种子没有颜色反应。

（3）四氮唑染色法。此方法是运用较为广泛的一种方法。其原理是有生活力的种子的胚细胞有脱氢酶存在，被种胚吸收的无色的四氮唑盐类，在脱氢酶的作用下还原成不溶性的红色化合物，而无生活力的种胚则无此反应。

四、播种前准备

适宜采用种子进行繁殖的树木和花卉，通常应具备以下条件：

（1）能产生种子，种子量大，容易获得。

（2）种子自身或催芽后易于萌发，生长迅速，且幼年期较短。

（3）实生苗基本能保持母本的特性或杂交组合所决定的特性。

符合这三个条件的花卉和树木，即可采用种子繁殖的方式进行苗木繁育。

1. 土壤准备

（1）播种地的选择。播种用地的选择，是给种子发芽创造有利条件的重要前提。地势、土壤、排灌条件等，都应该尽量满足播种的需要，通常应选择地势较高并具备良好排水和灌溉条件的地块，以避免因地势低洼或排水不良而导致幼苗受涝。土壤质地应以沙壤土为宜，土壤化学性质多以中性或中性偏酸为宜。

（2）播种地的整理与改良。播种用地应注意深耕细耙，整地不仅可以改进土壤风化和有益微生物的活动，增加土壤中可溶性养分含量，还可将土壤中的病虫翻于表层，暴露于日光或严寒等环境中加以杀灭。整地深度，依植物种类及土壤状况而定，浅根性的须根类植物，播种前整地宜浅，深根性的直根类植物则宜深。沙土宜浅，黏土宜深。整地时，土壤持水量在40%～60%时为耕地最适宜时间，因为此时土壤可塑性、凝聚力、黏着力和阻力最小。土壤经深耕后，若过于松软，其毛细管作用被破坏，根系吸水就困难，所以，耕后必须适度镇压土壤。

对于过于黏重的土壤，要尽可能用谷糠灰、泥炭、沙等疏松物质改良土质，以保证良好的通透性和排灌条件。土壤化学性质如呈现过碱性或过酸性时，应适当进行中和，生产上用生石灰改良过酸土壤，用硫酸亚铁或石膏（硫酸钙）改良碱性土壤。此外，播种用土壤还应根据其肥力状况，适当增施腐熟的有机肥或复合化肥，尤其是以农家肥为主的有机肥的施用，不仅可提高土壤的肥力，还能有效地改良土壤的理化结构。

土壤要注意轮作，避免连作引起的病虫害蔓延。对一些树根有菌根的树种，如松类、栎类等，应接种菌根菌以提高幼苗的成活率和生长速度，具体做法是从相同树种的苗圃地或林地挖取带菌土，晾干碾细后均匀撒在苗床内。接种后保持土壤湿润，如再结合使用用量为 $37.5 \sim 60 \; g/m^2$ 过磷酸钙作基肥，效果更好。

2. 种子消毒

种子消毒可有效预防苗期病害，提高成活率，常见的消毒方法有以下几种。

（1）福尔马林溶液消毒。播前 1~2 天，将一定量的浓度为 40% 的福尔马林溶液用 200~300 倍的水稀释，把种子浸入其中 16~30 min，取出覆盖保持潮湿 2 h，再用清水冲洗，阴干后播种。

（2）高锰酸钾消毒。用 0.5% 高锰酸钾溶液浸种 2 h，取出后用布盖 30 min，冲洗后播种。

（3）硫酸铜溶液浸种。用 0.3%~1% 硫酸铜溶液，浸种 4~6 h，取出阴干后播种。

（4）敌克松粉剂拌种。用药量为种子质量的 0.2%~0.5%。先用药与 10 倍的细土拌成药土，然后拌种。

在以上方法中，福尔马林和高锰酸钾消毒不宜用于已催芽的种子，尤其是胚根已突破种皮的种子，否则会产生药害。

五、播种时期与播种量

1. 播种时期

对不同花木种类，应视其自身特点及当地的气候条件，分别选择适宜的播种季节，以促进种子萌发，提高出苗率。一般种子的播种时间，大致可分为以下四种。

（1）春播。我国大多数地区和大多数园林的花木都适合春播。春播在早春土壤解冻后进行，在不遭受晚霜的前提下，可适当早播，以增加幼苗生长期，提高幼苗的抗性。一些有生理休眠特性的种子，播种前应做好沙藏及催芽工作。一般北方地区在 3 月下旬至 4 月中旬播种，华东地区在 3 月上旬至 4 月上旬播种，南方地区在 2 月下旬至 3 月上旬播种。

（2）秋播。一般大、中粒种子或种皮坚硬且有生理休眠特性的观赏树木种子，适于秋播。秋播可以起到低温沙藏处理和催芽的作用，秋播的种子在翌年春季地温上升后能及时出土，使苗木生长期长，生长健壮。秋播时间应因地区和花木种类不同而异，一般多在秋末冬初土壤未冻结前播种，不可过早，否则，如果秋季气温高，有的种子就会在当年发芽，到冬季便容易遭受冻害。进行秋播，应注意保护好越冬的种子，保证土壤墒情，避免失水，同时要注意防止鸟害和鼠害。

（3）随采随播。一些种子含水量大，寿命短，生活力弱，失水后易丧失发芽力，应随采随播，如杨树、柳树、榆树、桑树、枇杷树和七叶树等树木的种子。

（4）周年播种。一些原产于南方的热带树种，种子萌发主要受温度的影响。温度合适，可随时萌发，因此可周年播种。

2. 播种量

（1）苗木的密度。苗木密度是单位面积上苗木的数量。要实现苗木的优质高产，就需要在保证每株苗木生长发育健壮的基础上，获得单位面积上最大限度的产苗量，因而必须具有合理的苗木密度。

如苗木的密度过大，则苗木的营养面积不足，并导致通风不良，光照不足，降低苗木的光合作用，影响苗木的生长，使苗木细弱，根系不发达，并易受病虫危害，移植后成活率下降。而当苗木密度过小时，则使单位面积苗木的产量下降，土地的利用率低，且由于苗木稀少，使苗木间的空地过大，易滋生杂草。合理的苗木密度能保证苗木的优质高产。

苗木密度的确定需要综合考虑多方面的因素，如不同树种的生物学特性、生长速度，苗圃地的土壤条件和环境条件，育苗的年限，以及育苗的技术要求等。对生长快、生长量大、苗期喜光、需要营养面积大和留苗床时间长的树种，应考虑降低育苗密度，如泡桐、枫杨和山桃等；而对生长慢、生长量小、苗期耐阴、需要营养面积小和留苗床时间短的树种，可考虑加大育苗密度。此外，对直接用于嫁接的砧木，应考虑适当降低密度，以便于嫁接操作。通常一年生播种苗的单位面积产苗量为：针叶树种为 150～300 株/平方米，速生针叶树种为 600 株/平方米，阔叶树种大粒种子或速生树种为 25～120 株/平方米，生长速度中等的树种为 60～160 株/平方米。

（2）播种量的计算。播种量是单位面积上播用种子的质量。适度的播种量，对苗木的单位面积产量和苗木的质量极其重要。如播种量过大，则浪费种子，且加大间苗的工作量，并易影响苗木的品质；而播种量过小，则降低产量。播种量的计算，通常根据以下几个参数：单位面积产苗量、种子纯净度、种子千粒重、种子发芽势和苗损耗系数。单位面积播种量的计算公式为：

$$单位面积播种量(kg) = [损耗系数 \times 单位面积产苗量 \times 种子千粒重(g)]/(种子纯净度 \times 种子发芽势 \times 1\ 000^2)$$

损耗系数因树种本身的种子发芽特性、苗圃地的土壤及环境条件、育苗的技术水平等差异，而有较大的差异。通常情况下，损耗系数的变化范围大致如下：

1）大粒种子（千粒重在 700 g 以上）的损耗系数约为 1。

2）中粒种子（千粒重 3～700 g）的损耗系数为 1～2。

3）小粒种子（千粒重在 3 g 以下）的损耗系数为 10～20。

六、播种方法

1. 播种方式

播种方式主要取决于种子大小、种子萌芽特性、幼苗生长习性、生产条件以及留苗时间等，常用播种方式有撒播、条播、点播。

（1）撒播。撒播是将种子均匀撒在苗床上，适于小粒种子的播种，如悬铃木、泡桐、杨、柳等。撒播的优点是产苗量高，土地利用率高；缺点是用种量大，易因出苗过密而导致通风、透光不良，生长势减弱，容易产生小苗生长不均匀的现象。撒播育苗时，应注意播种均匀，如种子过小时，可将种子与适量细沙混合后播种，播种量不宜过大，以防止出苗过密。

（2）条播。条播是按照一定行距开沟播种，使种子均匀分布在一定宽度的播种带内，形成一个条形播种带。条播适用于中、小粒种子的观赏树木育苗。行距和播幅则应视苗木生长快慢而定，一般行距为 10~25 cm，播幅宽 5~10 cm。播种行应为南北向，使苗木受光均匀。条播用种量较少，且苗木由于透光好，管理方便，故生长健壮，成苗率高，也便于起苗。在生产上广泛使用条播。

条播通常分为单行条播、双行条播和带状条播等。单行条播适用于生长较快的乔木树种（如白蜡、刺槐、栾树、元宝枫、枫杨等）以及具中、大粒种子的树种；双行条播适用于中、小粒种子以及生长较慢的树种，行距在 20 cm 左右；带状条播适用于中、小粒种子以及生长缓慢的树种（如侧柏、圆柏、紫薇、银杏、棕榈等）。

（3）点播。点播是指在苗床上按一定行距开沟后，再将种子按一定株距摆于沟内，或按一定株行距挖穴播种。点播适用于大粒和发芽势强种子以及种子较稀少的观赏树木育苗，如核桃、板栗、栎类、七叶树等。一般每穴放 2~3 粒种子，发芽力强、发芽率有保证的树种可以放一粒种子。播种时，应注意种胚方向，使种子的缝合线和地面垂直，以便于胚根入土和胚芽的出土。点播的优点是节约种子，出苗健壮，后期管理方便，但播种较费工，单位面积的产苗量较低。

2. 播种工序

播种工序一般包括播种、覆土、镇压、覆盖和灌溉等环节。

（1）播种。根据种子特性，选择适宜的播种方法和播种时间，将种子播入土壤中。

（2）覆土。播后应及时覆土，覆土厚薄常影响种子萌发。覆土过薄，种子易干，也易遭鸟、兽、虫等危害，过厚则不利种子发芽、出土。一般覆土厚度是种子直径的 2～4 倍。大部分小粒园林花木种子，覆土厚度为 0.5～1 cm，中粒种子覆土 1～3 cm，大粒种子覆土 3～5 cm。具体厚度还应根据种子的发芽特性、气候、土壤条件、播种期和播种与管理技术的差异而定。一般沙质土覆盖可稍厚，黏性土宜薄；干旱地区宜厚，湿润地区宜薄；秋播宜厚，春播宜薄。覆土应选用疏松土壤或用木屑、细沙、草木灰和泥炭等，不宜用黏重土壤。覆土不仅要求厚度适当，而且要求均匀一致，否则易使出苗不整齐，影响苗木的质量。

（3）镇压。镇压可使种子与土壤紧密接触，使种子充分吸收土壤毛细管水，以促进发芽。镇压应在土壤疏松，上层较干时进行，如土壤黏重或湿度大时，则不宜镇压，以免土壤板结，影响种子发芽。

（4）覆盖。播种后，用草帘、薄膜、遮阳网等覆盖。覆盖具有保持土壤湿度，减少杂草，防止因浇水、雨淋等引起种子流失、土层板结，以及调节温度等作用。覆盖物在幼苗大部分出土后应及时撤除。

（5）灌溉。调节水分是播种管理的关键。最好在播前给土层灌足底水，在发芽阶段不再灌溉，如必须灌溉，应采取喷水或土层灌水方式，避免直接在床面上冲灌，致使床面板结和种子淋失。盆播时，如种子细小，则应用浸水法灌溉，大粒种子可用喷壶浇水。

七、苗期的抚育管理

从种子播后出苗到苗木出圃，要进行一系列的抚育管理工作，其中主要包括遮阴降温、间苗与补苗、幼苗截根、中耕除草、病虫害防治、施肥和防寒防冻等。

1. 遮阴降温

由于幼苗出土后，组织幼嫩，对炎热、干旱和强烈光照等环境条件的抵抗能力很弱，尤其是喜阴树种，更需要采取遮阴等保护措施。遮阴可使幼苗避免阳光的直接照射，降低地表温度，防止遭受日灼危害，保持适宜的土壤和叶表温度，减少土壤和幼苗的水分蒸发，从而保证幼苗的正常生长。

2. 间苗与补苗

（1）间苗。间苗是在苗床幼苗密度过大时，为了调整幼苗的密度，拔除或移去部分幼苗的过程。间苗的次数应根据苗木的生长速度而定，一般间苗 1~2 次。一些速生树种或出苗较稀的树种，可仅进行一次间苗，一般在苗高 10 cm 左右时进行。对生长较慢的树种或出苗较密的树种，可进行两次间苗，通常第一次间苗在幼苗高 5 cm 左右时进行，第二次在苗高 10 cm 左右时进行。

间苗应根据单位面积产苗量的指标来留苗。最后一次间苗（即定苗）时，苗的保留数量应比计划产苗量多 10% 左右，作为损耗数，以留有余地，保证计划的完成。

间苗时，应去除有病虫害的、发育不良的、弱小的劣苗，以及并株苗和过密苗。间苗最好在阴天进行，间苗前一天应给苗床灌水，以使拔除时减少对紧邻苗根系的影响。间苗后应及时灌水，使保留苗的根系恢复与土壤的紧密接触。

（2）补苗。补苗是为了弥补苗床缺苗，将过密的幼苗起出后，栽植在缺苗处。补苗通常可结合间苗进行，时间越早越好，以减少对根系的损伤。早补苗不仅可以提高成活率，且易保证其后期生长与原来苗没有显著差异。补苗宜在阴雨天或傍晚进行，以防止幼苗萎蔫。补苗后应及时浇水，必要时遮阴，以提高成活率。

3. 幼苗截根

截断幼苗的主根，可以促进侧根和须根的生长，扩大根系的吸收面积，提高根冠比，促进苗木质量的提高。此外，截根还可以提高苗木移栽的成活率，尤其是针对一些主根长而明显、侧根少的树种，如栎类、香樟、核桃、马褂木、枫香、油松和黑松等移栽成活率较低的树种，更有其必要性。

截根可以在幼苗长出 4~5 片真叶，苗根尚未木质化时进行，深度以 5~10 cm 为宜，也可以在早秋苗木处于速生期末期，根系尚未停止生长时进行，深度以 10~15 cm 为宜。有些树种（如核桃、板栗等）在催芽时掐去胚根的 1/3~1/2，然后播种，也能起到截根作用。截根可以用弓形截根刀或锋利的铁锹等，在距苗根一定距离处，与床面成 45°角，斜切入土，将主根截断。截根后应及时灌水，并增施磷、钾肥，以促使切口愈合和根系的旺盛生长。

4. 中耕除草

中耕除草工作，主要集中于苗木生长的前期，此时苗木较小，对环境的抵抗能力和与杂草的竞争力均较弱，及时的中耕除草有利于满足苗木对光、温、水、气等方面的需求，促进其快速生长。随着苗木的生长，其对不良环境的抵抗能力增强，且苗床逐渐封行，杂草也逐渐减少，可减少中耕除草的次数。苗木生长期中耕除草的次数，应根据土壤、气候、苗木生长状况以及杂草滋生状况等而定。一般一年生播种苗一年内为 6~10 次，二年生苗为 3~6 次。苗木生长初期，中耕宜浅，随着苗木的生长，可逐渐加深。为了不损伤苗木根系，中耕应注意苗根附近宜浅，行间宜深。

5. 病虫害防治

在播种苗生长过程中，经常发生由于病虫害而导致苗木品质下降、产量减少甚至绝产的现象，因此，病虫害的防治是苗木生产中必不可少的重要环节。病虫害的防治应以防为主，防治结合，坚持"治早、治少、治了"的原则，防止扩大成灾。具体而言，应从以下几个方面着手。

（1）栽培措施预防。病虫害的防治，首先应该从改进育苗的栽培技术措施，加强管理着手，促使苗木生长发育健壮，增强对病虫害的抵抗能力，以减少病虫危害程度。如做好苗圃地的选择，秋冬翻耕，清除杂草和枯枝叶，做好土壤、种子的消毒和有机肥的腐熟等工作。尽可能进行轮作，以减少病虫害的中间寄主。加强苗木生长期的管理，包括肥水管理和中耕除草等。

（2）药剂防治。对常见苗期病害，可以适当利用化学药物进行定期预防。病虫害发生后，应该及时利用相应药剂防治。

（3）生物防治。保护和利用捕食性、寄生性昆虫和寄生菌来防治害虫，既能达到较好的防治效果，又可减少对环境的污染。

6. 施肥

施肥可分为基肥和追肥两大类。基肥以有机肥料为主，常用的有厩肥、堆肥、饼肥、骨粉和粪肥等。基肥的施用量，应依土质、土壤肥力状况和植物种类而定，一般厩肥和堆肥应多施，饼肥、骨粉和粪肥宜少施。所施基肥应充分腐熟，否则易烧坏根系。

追肥是补充基肥的不足，满足园艺植物不同生长发育阶段的需求，常用的有化学肥料、人粪尿和饼肥水等。在生长旺盛期及开花初期，可进行浇施和叶面喷施，但化学肥料的施用浓度一般不宜超过 1% ~3%，而在进行叶面喷施时，浓度要更小，一般为 0.1% ~0.5%。

追肥应根据园艺植物的喜肥特性、生长情况、生长时期、土壤养分状况和肥料种类等的不同而异。追肥应掌握"少量多次，由稀到浓，适时适量"的原则，在一年的苗木生长期内，通常可追肥 3 ~6 次，第一次在幼苗出土 1 个月后开始进行，最后一次应在苗木停止生长前 1 个月结束。施肥不宜单独施用只含某一种肥分的单纯肥料，氮、磷、钾等营养成分应配合使用。

模块二　嫁接苗的培育

嫁接是把要繁殖的植物的枝或芽接到另一种植物体上，使它们结合在一起，形成一个独立生长的植株。供嫁接用的枝或芽叫接穗，而接受接穗的植株叫砧木。以枝条为接穗的称为枝接，以芽为接穗的称为芽接。

一、嫁接的作用和原理

1. 嫁接的作用

（1）保持品种的优良特性。由于接穗遗传性状保持稳定，能保持母树原有优良性状，砧木对接穗遗传性状没有影响。

（2）增强接穗品种的抗性和适应性。利用砧木对接穗的生理影响，提高嫁接苗对环境的适应能力，生产上常利用砧木的抗寒、抗旱、耐涝、耐盐碱、抗病虫害和耐瘠薄等特性。如柑橘类接在枳壳上能提高抗寒力，月季接在蔷薇上可提高其耐湿、耐瘠薄和抗病虫害等能力。

（3）提早开花结果。由于嫁接用的接穗在发育阶段上已处于成年期，而砧木有强大的根系，提供充足养分，使其生长旺盛并有利于营养物质的积累，因此嫁接苗常可比实生苗明显提早开花、结果。生产中，如银杏、板栗和红松等实生苗开花迟的树种，通过嫁接均可大大提早开花结果。

（4）改变株型。通过选用矮化砧、乔化砧树木作砧木，可培育出不同株型的苗木，尤其是矮化砧的运用，可控制树冠发育，使树形矮小、紧凑，具有特殊的观赏价值，并且便于管理。一些垂枝类、曲枝类树种，如垂枝梅、龙游梅、垂枝桃、龙爪槐和垂枝榆等都可应用。

（5）克服不易繁殖的缺陷。很多具优良性状的园林树种，往往因为没有种子、种子少或种子繁殖不能保留原有优良性状等原因，难以进行有性繁殖，并且通过扦插等无性繁殖手段又难以成活，嫁接是其主要的甚至是唯一的繁殖手段。如重瓣品种的碧桃、梅花和一些芽变品种等。又如日本五针松原产于日本，我国引入后生长较好，但结实率低，种子多发育不良，发芽率低，生长慢，因此基本上都依靠嫁接来繁殖。

（6）扩大繁殖系数。由于砧木可用种子繁殖，容易获得，而接穗仅用小段枝条或一个芽，用材比较经济，且繁殖期较短。嫁接同其他营养繁殖方法相比，繁殖系数较高。

2. 嫁接成活的原理

嫁接成活的生理基础是植物组织的分化能力和再生能力。嫁接后，砧木和接穗接合部位各自的形成层薄壁细胞大量进行分裂，形成愈伤组织，不断增加的愈伤组织充满砧木和接穗之间的空隙，使两者的愈伤组织结合成一体。此后，进一步进行组织分化，愈伤组织的中间部分成为形成层，内侧分化为木质部，外侧分化为韧皮部，形成完整的输导系统，并与砧木、接穗的形成层输导系统相接，成为一个整体，保证了水分、养分的上下输送。

二、影响嫁接成活的因素

1. 砧穗内部因素

（1）砧穗的亲和力。嫁接亲和力是指砧木与接穗由于内部组织结构生理生化遗传的远近，而影响相互结合在一起的能力。亲和力强的砧木与接穗嫁接后易于成活，近期和远期都生长良好，发育正常。亲和力不强的砧木与接穗嫁接后难以成活或即使成活，但后期生长发育差，开花、结果不正常。

亲缘关系越近，亲和力越强。同种间的亲和力最强，如不同品种的月季的嫁接、西鹃嫁接在毛鹃上等均易成活。同属异种间嫁接，亲和力次之，往往因不同植物种类而差异较大，但很多种间的亲和力较强，如杏接梅花、海棠接苹果、黑松接五针松、紫玉兰接白玉兰和蒿接菊花等，均较易成活。同科异属间亲和力一般比较小，成活较困难，但也有较多嫁接成活的实例，如小叶女贞上接桂花、枫杨上接核桃、木瓜上接梨和石楠上接枇杷等。不同科之间亲和力极弱，一般很难成活。

（2）形成层与髓射线的分裂作用。嫁接后，砧、穗伤口处的形成层与髓射线的薄壁细胞大量分裂，形成愈伤组织。愈伤组织的生长速度和数量直接影响接穗成活，如愈伤组织生长缓慢，接穗在砧、穗的愈伤组织未连接前就已萌发或已失水干枯，则嫁接不能成活。

（3）内含物的影响。一些植物嫁接时，砧木的伤口处常有很多伤流，如核桃、柿子和板栗等植物的伤流中含较多的酚类物质，氧化后形成黑色浓缩物，松类植物的伤口常有松脂、松节油等产生，这些物质都会在结合面产生隔离作用，阻碍砧、穗间的物质交流和愈合，影响嫁接成活。嫁接应在伤流较小的时期进行，如春季砧木萌芽前。此外，有些植物含单宁较多，也影响嫁接的成活。

（4）砧穗的营养积累及生活力的影响。发育健壮的接穗和砧木储藏积累的养分多，形成层易于分化，愈伤组织容易生成，成活率高一些。如果砧木或接穗一方组织不充实，发育不健全，则直接影响形成层的活动能力，难以充分供应愈伤组织细胞充分的营养物质，影响嫁接的成活。砧、穗的生活力，尤其是接穗在运输、储藏中生活力的保持是嫁接成活的关键。

2. 外部环境条件

外部环境条件对嫁接成活的影响主要反映在对愈伤组织形成与发育的速度上，凡是影响愈伤组织形成的外界因素，都会影响嫁接成活。

（1）温度。植物的愈伤组织只有在一定温度下才能形成。一般植物愈伤组织形成的适宜温度为 20～25℃，低于 15℃ 或高于 30℃ 就会妨碍愈伤组织的旺盛生长，而低于 10℃ 或高于40℃，愈伤组织就基本停止生长，高温甚至会引起组织死亡。

（2）湿度。湿度对愈伤组织的影响有两个方面：一是愈伤组织生长本身需要一定的湿度环境；二是接穗需要在一定的湿度条件下，才能保持生活力。空气湿度越接近饱和，对愈合越有利，愈伤组织内的薄壁细胞嫩弱，不耐干燥，湿度低于饱和点，细胞容易失水，时间一久，易引起组织死亡。在砧、穗愈合前保持接穗及接口处的湿度，是嫁接成活的一个重要保障，生产上常用塑料薄膜包扎或涂上接蜡以保持湿度。

（3）光照。黑暗条件能促进愈伤组织的生长，但绿枝嫁接后，适度的光照能促进同化产物的生成，加快愈合。强光易使蒸发量增大，接穗易失水枯萎，一般以适当遮阳条件下的弱光为好。生长期芽接时，多在砧木的北侧选择嫁接部位。

3. 嫁接技术

除了砧、穗的内部条件和接后的外部条件之外，嫁接技术也是影响嫁接成活的重要因素，如嫁接面的削切平滑与否、形成层是否对接、绑缚是否适度、嫁接的速度快慢，以及接后管理是否妥当等，都直接或间接地影响成活。

三、砧木、接穗的选择与储藏

1. 接穗的采集与储藏

（1）接穗采集。由于接穗的年龄、充实度、芽的饱满度和枝条在树冠上的位置等情况都影响嫁接的成活，一般应剪取树冠外围生长充实、枝条光洁、芽体饱满的枝条做接穗。春季嫁接多选用上年春季萌生的枝条，较少用 2 年以上的老枝。生长期进行芽接或嫩枝接，则大多选用当年春季萌发枝条或芽做接穗。徒长枝和细弱枝条均不宜做接穗。接穗应选用枝条的中部，因枝顶端过于幼嫩，枝条不充实，而基部则芽不饱满。

春季嫁接的接穗，可于休眠期采集，在低温下储藏越冬，翌春砧木树液流动后进行嫁接，其成活率往往比接穗随采随接要高。此外，接穗在低温下储藏，可适当延长嫁接时期，使嫁接工作不致过于集中。生长期嫁接时，接穗应随采随接，芽接时，接穗应去除叶片，保留叶柄；如是嫩枝接，可适当保留 1～2 片叶子，以使光合作用积累养分，促进愈伤组织的生长，但叶片不可过多，否则水分消耗过多，易使接穗失水萎蔫。

（2）接穗储藏。春季嫁接用接穗在储存前，应先剪截成40～50 cm长的小段，以30～40支作一捆，挂上标有名称、采穗日期等项目的标签，用药剂消毒，以防止霉烂和病虫滋生。接穗可用塑料薄膜包扎后置于冷库或地窖中低温保存，也可用湿沙埋藏。在南方地区，可在排水良好、朝北阴凉的露地保存，在北方地区，应于室内保存。储藏期间，每1～2周检查一次，剔除病变腐烂枝条，一般可储藏1～2个月。

2. 砧木的选择与培育

（1）砧木的作用。砧木对接穗长成植株的高度影响很大，乔化砧使植株长高，如山桃、山杏是梅花的乔化砧；而寿星桃是桃的矮化砧，可使之明显变矮。

砧木对嫁接苗的生长势、花期、结果期和花果产量均有影响，同时也常影响寿命，如枇杷用石楠作砧木可延长寿命。

砧木本身对土壤的适应性（如对土壤的酸碱度、盐碱性，以及对温度、旱涝、病虫害的抗性），对嫁接苗的适应性产生很大影响。如用枳作柑橘的砧木，可提高抗寒、抗病虫等能力；用枫杨作核桃的砧木，可以提高抗涝能力。

（2）砧木的选择。可选砧木种类繁多，在选择砧木时，应因地制宜，选择砧木应具备以下几个条件。

1）与接穗具有良好的亲和力。

2）对栽培地区的气候、土壤等环境条件有良好的适应性，根系发达，生长强健。

3）对接穗的生长、开花、结果和寿命等有良好影响。

4）对病虫害、旱涝、低温和大气污染等有较好的抗性。

5）来源充足，易繁殖。

6）能满足特殊的需要，如乔化、矮化、无刺等。

（3）砧木的培育。砧木可通过无性或有性方式繁殖。由于实生苗具有根系发达、抗性强、寿命长和繁殖率高等特点，生产中大多用有性繁殖的实生苗作砧木。有时由于实生苗不易繁殖而无性繁殖较易获得时，也可用扦插、压条和分株等方式获得砧木，如月季的嫁接，既可用实生蔷薇苗，也可用扦插蔷薇苗。培育实生砧木时，应注意肥水供应，并结合摘心措施使之尽快达到需要的茎粗度。在嫁接前要保证水分供应，使之生长旺盛，树液流动快，有利于嫁接和愈合。

四、嫁接时期与准备工作

1. 嫁接时期

适宜的嫁接时期是嫁接成活的关键因素之一。嫁接时期的选择，与植物种类、嫁接方法和物候期等有关。一般来讲，枝接宜在春季芽萌动前嫁接，芽接则宜在夏、秋季砧木树皮易剥离时进行，木本的嫩枝接多在生长期进行。具体嫁接时期主要有以下几个。

（1）春季嫁接。春季是枝接的适宜时期，主要在2—4月，一般在早春树液开始流动时即可进行。落叶树接穗宜选经储藏后处于休眠状态的接穗，常绿树采用现采的未萌芽的枝条作接穗。如接穗芽已萌发，则会影响成活率，但部分树种（如蜡梅）则在芽萌动后嫁接成活率高。春季嫁接，由于气温低，接穗水分平衡较好，易成活，但愈合较慢，大部分植物适于春季枝接。

（2）夏季嫁接。夏季是嫩枝接和芽接的适宜期，一般以5—7月，尤以5月中旬至6月中旬最为适宜，此时，砧穗皮层较易剥离，愈伤组织形成和增殖快，有利于愈合。一些常绿木本植物，如山茶和杜鹃，落叶树种，如槭类，均适于此时嫁接。

（3）秋季嫁接。秋季是芽接的适宜时期，从8月中旬至10月上旬。这个时期新梢和芽充实，养分储存多，也是树液流动、形成层活动的旺盛时期，树皮易剥离，最适芽接，一些树种（如红枫）也可进行腹接。

总之，只要砧、穗自身条件及外界环境能满足要求，即为嫁接适期。嫁接没有严格的日期限制，而应视植物物候期和砧、穗的状态决定嫁接时期，同时也应注意短期的天气条件，如雨后树液流动旺盛，比长期干旱后嫁接好，阴天无风比干晴、大风天气嫁接好。

2．嫁接前的准备工作

（1）工具。嫁接的工具主要有枝剪、枝接刀、芽接刀、单面刀片和手锯等。这些工具钢质要好，刀口要锋利，刀口不锋利则切削面不光滑，会妨碍愈合。

（2）绑扎材料。绑扎材料大多用塑料薄膜，其具弹性好、薄、保水和绑扎方便等优点，缺点是不易自然腐烂，成活后常需解绑。绑扎材料也可用胶布，胶布使用方便，但易松开脱落。

（3）其他。有时嫁接后的接口可用接蜡密封，或用纸袋、塑料袋围裹，防止脱水。

五、嫁接方法

嫁接方法很多，常因植物种类、嫁接时期、气候条件的不同，而选择不同方法。一般根据接穗的不同，可分为枝接和芽接。枝接有切接、劈接、腹接和靠接等方法，芽接有"T"字形芽接、嵌芽接、方块芽接和套芽接等。下面介绍几种常用的嫁接方法。

1．枝接

（1）切接法（见图3—2）。切接法是枝接中最常用的，也是较基本的嫁接方法，适用于大部分木本植物，其主要步骤如下。

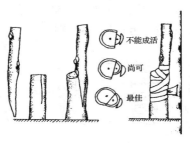

不能成活

尚可

最佳

图3—2　切接法

1）削接穗。穗长5~8 cm，一般不超过10 cm，带2~3个芽。削穗时，第一刀从没芽的一侧（最下一个芽的背面或侧面）向内切后，即向下与接穗中轴平行切削到底，注意内切深度不宜达到髓部，削去部分木质部即可，切面长2~3 cm。第二刀则将已削好切面的对侧削成一个呈45°角、长0.5 cm左右小斜面即可。削穗刀要锋利，手要平稳，保证削面平整、光滑。

2）削砧木。先将砧木修剪并削平整，然后第一刀在切面一侧轻削一刀，露出形成层，以利于后面切砧木及砧穗结合。第二刀在形成层内侧略带木质部处垂直切入，深度为2~3 cm。要注意用利刀下切（不能人为掰撬），以保证切削面平整。

3）结合。将削好的接穗大的削面向内插入砧木切口中，使砧、穗形成层对齐，接穗削面上端要露出0.2 cm左右，即俗称的"露白"。露白有利于砧穗的愈合。

4）绑缚。用塑料薄膜带等物，由下向上将砧穗绑扎好，注意不能露出嫁接部位，以免影响愈合。另外，可用塑料袋将接穗与嫁接部位套上，以减少水分散失，以利于愈合。

（2）**劈接法**（见图3—3）。当砧木较粗而接穗细小时，可采用劈接法。先用劈接刀从砧木横断面中心垂直下切，切口深3~4 cm。接穗基部两侧都削成3~4 cm长的楔形，上留2~4个芽，接穗靠砧木形成层的外侧可比内侧面略厚些，然后用刀撬开砧木，插入接穗，并使砧穗一侧的形成层对齐。插入时要注意，由于砧穗皮层厚度常不一致，因此，应将接穗的外表皮略比砧木外表靠近砧木中心一些。最后，可根据需要进行绑扎，或封蜡、套袋等。

图3—3　劈接法

（3）腹接法。腹接法尤其适用于五针松、锦松等常绿针叶树种。一般砧木不断砧，在砧木适当部位向下斜切一刀，达木质部 1/3 左右，切口长 2~3 cm，接穗削成斜楔形，类似切接穗，但小斜面应稍长一些，然后将接穗插入砧木，再绑缚、套袋。

2. 芽接

（1）"T"字形芽接（见图 3—4）。又称"丁"字形芽接、盾形芽接等。因其砧木切成"T"字形或接穗芽片成盾形而得名，是运用极广泛的芽接方法，多在树木生长旺盛、树皮易剥落时进行。具体方法如下。

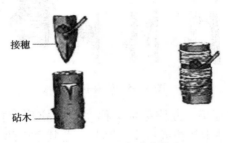

接穗

砧木

图 3—4　"T"字形芽接法

1）削芽片。先将接穗上的叶片剪去，仅留叶柄，在需取芽的上方 0.5 cm 处横切一刀，深入木质部，再从芽下方约 1 cm 处向上平削至横切处，然后剥下芽片，用湿布包好或放入口中。芽片一般不带木质部。

2）切砧木。在砧木近基部光滑部位，将树皮横、纵各切一刀，深达木质部，成"T"字形，其长宽均应略大于芽片，然后用芽接刀骨柄挑开砧木树皮。

3）结合。将芽片插入砧木切口，使芽片上端与砧木上切口对齐靠紧，砧木被挑开皮层包裹芽片，但需露出芽片上芽及叶柄。

4）绑缚。用塑料薄膜带绑缚，仅露出芽及叶柄。

（2）嵌芽接（见图3—5）。嵌芽接又称削芽接，在砧穗不易离皮时采用此方法。削芽片时，先从芽上方0.5～1 cm处斜切一刀，稍带部分木质部，长约1.5 cm，再在芽下方0.5～0.8 cm处斜切一刀，取下芽片。在砧木适当部位，切一个与芽片大小相应的切口，并将切开的部分切去上端1/3～1/2，留下大部分供夹合芽片。将芽片插入切口，使两侧形成层对齐，芽片上端略露一点砧木皮层，最后绑缚。

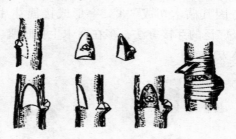

图3—5　嵌芽接法

（3）方块芽接。方块芽接又称"门"字形芽接、"工"字形芽接等。在砧木较粗或树皮较厚时，尤其适用此方法。先在接穗上深切达木质部的成长方形芽块，芽居中间，芽块长约2 cm、宽约1 cm，剥离后成不带木质部的芽片。在砧木上切成"广"字形或"工"字形的切口，长宽相当于芽片大小。掀开皮层，然后将芽片插入。若是"广"字形切割，则应削去部分外皮。芽片插好后，进行绑缚即可。

六、接后管理

1. 检查成活情况，及时补接

枝接苗一般在接后20～30天检查成活，如接穗上的芽已萌发生长，或接穗鲜绿，则有望成苗。芽接苗一般接后10天左右检查，如芽新鲜，叶柄手触后即脱落，则基本能成活，反之，如芽干瘪，变色，叶柄不易脱落，则未成活。如检查芽接未成活，则应及时补接；枝接如果未成活，若时间允许，也可补接，若已太迟，则可于夏、秋季在新芽萌发枝条上进行芽接补接。

2. 脱袋与松绑

枝接的接穗上，芽全长 3 cm 以上时，可将套袋剪一个小通风口，使幼芽锻炼适应，5～7 天后脱袋。嫁接成活 1 个月后，可视情况松绑，但不宜过早，否则接穗愈合不牢固，受风吹易脱落，也不宜过迟，否则绑缚处出现缢伤，影响生长。

芽接在成活后半月左右，则可解绑。如秋季芽接在当年不出芽，则应至第二年萌芽后松绑。松绑只需用刀片纵切一刀，割断绑扎物即可，随着枝条的生长，绑扎物会自然脱落。

3. 剪砧、抹芽与去萌蘖

剪砧应视植物种类而异。一些种类尤其芽接苗，可在当年分 1～2 次剪去。松类在春季发芽的，宜在 2～3 年内分次剪砧。

抹芽除了抹去砧木上的大量萌芽外，还应适当抹去接穗上过多的萌芽，以保证养分的集中。根蘖也应从基部剪去。

4. 绑扶

由于嫁接苗接口部位易劈折，尤其芽接苗，接芽成枝后常横生，更易劈折损伤，因此应尽可能立杆绑扶，以减少人为碰伤和被风吹折等损害。

模块三　扦插苗的培育

扦插是营养繁殖中一种简单易行和普遍应用的方法，是将根、枝、叶插在土壤中，发出新根新芽，形成一株新植株的方法。扦插又分为枝插、根插和叶插，其中以枝插为主。

一、扦插育苗成活的原理

植物的营养器官具有发育成完整植株的能力。扦插育苗就是利用植物这种再生作用，进行苗木繁殖。

扦插成活的关键决定于根的形成。根的原始体是扦插生根的重要物质基础，一般插穗先形成根的原始体，再发育成为不定根。根据树木扦插生根的难易，大致可分为三类：

（1）容易生根的树种。杨树（黑杨派、青杨派）、柳树、白蜡、法国梧桐、杉木、榕树、葡萄等。

（2）较难生根的树种。刺槐、长白侧柏、杜松、桧柏等。

（3）难生根的树种。一般情况下不生根，如松树、樟树、水曲柳、紫椴、核桃等。

二、插穗的采集与截取

扦插育苗使用的一段营养体称为插穗（条），剪取插穗或接芽用的枝条，称为种条。

1. 种条的采集

应注意选好母树，一般要选生长迅速、干形通直、无病虫害的健壮幼龄母树，从树干下部或根基部采集发育充实的 1~2 年生萌条。另外，应做到适时采条，应在枝条内含营养物质最多、含水量也较丰富时进行。多数树种宜在秋末冬初落叶后即行采集。

2. 插穗的截取

插穗必须含有一定数量的根原始体、养分和水分，长度应根据树种生根的难易和土壤条件而定，一般为 10~20 cm。剪穗时上端切口为平面，距最上面一个芽 1 cm 左右，下端切口在芽下 1 cm 左右，平切、斜切和双面斜切均可。截取插穗用的刀口要锋利，要求做到切口平滑，防止劈裂、破皮和伤芽。

三、种条的储藏

为防止种条干燥、受冻、霉烂或发芽，应进行越冬储藏。可在阴凉的室外用湿沙层积坑藏，储藏时间一般在土壤结冻前几天进行，来年春季土壤解冻后取出扦插。

四、促进插穗生根的方法

为提高扦插成活率，可用物理方法或化学药剂处理促进插穗生根，主要方法如下。

1. 浸水处理

扦插前，将种条在水中浸泡 3 天左右，使其吸足水分，有利于生根和抗旱，消除生根抑制物质。要注意每日早晚换水，保持水的清洁，防止沤坏种条。松、落叶松、云杉、冷杉等，将插穗下端在 30～35℃温水中浸 2 h，使树脂溶解，有利于切口的愈合和生根。杨、柳等可在夜晚浸水，白天放于 20～25℃的湿沙中催根 3～4 天，出现根的原始体时进行扦插。

2. 生长激素处理

适量增加生长素含量能提高插穗的再生能力，促进生根。效果显著的如萘乙酸、吲哚丁酸等。处理方法如下。

（1）用溶液浸泡插穗下端，如萘乙酸，可用 50 μL/L 的浓度浸泡插穗 12～24 h。

（2）用湿的插穗下端蘸粉扦插，可用滑石粉配成 500 μg/g 浓度的粉剂。

另外，近年来采用 ABT 生根粉，使难以生根的珍贵树种扦插成功，如红松、玉兰、龙眼等。

使用时应严格控制溶液浓度和处理时间，以免引起破坏作用。

3. 化学药剂处理

用少量药剂处理插穗能促进生根。常用的化学药剂有蔗糖、高锰酸钾、醋酸、二氧化锰、氧化锰、硫酸镁、磷酸等。

五、扦插技术

春插、秋插均可，以春插为主，宜早进行。硬枝扦插一般多采用垄作，其扦插密度，如杨树垄距为 60 cm、株距 10～20 cm，每垄插 1～2 行。

扦插的方法有直插、斜插两种。一般生根容易的树种，插穗短，在土壤疏松、通气良好的条件下，用直插。生根较难的树种，插穗长，土壤黏重的则用斜插，但易出现偏根现象。扦插时切勿倒插，插后要踏实，防止悬空。扦插深度一般以插穗上端与地面相平为宜。在干旱地区插穗上端应低于地面 1 cm，插后应及时灌水，以保成活。

育苗生产有时也采用插根育苗，就是切取乔、灌木的根插入或埋入土中，利用根的再生能力长成新苗。如毛白杨、刺槐、泡桐、臭椿、漆树、桑树等，都可用插根育苗。

六、插条苗的抚育管理

早春扦插的插穗如能充分利用土壤中的化冻水，初期一般不必灌溉，以免降低地温，反而不利于插穗生根发芽，如果土壤干燥，最好在插前灌一次底水。在苗木生长期内应加强水肥管理和中耕除草，并注意防止病虫害。当插条苗长到 15 cm 高时，要选择一个健壮端直的嫩枝作主茎，其余的枝及早摘除，主茎上长出的侧芽要及时除去，以促进主茎的生长。

模块四　其他育苗技术

一、压条繁殖

压条（见图 3—6）是将未脱离母株的枝条，在预定的发根部位，进行环剥、刻伤等处理，并可结合生根促进剂涂抹，然后，将该部位埋入土中或用湿润物包裹，由于受伤部位易积累上部合成的营养物质和生长调节剂等，从而易形成根系，剪离母株后即成为新的植株。由于枝条木质部仍与母株相连，可以不断得到水分和矿质营养，其枝条不会像扦插时从母株上分离的插穗那样易失水过多、枝体水分不平衡而干枯。因此，压条是一种安全可靠的繁殖方法，并可获得大苗。压条在全年均可进行，以春季和梅雨季最为理想。

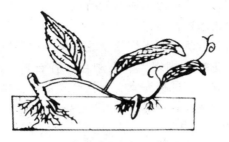

图 3—6　压条繁殖

二、分株繁殖

分株繁殖是指把某些植物的根部或茎部产生的根蘖、茎蘖等，从母株上分割下来，而得到新的独立植株的繁殖方式（见图 3—7）。分株繁殖方法简便，容易成活，且成苗很快，缺点是繁殖率较低，苗木不整齐等。

图 3—7　分株繁殖

丛生型的灌木类，如紫荆、绣线菊、蜡梅、牡丹、紫玉兰、月季、迎春、溲疏、贴梗海棠等，在茎的基部都能长出许多茎芽，并形成不脱离母株的小植株，即茎蘖。而一些乔木类树种，如银杏、香椿、臭椿、刺槐、丁香、火炬树等，常在根部长出不定芽，伸出地面后形成一些未脱离母株的小植株，即根蘖。将这些丛生型的灌木丛，分别切成若干个小株丛，或把乔木的根蘖从母株上切挖下来，均可以形成新的植株。

三、组织培养育苗技术

用组织培养方法快速无性繁殖花卉是一种新技术。商业上可用组织培养的花卉有蝴蝶兰、石斛兰、香石竹，月季、西洋杜鹃、菊花、非洲菊、球根海棠、天竺葵，百合、风信子、中国水仙、唐菖蒲、鸢尾、萱草等。

1. 常用的培养基

培养基是组织培养成功的重要因素之一，它不但为外植体细胞的增殖、器官的分化与幼苗的生长提供营养物质和生长调节物质，还起着维持一定的渗透压和酸碱度的作用。

培养基有液体和固体两种，固体培养基中加有琼脂。组织培养中常用的基本培养基有 MS、B5、SH、Miller、White 等。

2. 花卉组织培养繁殖的方法

（1）培养材料的选择。为了获得无病毒植株，最好选用茎尖、生长点、形成层等作为外植体。此外，还可选用叶片、鳞茎、根茎、茎段、花瓣、子房、珠心、子叶、下胚轴等。

（2）材料表面灭菌。先用肥皂水洗涤材料，再用自来水冲洗，然后放入 70% 的酒精中约 30 s，取出后在 0.1% 的氯化汞（俗称升汞）中浸泡 5 ~ 10 min 或在 10% 的漂白粉上清液中浸泡 10 ~ 15 min，最后用蒸馏水冲洗 3 次。

（3）接种。从灭菌处理的芽中剥取茎尖或生长点，或将根茎、幼茎、下胚轴等切成 0.5 ~ 1 cm 长的切段，或将叶片、花瓣、子叶等切成 0.5 ~ 1 cm 长的切块。在无菌室内或超净工作台上接种到培养基上。

（4）培养。

1）初次培养。外植体在组织培养的初期，先是产生愈伤组织，再分化出芽，或直接产生芽，形成带根植株。在初次培养所用的激素中，细胞分裂素以 6 - 苄基腺嘌呤（BA）效果为最好，生长素以加萘乙酸（NAA）效果为好。在 BA 和 NAA 配合使用时，外植体往往会脱分化或腋芽萌动而增殖。

2）芽的增殖。此阶段的培养目的是繁殖大量有效的芽和苗。在芽增殖的培养基中，细胞分裂素是不可缺少的，BA 对芽的大量增殖最为有效。生长素多用 NAA，但浓度不可过高，否则对芽的增殖反而有抑制作用，并容易形成愈伤组织。有时加入低浓度的赤霉素（GA）以促进芽的生长。芽的增殖速度是离体快速繁殖中最为重要的一个因素。

3）生根培养。生根培养的目的是使第一、第二阶段培养的苗发生不定根，并使苗继续长大，从而长成完整的小植株。一般 10 mm 长的芽即可转入生根培养基，大多数植物只需将无根苗移至无生长素的 MS 培养基或是稀释一倍的 MS 培养基上便可长根。但对一些较难生根的植物（如苹果），可采用下列方法处理：①降低培养基的盐浓度。采用 White 生根培养基、稀释 2～10 倍的 MS 培养基。②在培养基中添加 0.1～1 μL/L 的 NAA 或吲哚丁酸（IBA）。③把茎基在 100～1 000 μL/L 的 IBA 溶液中浸一下，再移至无生长素培养基中培养。

（5）炼苗与移栽。

1）炼苗。为保证移栽后成活，使组织培养苗适应从异养型转变为自养型的过程，因此需要炼苗。其步骤一般是把培养物放置在移栽环境中 3～10 天，使其适应新的光、温、湿条件，在移栽前一天打开瓶盖，第二天再移苗。

2）移栽。先在瓶中注入清水，用镊子轻轻地将培养基搅碎，将苗取出，再用清水漂去黏附在根部的培养基，这样可避免根部受伤以及因培养基带入土中而引起的腐烂。

（6）种植。先将生根苗移栽到洗净灭菌的河沙中进行沙培，初期应注意保持移栽苗环境中有较高的湿度和较稳定的气温（20～22℃）。沙培 2～3 周之后则可移栽到装有土壤的花盆或木箱中培养成栽培用苗。

模块五　容器、大棚和地膜育苗

当前育苗生产中的新工艺、新技术、新方法很多，其中容器育苗、塑料大棚育苗和地膜育苗的应用较为广泛。

一、容器育苗

容器育苗就是在特制的容器中培育苗木，苗木出圃时，带着完整根团运到造林地栽植的育苗方式。其生产过程与传统的裸根苗培育有明显的区别。

1. 容器育苗的特点

容器育苗起苗、包装、运输时不伤根，储藏时不丧失生命力，造林后没有缓苗期，成活率高，初期生长快。在干旱、瘠薄、石质山地、盐碱地、沙地等造林困难的地段，造林成活率高。裸根苗造林成活困难的树种，用容器苗造林容易成功。经营管理细致，可节约用种 3~4 倍。育苗时易控制环境，缩短育苗期，增加出圃苗木数量。受季节限制小，可以延长造林季节。苗木生长整齐，有利于机械造林。

我国高寒地区和沿海地区造林，采用容器育苗已取得十分显著的效果。但容器育苗尚有一些不足之处，主要是：日常管理要求细致，必须有较高的育苗水平；容器内培养土数量有限，水分养分含量不易稳定，如管理疏忽，易发生突然变化，影响苗木生长。

2. 容器类型及规格

育苗容器是培育容器苗的主要器具，其制作材料有纸、纤维、木、泥炭、塑料等。

（1）容器类型。目前世界通用的容器基本有两种类型，即连苗定植容器和可回收容器。

1）连苗定植容器。连苗定植容器又分为不需装填营养土的和装填营养土的两类。前者容器本身即由营养土制成，如泥炭制成的营养砖、块、钵等，兼有容器和培养基的作用。其优点是根系可正常发育，不会盘旋生长。需装填营养土的育苗容器，根据容器的性质，可分为易腐与不易腐的两种。易腐的主要是用各种纸做成纸杯、纸袋，定植后容器很易分解，但需防止其过早损坏或造林后不及时腐烂而影响根系生长。

2）可回收容器。这种容器不易被水、植物根系及微生物分解，常由聚乙烯硬质塑料和塑料薄膜制成，分单杯式及多杯式，也可用塑料膜制成书本式容器。常见的有营养袋、营养筒、多孔聚苯乙烯营养砖等。可回收容器可以反复使用多次。

为防止苗木根系在容器内盘旋生长，产生畸形，多数容器都有加强筋或沟槽，使苗根能循壁往下生长。在底部留有开口，使苗根伸出，不致盘结成团，并起排水作用。

（2）容器的形状和规格。容器的形状，从截面看有圆形、六边形、长方形、正方形等。其中六边形和四边形截面的容器较有利于根系舒展，圆形截面的容器常使根系盘旋成团，妨碍生长。容器的规格依树种、培育时间而定。

3. 营养土的配制

营养土的物理性质、化学性质、养分含量都必须满足培育苗木的要求。其中杂草、病原微生物及害虫卵、幼虫等都要消灭，方法可用蒸汽蒸熏 30 min 或用化学药剂消毒。

用作培养基的材料有沙子、泥炭、苔藓、水藓、蛭石、表土、森林腐殖土等。常用的营养土配方应就地取材，以降低育苗成本。我国南方过去常用的是黄心土与火烧土各半，加入 2% ~ 3% 经粉碎、腐热的过磷酸钙作营养土，用以培育一般树种的苗木。但对某些具有菌根的树种（如松类）还应加入菌根土（在同一树种的根际挖取）10%，细河沙 10%，每立方米混合土中加入 1 kg 过磷酸钙或钙镁磷肥。东北地区常以草炭土为主，如草炭土 60%、腐殖土 20%、细沙 10% 等，适当加些过磷酸钙或氮肥；或草炭土 70%、蛭石 20%、腐殖土 10% 等。

4. 播种与栽植

播种时，先把营养土装入容器中并分层砸实。装至距容器口 1 cm 左右为度。然后按设计好的苗床，将容器整齐排列成畦，使建成后的苗床宽约 1.1 m，长约 11 m。容器排好后，用沙或泥土填入各容器间的空隙并培好床边。容器中可直播育苗，也可培育移栽苗。若为直播育苗，种子催芽后，在每个容器内播种 1～3 粒，播种后，用草炭土或火烧土覆盖，再盖上一层稻草，然后浇水，以后经常保持湿润。幼苗出土后，及时揭去覆草，并做好除草、施肥、防治病虫害、间苗、补苗等工作。待苗根穿出容器时，可抓紧雨前雨后连同容器一起定植（如为塑料薄膜容器育苗，应脱出容器定植）。有的地方先在沙床上播种（如播湿地松），待种子发芽出土刚脱掉种壳时，移到容器内进行培育，这样既能使幼苗生长均匀整齐，又节约种子。

二、塑料大棚育苗

塑料大棚是以塑料薄膜或塑料板为材料建造的园艺栽培设施。它具有结构简单、耐用、建造容易、拆除方便等优点，适于大面积推广。塑料大棚育苗的特点是：种子具有适宜的发芽条件，发芽率和成苗率均高；春季扣棚后，可提早播种，延长苗木生长期 1 个月左右；能改变小气候，减免风、霜、干旱等自然灾害，防除杂草侵害；有利于珍贵树种引种繁殖；苗木生长迅速整齐，1～2 年生即可出圃造林；便于集约经营。其缺点是成本较高，苗木地上部分生长较快，加大了茎根比。

1. 培育裸根苗

培育裸根苗的棚内管理措施主要有控制棚温、灌溉、防病和撤除塑料膜等。

（1）控制棚温。控制棚温和搞好通风管理是塑料棚育苗成败的关键之一。一般棚内温度为 20～25℃ 时种子发芽最快。在苗木生长期，白天棚温控制在 30℃，夜间保持 15℃ 左右。

（2）棚内灌溉。大棚内温度高，蒸发量大，幼苗生长迅速，需水量比露地育苗大，故播种前要灌足底水，播后要经常保持床面湿润。幼苗出齐后到7月，每日要灌水3~4次，8—9月可减至1~2次。可用人工管道降雨或喷壶灌水。

（3）棚内防病。大棚湿度大、温度高，菌类繁殖快，应预防立枯病发生，定时喷洒灭菌剂，以保苗木安全。

（4）撤除塑料膜。当气温升高后，苗木开始迅速生长，可撤去部分塑料膜，只留拱顶，逐渐锻炼苗木。当苗木结束速生期，可全部撤膜，使苗木木质化，增强抗性。

2．培育容器苗

按生产区划将容器苗按树种及容器种类分类摆在生产小区内，便于精细管理。

3．培育扦插苗

在棚内扦插育苗，温度、湿度条件好，生根快，成活率高。除硬枝扦插外，还用于嫩枝扦插。

4．栽培花木

很多园林单位在大棚内季节性栽植山茶、杜鹃、月季、一串红等，由于棚内温湿度较好，管理较简单，既能降低成本，又能使花期提前，经济效益好。在棚内还可开展引种驯化、嫁接等活动，进行优良品种的选育。

三、地膜覆盖育苗

用作地面覆盖栽培的塑料薄膜是一种极薄的聚乙烯薄膜，只有0.015~0.02 mm厚，单位质量的薄膜覆盖面积大，生产成本低。常用的薄膜有五色透明膜、黑色膜（能使土壤增温1~3℃）、银灰色膜（防蚜虫，降低病毒危害，适于蔷薇科育苗）、有孔膜（按播种间距开孔）。

1．整地

整地是地膜育苗的首要环节。

（1）在充分施用有机肥的前提下，提早进行翻耕、灌溉、耙地、起垄、作床、镇压等作业。

（2）按高床或高垄要求做成"圆头型"，这样膜易绷紧，使膜与地表接触紧密。床或垄以南北方向延长为宜，一般高 10 ~ 15 cm 为好。在大面积地块中，应在床或垄沟中分段做埂，以便降雨时蓄水保墒。床或垄做好后进行 1 ~ 2 次镇压，使表面平整，以利于土壤毛细管水和养分上升。

2. 盖膜

整地后应及时进行铺膜作业，以利于土壤保墒。铺膜要拉紧铺平，紧贴土壤表面，这样才能达到最佳的土壤增温效果。每一个床或垄上薄膜四周都要用土压严、压实。床间步道或垄沟不覆盖，留作灌水、追肥用，覆膜面积占总地面积的 60% ~ 70%。作业前应根据床宽及垄宽选择适宜幅宽的薄膜，以免浪费。

3. 播种与定植

播种与定植是地膜育苗的重要技术环节。

（1）播种。大多数树种，如红松、落叶松、樟子松、椴、胡桃楸等，均可直播育苗，具体做法：一是先播种后铺膜，苗木出土时，及时将苗孔切开，并覆土。二是先铺膜后开穴播种，就是在播种前，按株行距用刀片划成十字形切口后播种，再用细土将孔周围的膜压住，以保持温湿度。

（2）苗木移植。培育各种观赏灌木及珍贵树种移植苗时，一般是先铺膜后定植。将定植孔下的土挖出栽苗，然后覆土并将定植孔周围的膜用土压实，使其略高于床面，以免雨水灌入而局部过湿致病。如床面宽 50 ~ 100 cm，为增强抗风能力，可在床中央每隔一定距离用细土压盖数点。

4. 施肥

在整地时应将定量的有机肥或化肥作为基肥一次施到 15 ~ 25 cm 深的土层中去，以确保苗木在生长中各个时期对养分的需要，根据土壤的肥力水平和苗木种类不同，氮肥施用量可减少 20% ~ 30%，适当增加磷钾肥。地膜育苗一般不追肥，如缺肥时可采用根外追肥。

5. 补膜

在早春多风的季节，薄膜容易被撕裂，薄膜撕裂应及时修补。补膜大都是将裂口处用土压住，保持密封状态。

模块六　穴盘育苗

穴盘育苗与传统育苗方式相比，具有以下优点：播种后出苗快，幼苗整齐，成苗率高，节省种子；苗龄短，幼苗素质好；根系发达、完整，移栽时伤根少，缓苗快，收获期提前；苗床面积小，管理方便，便于运输；不用泥土，基质通过消毒处理，苗期病虫害少。穴盘育苗的具体操作方法如下：

1. 穴盘选择和消毒

穴盘外形尺寸多为 54.9 cm × 27.8 cm，穴盘规格为 72 孔或 108 孔比较适宜，将苗盘放进稀释 100 倍的漂白粉溶液中（即 1 kg 漂白粉加 99 kg 水配制而成）浸泡 8 ~ 10 h，取出晾干备用。

2. 基质配制

穴盘育苗的常用基质材料为草炭、蛭石、珍珠岩等，较多采用草炭∶蛭石∶珍珠岩 = 2∶1∶1，还应在基质中加入适量的无机肥和有机肥，一般每立方米基质中加入 2.6 ~ 3.1 kg 氮磷钾复合肥（每 100 kg 氮磷钾含量为 15 − 15 − 15）及 10 ~ 15 kg 脱味鸡粪等有机肥。基质 pH 为 5.8 ~ 7.0。草炭是沼泽发育过程中的产物，pH 为 3.8 ~ 4.5，质地细腻，透气性差，常与蛭石或珍珠岩混用。

3. 装盘

先准备好基质，将配好的基质装在盘中，装盘时应注意不要用力压紧，因为压紧后，基质的物理性状受到了破坏，使基质中空气含量和可吸收水的含量减少，正确方法是用刮板从穴盘的一方刮向另一方，使每个穴盘都装满基质，尤其是四角和盘边的孔穴，一定要与中间的孔穴一样，基质不能装得过满，装满后各个格室应能清晰可见。

4. 压穴

装好的穴盘要进行压穴，以利于将种子播入其中，可用专门制作的压穴器压穴，也可以将装好基质的盘垂直码放在一起，4~5 盘一摞，上面放一只空盘，两手平放在盘上均匀下压至要求深度。

5. 播种

将种子点在压好穴的盘中，每穴一粒，避免漏播，发芽率偏低的种子每穴播 2 粒。

6. 覆盖基质

播种后用蛭石覆盖穴盘，方法是将蛭石倒在穴盘上，用刮板从穴盘的一方刮向另一方，去掉多余的蛭石，覆盖蛭石不要过厚，与格室相平为宜。

7. 苗盘入床

将已播种的育苗盘铺放在苗床中，及时用清水将苗盘浇透，浇水时喷洒要轻而匀，防止将孔穴内的基质和种子冲出，然后在苗床上平铺覆盖一层地膜，以防止育苗盘内水分散失。在覆盖地膜时，需在育苗盘上安放一些小竹条，使薄膜与育苗盘之间留有空隙而不黏结。也可在基质装盘后播种前将穴盘浸放到水槽中，水从穴盘底部慢慢向上渗，吸水较均匀，然后再放入苗床内。

8. 苗期管理

移苗补缺。出苗后要及时将苗床上覆盖的地膜揭去，防止揭膜过迟而形成"高脚苗"。待子叶展开后就要立即进行间苗和移苗补缺，将单穴内多余的苗拔起移入缺苗的空穴内，同时将穴内多余的苗去除，缺苗移补好后，立即对苗床喷洒清水。

9. 水分管理

穴盘内育苗的基质容量小，孔隙度大，可吸纳的水分较少，苗床对幼苗供水的缓冲性小，稍有疏忽，极易产生失水现象，夏秋高温季节要在清晨和傍晚凉爽时及时喷水。

复 习 题

1. 如何判断园艺植物的种子成熟？怎样采收它们？
2. 何谓发芽率和发芽势？怎样测定种子质量？
3. 怎样确定播种量？怎样进行种子的播种？
4. 怎样做好播种苗的苗期管理？
5. 什么叫嫁接？影响嫁接成活的因素有哪些？
6. 切接法和劈接法有何区别？分别怎样操作？
7. 常见的芽接有哪些方法？芽接应注意什么？
8. 怎样采集种条和截取插穗？如何提高插穗的生根率？
9. 何谓压条繁殖？
10. 简述花卉组织培养的方法和步骤。
11. 如何进行塑料大棚育苗？
12. 简述穴盘育苗的操作要点。

第四单元　园林绿化工程图样的识读

　　园林绿化工程的规划设计阶段主要是将设计者的意图集中反映在设计图纸上，设计方案确定之后，设计人员应按照一定的规范绘出施工图，以便施工人员进行施工。施工是实现规划意图和设计内容的必要手段，因此必须在充分理解规划设计意图的基础上进行。这就要求施工人员应具备识读设计、施工图样的能力。按照工程的分工，绿化工人应了解的主要是种植设计图和土方工程图样的内容。

模块一　图样种类和比例

一、图样种类

　　一套完整的种植设计施工图应包括总平面图、平面图、立面图、剖面图、局部放大图、效果图以及苗木表、说明书等，施工面积小、内容少的工程可只绘出总平面图和平面图。

　　1. 总平面图

　　（1）以详细尺寸或坐标标明各类园林植物的种植位置以及构筑物、地下管线的位置、外轮廓。

　　（2）要注明基点、基线，基点同时要注明标高。

　　2. 种植平面图

　　（1）在图上应按实际距离尺寸标注出各种园林植物的品种和数量。

　　（2）标明与周围固定构筑物和地下管线的距离。

（3）作为施工放线的依据。

（4）自然式种植可以用方格网控制距离和位置，方格网的尺寸为 2 m×2 m、5 m×5 m、10 m×10 m，方格网尽量与测量图的方格线在方向上一致。

（5）现状保留树种要单独标明。

3. 立面、剖面图

（1）在竖向上标明各植物之间的关系，植物与周围环境及地上、地下管线设置之间的关系。

（2）标明植物的高度和体形。

（3）如有山石要标明植物与山石的关系。

4. 局部放大图

（1）标明重点树丛、各树种关系，古树名木周围处理和复层混交林种植详细尺寸。

（2）标明花坛的花纹细部。

（3）标明植物与山石的关系。

5. 效果图

用鸟瞰或轴测图表现植物配置的效果。

6. 说明书

说明书的内容应包括放线依据；与各市政设施、管理单位配合情况的交代；苗木的栽植、施肥、养护要求；客土和栽培土的土质要求；苗木供应规格发生变动的处理；重点地区采用大规格苗木采取号苗措施、苗木的编号与现场定位的方法等。

7. 苗木表

苗木表中列出苗木种类或品种、苗木规格，观花类或彩叶树种标明颜色、苗木数量等。

二、比例

施工图中的构筑物、植物等不可能按照实际大小画到图纸上，需要按一定的比例放大或缩小。图形与实物相对的线性尺寸的比值称为比例，如 1∶50、1∶100。

比例的选择应根据图样的用途和复杂程度而定。园林种植设计图常用的比例如下：

总平面图 1:500、1:1 000、1:2 000。

平面图 1:100 ~ 1:500。

立面、剖面图 1:20 ~ 1:50。

模块二　植物在图样上的表示及地形图

一、植物在图样上的常用表示方法

植物在图样上的表示方法见表4—1。

表4—1　　　　　　　　植物在图样上的表示方法

名称	图例	说明
落叶阔叶乔木		落叶乔木、灌木均不填斜线 常绿乔木、灌木加画45°细斜线 阔叶树的外围线用弧裂形或圆形线 针叶树的外围线用锯齿形或斜刺形线 乔木外形呈圆形 灌木外形呈不规则形 乔木图例中粗线小圆表示现有乔木，细线小十字表示设计乔木 灌木图例中黑点表示种植位置 凡大片树林可省略图例中的小圆、小十字及黑点
常绿阔叶乔木		
落叶针叶乔木		
常绿针叶乔木		
落叶灌木		
常绿灌木		

名称	图例	说明
阔叶乔木疏林		
针叶乔木疏林		常绿林或落叶林根据图面表现的需要加或不加45°细斜线
阔叶乔木密林		
针叶乔木密林		
落叶灌木疏林		
落叶花灌木疏林		
常绿灌木密林		
常绿花灌木密林		
自然形绿篱		
整形绿篱		

名称	图例	说明
镶边植物		
一二年生草本花卉		
多年生及宿根草本花卉		
一般草皮		
缀花草皮		
整形树木		
竹丛		
棕榈植物		
仙人掌植物		
藤本植物		
水生植物		

二、地形图

地形设计是园林绿地设计的一项重要内容，园林中的山水布局以及植物、建筑、小品的相对位置、高程的关系都需要通过地形设计来解决。地形设计的方法有多种，如等高线法、断面法、模型法等。园林设计中使用最多的是等高线法，一般地形测绘图都是用等高线或点标高表示的，在绘有原地形等高线的底图上进行地形改造或创作，在同一张图样上便可表达原有地形、设计地形状况及公园的平面布置、各部分的高程关系，这大大方便了设计过程进行方案的比较和修改，也便于进一步的土方计算工作。

要识别地形设计图，重点应了解等高线的基本知识。

1. 等高线的概念

将地面上标高相同的点相连接而成的直线和曲线称为等高线。等高线是假想的线，是以某个参照水平为依据，用一组垂直间距相等，平行于参照水平面的假想面与自然地貌相切所得到的交线在平面上的投影。等高线标注比例、等高距后，便可表示地形的高低陡缓、峰峦位置、坡谷走向、水系深度等。

2. 等高线的特点

（1）同一等高线上各点标高相同，每条等高线总是闭合曲线。

（2）等高线间距相同时，表示地面坡度相等。

（3）等高线与山谷线、山脊线垂直相交。山谷线的等高线是凸向山谷线标高升高的方向，山脊线的等高线是凸向山脊线标高降低的方向。

（4）等高线一般不交叉、重叠、合并，一旦出现前述情形则为悬崖、峭壁、陡坎、梯阶处。

（5）等高线不能随便横穿河流、峡谷、堤岸，等高线在近河岸时，渐折向上游，沿岸前进，直到重叠，然后在上游横过河，至对岸逐渐离岸而向下游前进，此时河流相当于汇水线。等高线过大堤时渐折向地形低下的方向。

复习题

1. 常见园林绿化图有哪些？其各自的内容是什么？
2. 徒手练习绘制常见植物图示。
3. 园林绿化地形图识别的要点是什么？简述等高线的特点。

第五单元　苗木的移植

模块一　苗木出圃及越冬储藏

苗木出圃是育苗系列栽培工序的最后一步，包括起苗、分级、统计、假植和包装运输等。为了了解苗木的产量和质量，做好出圃前的准备，还必须进行苗木调查。

一、壮苗标准及苗龄型

1. 壮苗标准

壮苗即优良苗木。壮苗一般表现为生活力旺盛和抗性强，移植和造林成活率高，生长快。壮苗的形态指标是：苗干粗壮而直，上下均匀，有一定高度，苗梢木质化好，色泽正常；根系发达，地径粗壮，主根长，侧根须根发达；苗木茎根比值小而质量大；无病虫害，无机械损伤；顶芽饱满。

2. 苗龄型

苗木年龄的计算方法是按苗木主干的年生长周期计算的。移植苗的年龄为移植前的苗龄。嫁接苗的年龄为嫁接后的年龄。

苗龄型表示苗木的种类及年龄。1～0 表示播种苗 1 年生；1～1 表示原床生长 1 年，经一次移植又生长 1 年，苗龄 2 年；1～2～1 表示原床生长 1 年，第一次移植生长 2 年，第二次移植生长 1 年，苗龄 4 年；0.2～0.8 表示 1 年中移植一次，2/10 年生长周期，移植后培养 8/10 年生长周期的移植苗；1（2）～0 表示 1 年干、2 年根未移植的插条苗（括号内的数字表示插条苗在原地根的年龄）。

二、起苗

起苗季节应在苗木的休眠期，一般树种起苗以秋季为主，在气候条件不允许或无冬藏经验的情况下可春起。秋起应在苗木的地上部分停止生长 2～3 周后开始，土壤冻结前结束。春起苗从土壤化冻 15～20 cm 深时开始，苗木萌动前结束。针叶树也可在雨季起苗。起苗之前如土壤结构坚硬、干旱，应先浇水，次日起苗。起苗深度应以保持苗木根系基本完整为原则，一般换床幼苗起苗深度在 15 cm 以上，造林成苗起苗深度 20 cm 以上，起苗损伤率不得超过 1%～3%。

起苗的方法：人工起苗可用锹或镐自苗床一侧开始顺序起苗，注意不要用力拔苗，以免伤根。机械起苗多使用起苗犁，效率高并可减轻劳动强度，起苗质量高。起苗犁多为机引，有多种型号，如 XML－1－126 型床（垄）起苗犁，适用于床或垄作 1～2 年生针、阔叶树播种苗、移植苗、插条苗的截根和起苗，工作效率为 4 000 m²/h。LMXC－56 型起大苗犁，适用于起 2～3 年生阔叶树大苗，工作效率为 7 万株/台班（20 人随机作业）。

起苗时，各项工序应紧密衔接，做到随起、随拣、随分级、随移植，并用湿草帘盖苗。

三、苗木分级及统计

起苗后，应及时进行苗木分级和统计。

1. 苗木分级

为了使出圃的苗木达到标准，提高造林成活率，使幼林生长健壮、整齐，应根据苗木主要质量指标（各省育苗规程均有标准），进行分级。根据苗木的品质指标，一般将苗木分为 3 级：成苗是指可用来造林的苗木，根据品质指标又分为 I 级苗和 II 级苗；幼苗是指需要继续培育的 III 级苗，这类苗木又称小苗；废苗又叫等外苗，是指不能用于造林，也无培养前途的受伤苗、病虫害苗等，一般应废弃不用。

2．苗木统计

苗木分级后，为了掌握每类苗木准确的数字，为制订下一步工作计划提供依据，应立即进行统计工作。一般根据苗木的大小，按 25、50、100 株扎捆，再按捆计数，也可称出一定株数苗木的质量，然后推算苗木的总数量。

苗木分级和统计工作应在背风、庇荫处进行，应对过长或劈裂的苗根和过多的侧根进行修剪。分级和统计过的苗木应及时假植，以防根系失水而降低质量。

四、苗木假植和越冬储藏

1．假植

假植是将苗木的根系用湿润的土壤进行暂时的埋植，其目的是防止根系干燥，保护苗木的生命力。假植有两种：一是临时假植，即起苗后或造林前进行的短期假植；二是越冬假植，即秋季起苗，通过假植越冬。

假植时要选择排水良好、背风的地方，与主风方向垂直挖一条沟，沟宽 25～35 cm，苗根倾斜 25°～45°单株排在沟内，然后盖土超过地径 3～5 cm 踩实，一层苗，一层土。假植地应架设荫棚或用草帘覆盖，专人保管，及时浇水。苗木假植后要插牌，写明树种、苗木年龄及数量。

2．苗木越冬窖藏法

苗木窖应设在苗木作业区外的假植场或场院附近，选择地下水位低、运输方便、管理容易的地方。窖深 1.5 m，窖宽 1.2 m，窖口上宽 2 m，窖长根据设计储藏苗木数量而定，一般为 5～10 m。窖顶呈屋脊形，中间高出地面 1.3 m 左右，挖窖时两端留门，两门之间每隔 2～3 m 设一个 0.5 m×0.5 m 的方形通风孔，用草帘覆盖。霜降后苗木入窖，窖底铺 3～5 cm 厚河沙，苗根沾水，朝墙放入窖中，一层苗，一层河沙，直至离窖口 10 cm，最后用沙将最上部苗覆盖好。窖内温度应控制在 0℃ 以下，并经常浇水保持湿润。翌年春，造林前一周打开窖门促其化冻，分层取出苗木。

此外，还可用冷库、冰窖以及能保持低温的地下室和地窖等进行苗木储藏。

五、苗木包装和运输

苗木包装的目的是防止苗根干燥和避免在运输过程中碰伤苗木，保证苗木质量。长距离运输要细致包装，可用草袋、聚乙烯袋、蒲包等作包装材料，包装时苗根向内互相重叠，每包苗根处应放湿草、苔藓等，以保持苗根湿润。近距离运输可用筐装或直接放在车上，盖以湿草等湿润物。运输期间要经常检查包内的湿度及温度，适当通风及浇水，苗木运到目的地后，应立即打开包装进行假植。带土坨大苗要用草帘或木筐等特殊包装，带好原土，保护好根系。

模块二　苗木移植

一、苗木移植的意义和作用

苗木移植是把生长密集的较小苗木挖掘出来，按照规定的行株距在移植区栽种下去，这一环节是培育大苗常用的措施。

园林绿化美化选用的树种品种繁多，它们的生态习性不同，有的喜光，有的耐阴，有的生长快，有的生长慢，大多数树种用播种、扦插、嫁接、分株、压条等方法繁殖。育苗初期都比较密，单株营养面积较小，相互之间竞争难以长成大苗，未经移植的苗木往往树干弯曲细弱，没有树冠而成为废苗，必须进行移植。只有通过逐次扩大行株距移植，苗木植株个体才能长大，才能逐步培养出园林绿化所需的大规格苗木。

苗木移植的技术措施，在育苗生产中起着重要作用。

（1）移植扩大了苗木地上、地下的营养面积，改变了通风透光条件，使苗木地上、地下生长良好，使根系和树冠有扩大的空间，可按园林绿化美化所要求的规格发展。

（2）移植切去了部分主、侧根，使根系减少，移植后促进须根的发展，根系紧密集中，有利于苗木生长，可提前达到苗木出圃规格，特别是有利于提高园林绿化种植成活率。

（3）在移植过程中对根系、树冠进行必要、合理的整形修剪，人为调节了地上与地下生长平衡。淘汰了劣质苗，提高了苗木质量。苗木分级移植，使培育的苗木规格整齐、枝叶繁茂、树姿优美。

二、移植成活的基本原理和技术措施

1. 移植成活的基本原理

苗木移植成活的基本原理是如何维持地上部与地下部的水分和营养物质的供给平衡。移植苗木挖掘时根系受到了大量损伤，苗木能带的根系与起苗质量的好坏有直接关系。一般苗木所带根量只是原来根系的 10% ~20%。这就打破了原来地上与地下的平衡关系，为了达到新的平衡：一是进行地上部的枝叶修剪，减少部分枝叶量，也就等于减少了水分和营养物质的消耗，使供给与消耗相互平衡，苗木移植就能成活；二是在地上部不修剪或少修剪枝叶的情况下，保持地上部水分和营养物质尽量少蒸腾和消耗，并维持较长时间的平衡，苗木仍可移植成活，特别是常绿树种的移植。

2. 移植成活的技术措施

落叶树种的移植，除了要注意修剪地上部枝叶，使地下根系外表面积（或根量）与地上枝叶外表面积（枝叶量）相等，或枝叶外表面积略小于根系以外，还要注意移植的季节。落叶期移植由于枝叶量小，容易平衡地上部与地下部的关系，因苗木处于生理休眠状态，其蒸腾量小，移植成活率高，即秋季落叶后至春季发芽前移植最好，特别是春季发芽前移植成活率最高。落叶树种若在生长期移植要对地上部分强修剪，减少枝叶，争取带大土球移植，或多带根系多带土（掘苗根系直径为其地径的 10 ~12 倍），移植后经常给地上部枝叶喷雾，生长期也能移植成活。

常绿树种移植时，为了保持其冠形，一般地上部分较少修剪，实际上，地上部枝叶外表面积远大于地下部分根系外表面积，移植后水分和营养物质的供给与消耗是不平衡的。移植时为了达到平衡，尽可能多带和保留原有根系，起苗时的土球尽可能大些（土球直径为地径的 10～12 倍），栽植后要保持树冠对水分的需求，要经常往树冠上喷水，维持一段时间后，地上与地下部都逐渐恢复生长，常绿树种就能移植成活。常绿树种移植的季节以休眠期为佳，因为这时树木的气孔、皮孔处于关闭状态，叶细胞角质层增厚，生命活动减弱，消耗水分与营养物质少，移植成活率高。常绿树种在生长季节移植后，采用在南面、西面方向搭遮阳网的方法来减少阳光照射，从而减少树冠水分蒸腾量，并安装移动喷头喷水，待恢复到正常生长（1 个月左右），逐渐去掉遮阳网，减少喷水次数，使移植成功。中、小常绿苗成片移植可全部搭上遮阳网，浇足水，过渡一段时间后逐渐去掉，也可在阳光强的中午盖上，早晚打开。

三、移植的时间、次数和密度

1. 移植的时间

移植的最佳时间是在苗木休眠期进行，即从秋季 10 月（北方）至翌年 4 月，常绿树种和落叶树种也可在生长期移植。实际上苗木可以在任何时间进行移植，只要条件许可无时间限制。

（1）春季移植。春季气温回升，土壤解冻，苗木开始打破休眠恢复生长，故在春季移植最好。移植苗成活率在很大程度上取决于苗木体内的水分平衡，从这个意义上说，北方地区应以早春土地解冻后立即进行移植最为适宜。早春移植，树液刚刚开始流动，枝芽尚未萌发，蒸腾作用很弱，土壤湿度较好，因根系生长温度较低，土温能满足根系生长的要求，所以早春移植苗木成活率高。春季移植的具体时间，还应根据树种发芽的早晚来安排。一般，发芽早者先移，发芽晚者后移；落叶树种先移，常绿树种后移；木本先移，宿根草本后移；大苗先移，小苗后移。

（2）秋季移植。秋季是苗木移植的第二个好季节，秋季移植在苗木地上部分停止生长，落叶树种苗木叶柄形成离层脱落或人工脱落时即可开始移植，这时根系尚未停止活动，移植后有利于根系伤口愈合，移植后成活率高。注意秋季移植的时间不可过早，若落叶树种带有叶片，往往叶片内的养分不能回流到干中，造成苗木木质化程度降低，越冬时被冻死，秋季移植稍晚较好。秋季移植后，苗木即进入冬季，冬季北方干旱，多大风天气，常常造成苗木失水死亡，常误认为苗木是受冻害而死亡，秋季移植成活的关键是保证苗木不失水。

（3）夏季移植（雨季移植）。常绿或落叶树种苗木可以在雨季初进行移植。移植时要起大土球并包装好苗木，保护好根系。苗木地上部分可进行适当的修剪，移植后要喷水喷雾，保持树冠湿润，还要遮阴防晒，经过一段时间的过渡，苗木即可成活。南方常绿树种多在雨季进行移植。

（4）冬季移植。建筑工程完工后，人们急于改善周围生活或工作环境，苗圃工作需要冬季施工和移植苗木，冬季移植需用石材切割机来切开苗木周围的冻土层，切成正方体的冻土球，若土壤深处不冻，还可稍放一夜，使其冻成一块，即可搬运。冬季起苗边挖边冻，苗木成冻土球植，成活率可达百分之百。在南方，气候温暖、湿润、多雨，土壤不冻结，可在冬季移植。

2. 苗木移植的次数与密度

培育大规格苗木要经过多年多次移植，而每次移植的密度又与总移植次数紧密相关，若每次苗木移植得密，相应移植的次数就多，每次移植得稀，相应移植的次数就少。苗木移植的次数与密度还与该树种的生长速度有关，生长快的移植密度小，移植次数少，生长慢的移植密度大，移植次数多。

确定苗木移植的次数和密度（行株距）除考虑节约用地、

节省用工、便于耕作外，主要是看苗木的生长速度，也就是苗木树冠的生长速度。生长快的可适当缩小移植间隔期，2年进行一次移植，生长特别慢的树种（云杉）加长间隔期，可考虑5年进行一次移植。在南方，苗木生长期长，生长量大，可缩短移植间隔期。在东北，苗木生长速度慢，生长量小，可加长移植间隔期。另外，花灌木树种可以参考上述的移植间隔年限，来确定移植树种的间隔期。

四、移植方法与抚育

1. **移植方法**

（1）穴植法。人工挖穴栽植，成活率高，生长恢复较快，但工作效率低，适用于大苗移植。在土壤条件允许的情况下，采用挖坑机挖穴可以大大提高工作效率。

挖穴时应根据苗木的大小和设计好的行株距拉线定点，然后挖穴，栽植穴的直径和深度应大于苗木的根系。穴土应放在坑的东侧或西侧，以便在放苗木时确定其位置。栽植深度以略深于原来栽植地根颈痕迹的深度为宜，一般可略深2~5 cm。埋土时混入适量的底肥，要把土打碎撒进穴坑，让土进入根系中去，不能把土直接压在根系上，以免造成根系庸平，不利于苗木成活和生长。穴土要踩实，然后浇足水，较大苗木要设立三根支架固定，以防被风吹倒。

（2）沟植法。先按行、株距开沟，土放在沟的两侧，以利回填土和苗木定点，将苗木按照一定的株距放入沟内，然后填土，要让土渗到根系中去，踏实穴土后顺行向浇水。此法一般用于移植小苗。

（3）孔植法。先按行、株距画线定点，然后在点上用打孔机打孔，深度同原栽植相同，或稍深一点，把苗放入孔中，覆土。用专用打孔机打孔可提高工作效率。

2. **移植苗木抚育**

苗木移植后要根据土壤湿度及时浇水，由于苗木是新土定植，浇水后会有所移动，等水下渗后扶直扶正苗木，或采取一定措施固定，并且回填一些土。要进行松土除草，追施少量肥料，及时防治病虫害，对苗木进行一次修剪，以确定其培养的基本树形。有些苗木还要进行遮阴防晒工作。

模块三　绿化工程中的苗木栽植

一、园林树木栽植的时间

栽植的季节应选在适合根系再生和枝叶蒸腾量最小的时期。对多数地区和大部分树种来说，以晚秋和早春最好，晚秋是指地上部进入休眠，根系仍能生长的时期，早春是指气温回升，土壤刚解冻，根系开始生长，但芽尚未萌发的时期。大致上，冬季寒冷地区和不耐寒的树种宜春栽，冬季较温暖地区和较耐寒的树种宜秋栽。

1. 华北地区

大部分落叶树和常绿树在3月上中旬至4月中下旬种植，带土球移植常绿树可以在7月中旬雨季进行栽植，耐寒、耐旱的落叶树种可在秋季落叶后种植，但应选用大规格的苗木。

2. 华东地区

落叶树可在2月中旬至3月下旬或11月上旬至12月下旬种植，其中，早春开花的树种宜在11—12月种植；常绿阔叶树在3月下旬种植最好，雨季6—7月或秋季9—10月种植也可以；常绿针叶树春秋季都可以种植，以秋季种植为好。

3. 东北和西北的寒冷地区

在秋季树木落叶后，土地封冻前种植成活率最高，或在冬季采用冻土球移植大树也可。

4. 反季节移植

由于某些工程的特殊需要，可以采取一些特殊处理措施，常常在非栽植季节种植树保证成活率。反季节移植树木难度大、成活率低、成本高，应尽量避免。

二、树木栽植前的准备

1. 了解设计意图与工程概况，包括了解工程施工的时间期限，地上地下管线情况，苗木的来源、规格、质量等。

2. 现场踏勘与调查。

3. 编制施工方案。

4. 清理施工现场。

5. 选苗。苗木选择除了满足设计对树种、苗龄、规格和树形的要求之外，还要注意选择长势健壮、无病虫害、无机械损伤，树形端正，根系发达的苗木，而且最好是在育苗期进行过移栽的苗木。苗木选定后要做标记并加以编号。

三、树木的栽植程序和技术

树木的栽植程序大致包括放线、定点、挖穴、换土、起苗、包装、运苗、假植、修剪、栽植、栽后养护与现场清理。

1. 放线、定点

根据图样上的种植设计，按比例在现场标记出苗木栽植的位置和株行距。

规则式种植的定点放线比较简单，可以地面固定设施为准。如行道树，可按道路设计断面图和中心线定点放线。道路已铺成的可依距路牙距离定出行位，再按设计确定株距，用白灰点标出来。

自然式种植的定点放线有三种方法：

（1）网格法。根据植物的疏密，先按一定的比例在设计图及现场分别打好方格，用尺从设计图上量出树木种植点在方格纵横坐标的距离，按比例放大到地面相应的方格中。

（2）仪器测放法。对测量基点准确的较大范围的绿地，可用经纬仪或平板仪，根据地面原有基点定出苗木种植点。

（3）目测法。对于设计图上无固定点的绿化种植，如灌木丛、树群等可用上述两种方法画出栽植范围，其中每株苗木的栽植点在所在范围内目测即可，但要注意自然，忌呆板、平直。

对孤植或列植的树木，应定出单株的种植位置，并用白灰打点或钉上木桩，写明树种和挖穴规格。对灌木丛和树群定点时，可用白灰标画出范围，标明栽植数量。

2. 挖穴

栽植苗木的坑穴一般应比苗木根幅范围或土球大一些。以规定的穴径画圆，沿圆边向下挖掘，把表土与底土按统一规定分别放置，栽植点土质不好的应过筛或全部换土。坑穴要保持口沿与底边垂直，大小一致，切忌挖成上大下小的锅底形，否则栽植踩实时会使根系劈裂或蜷曲、不舒展，从而影响苗木成活和生长。

3. 起苗

起苗前如土壤过干，应于起苗前 2~3 天灌一次水，土壤过湿时应提前排水，以利于挖掘操作和少伤根系。对分枝点较低的常绿针叶树和灌木，为了便于操作和保护树冠，应用草绳将树冠适度捆拢。

（1）裸根苗的挖掘。落叶乔木以干为圆心、胸径的 4~6 倍为半径，灌木以株高的 1/3 为半径，确定挖掘的根幅。垂直挖下至一定深度，切断侧根，然后于一侧向内深挖掏底，铲断主根。对较大苗木的粗大主根，应把四周土掏空后，用手锯锯断。注意要保护根系，使之少受损伤，根系全部切断后，放倒苗木，轻轻拍打外围土块，对劈裂的根应进行修剪。

（2）带土球起苗。一般常绿树和比较名贵的树种要带土球移栽。土球直径按树高的 1/3 或根径的 8 倍以上来确定，根径每增减 1 cm，土球直径相应增减 5 cm，土球的厚度为直径的 2/3。挖土球时先将树干基部周围的浮土铲去，以不伤树根为准。按土球的大小，围绕苗木画一个圆圈，用铁锹沿圈的外围挖一个上下等宽的沟，挖到规定深度再掏底。土球直径 50 cm 以上时，底部应留一部分不挖，以支撑土球。直径在 50 cm 以下，土质不松散的苗，可抱出穴外，放入蒲包、草袋或塑料布中，于树干处收紧，捆扎即可，也可用单道草绳简单包扎，即将一束稻草（或草片）摊平，把土球放上，再由底部向上翻包，然后在树干基部扎牢也可在泥球径向用草绳扎几道后，再在泥球中部横向扎一道，将径向草绳固定即可。

4. 运苗

苗木挖好后，要尽快运到种植施工的地点，最好做到"随挖、随运、随种"。在装运前，应核对苗木的种类与规格，还需仔细检查起掘后的苗木质量，淘汰已损伤的苗木。车厢内应先垫上草袋等，以防车板磨损苗木。

乔木苗装车应根系向前，树梢向后，顺序放置，不要压得太紧，做到上不超高（地面车轮到苗最高处不许超过 4 m）。梢不拖地（必要时可垫蒲包用绳吊拢），根部应用苫布盖严，并用绳捆好。

带土球苗装运时，苗高不足 2 m 的可立放，苗高大于 2 m 的应使土球在前，梢向后，呈斜放或平放，并用木架将树冠架稳。土球直径小于 20 cm 的，可装 2~3 层，并应装紧，防止车运行时晃动。土球直径大于 20 cm 的，只许放一层。运苗时，土球上不许站人或压放重物。

长途运苗时，裸露根应注意洒水，休息时车应停在阴凉处。苗木运到场地应及时卸车，要轻拿轻放，对裸根苗不应抽取，带土球小苗应抱球轻放，不可提拉树干，土球较大时，用长木板斜搭在车厢上，将土球放在木板上，顺势滑下。

5. 假植

苗木运到后不能及时栽种的，或栽种后苗木有剩余的，应将苗木假植。

（1）带土球苗的假植。将苗木的树冠捆扎好，使每棵苗土球挨土球，树冠靠树冠，密集地挤在一起，然后在土球层上面盖一层壤土，填满土球间的缝隙，再对树冠均匀洒水，使上面湿透，保持湿润。

（2）裸根苗的假植。一般采用挖沟假植，沟宽 1.5~2 m，深 40~60 cm，将苗木一棵棵紧靠呈 30°斜放在沟中，使树梢朝向西边或南边。苗木放好后，在根部上分层覆土，层层压实，经常向枝叶喷水，保持湿润。

6. 定植

定植树木以阴天且无风最佳，晴天以上午 11 时前或下午 3 时以后进行为好。

（1）定植前的修剪。对较大的落叶乔木（如杨、柳等）可进行强剪，剪除树冠的 1/3~1/2。对花灌木和生长缓慢的树种，可进行少疏枝，去除枯病枝、过密枝，过长的枝条截去 1/3~1/2，摘除部分叶片。对根系进行适当修剪，将断根、劈裂根、病虫根和过长的根剪去，剪口要平滑，并及时涂抹防腐剂。

（2）配苗。种植行道树和绿篱，种植前应将苗木进一步按大小进行分级，使相邻近的苗木大小趋近一致。尤其是行道树，相邻同种苗的高度要求相差不超过 50 cm，干径相差不超过 1 cm，按穴边所立木桩写明的树种配苗，做到"对号入座"。

（3）栽植。

1）裸根苗的栽植。一般两人为一组，先填少量表土于穴底，堆成小丘状，放苗入穴，比试根幅与穴的大小和深浅是否合适，并进行适当调整。行列式栽植时，应每隔 10~20 株先栽好对齐用的"标杆树"，如有弯干的，应弯向行内，并与"标杆树"对齐，左右相差不超过树干的一半。栽植时，一人扶正苗木，一人先填入拍碎的湿润表层土，约达穴深的 1/2 时，轻提苗，使根自然向下舒展，然后踩实（黏土不可重踩），继续填满穴后，再踩实一次，盖上一层土，与地相平。园林工人将裸根苗的种植过程总结为"三埋二踩一提苗"。乔木移栽深度与原根颈痕相平或略高3~5 cm，灌木应与原根颈痕相平。最后，用剩下的底土在穴外缘筑灌水堰，对密度较大的丛植地，可按片筑堰。

2）带土球苗的栽植。先量好已挖坑穴的深度与土球高度是否一致，对坑穴做适当填挖调整后，再放苗入穴。在土球底部四周垫入少量的土，使树直立稳定，然后剪开包装材料，将不易腐烂的材料一律取出。为防止栽后灌水土塌树斜，填入表土至一半时，应用木棍将土球四周砸实，再填至满穴并砸实（注意不要弄碎土球），做好灌水堰，最后把捆拢树冠的草绳等解开取下。

7. 栽后管理

（1）立支柱。定植大规格苗木为防灌水后土塌树歪，应在栽后立支柱。常用通直的木棍、竹竿作支柱，长度视苗高而定，能支撑树的1/3~1/2处即可。

（2）灌水。栽后应立即灌水。无雨天不要超过一昼夜浇头遍水，干旱或多风地区应加紧连夜浇水。水一定要浇透，使土壤吸足水分，才有助根系与土壤密接。北方干旱地区，在少雨季节植树，应间隔数日（3~5日）连浇3遍水。每次浇水渗入后，应将歪斜树苗扶正，并对塌陷处填实土壤。为了保墒，最好覆一层细干土。第三遍水渗入之后，可将水堰铲去，将土堆于干基，稍高出原地面，并且中耕。

模块四　大树移植

大树移植可以起到立竿见影的景观效果，提高园林绿化的整体品位和建设标准，并能增添审美情趣。城市建设中，因规划需要，有时也要对大树进行移植。大树移植技术复杂，操作困难，成功率低且成本高，实施过程中必须慎重行事。

一、大树移植特点

大树移植的困难主要有以下几个方面。第一，树龄大，树体阶段发育程度深，枝干更新再生能力低，挖掘和移植过程中损伤的根系恢复慢，生发新根能力较弱。第二，树木在生长过程中，根系扩张范围不仅远超过主枝的伸展范围，而且入土很深，使有效吸收根系处于土壤深层和冠缘投影圈以外。但在挖掘时，带根的幅度通常只能为树木胸径的 7～10 倍，在此范围内，细小的吸收根量少，而粗大骨干根多木栓化严重，再生能力很差。第三，大树的体量较大，移植后枝、叶的蒸腾强度远远超过根的吸收能力，树木易脱水死亡。为了提高大树移植的成活率，在移植时应尽量在带走的根幅内保证有足够的吸收根，还必须采用修剪手段，对树冠进行疏、截，以减小枝叶面积，降低水分蒸腾量。

二、大树移植前的准备

1. 选树

按设计要求的规格选择生长良好、姿态优美、适宜移植的树木，被选中的树要挂牌，并对大树周围的环境（如障碍物、交通路线、土质等）作详细调查，制订移植计划。大树移植，应尽可能选择乡土树种，就近寻找，避免因生态环境差异大而影响成活。

各树种在移植成活难易上存在遗传性差异。成活最易者有柳、白杨、梧桐、悬铃木、榆、朴、银杏、棣棠、梅、木兰、臭椿、楝、槐、刺槐等。成活较易者有玉兰、厚朴、榉、桂花、七叶树、厚皮香、交让木、槭、樱花、栎等。成活较难者有紫杉、马尾松、白皮松、华山松、椴、圆柏、侧柏、柏木、雪松、龙柏、柳杉、金松、杨梅、青冈栎、山茶、楠、樟、鹅掌楸、栗等。成活困难者有云杉、冷杉、金钱松、胡桃、桦木等。

2. 断根

在移植前 1～3 年，以树干为中心，胸径的 3～4 倍为半径画圈，沿圈挖宽 30～40 cm、深 60 cm 的沟（遇粗侧根用手锯切断），填入粗质有机肥或疏松、肥沃的土壤。每填 30 cm 为一层并夯实，填土完毕后灌水。断根应分年、分段进行，因为一次完成对根系的损伤太大，树木生长易受影响。分两年断根时，第一年将一半根系切断、填土养根，第二年将另一半根系切断、填土养护，根盘范围内即可长出大量的吸收根。断根一般在春季或秋季进行，移植时在断根沟的外缘再挖沟掘树（比原断根沟的直径稍大即可）。

有些地区为了快速移植，断根 1～2 个月后即起挖栽植。快速移植通常采用下列方法。

（1）以距地面 20～40 cm 处树干的周长为半径，挖环状沟，沟深 0.8～1 m，然后在沟的内壁贴填稻草、填土至满，浇水，相应剪除部分枝叶，但须留两段约占沟长 1/4 的沟段不挖，以维持树体继续吸收水分和流通养分的需要，供给地上部生长。过 40～50 天后，等新根长出，将余下的 1/4 沟挖通，起树栽植，并适当修剪部分枝叶。

（2）将环状沟一次挖通，只留底根吸收水分与养料维持树木生长，此方法对杧果移植效果良好。

3. 修剪

修剪强度因树种而异，萌芽力强、树龄大、规格大、叶茂密的应多剪。从修剪程度看，可分为全株式、截枝式和截干式 3 种。全株式原则上保留枝干树冠，只将徒长枝、交叉枝、病虫枝及过密枝剪除，适用于萌芽力弱的树种，如雪松等。截枝式只保留树冠的一级分枝，截去主干上部，适用于广玉兰等生长速率和萌芽力中等的树种。截干式修剪只适宜生长快、萌芽力强的树种，如悬铃木、国槐、樟树、女贞等，将整个树冠截去，只留一定高度的主干。截干式由于主干截口较大，易引起腐烂，应将截口用蜡或沥青封涂，亦可用塑料薄膜包裹。

4. 缚枝与裹干

经修剪整理后的大树，为便于运输，在挖掘后通常还要对树身进行缚枝、裹干。对分枝较矮、树冠松散的树木，用绳索将树冠围拢拉紧，从基部开始分枝的树干，如松柏类等，可用草绳一端扎缚于盘干基部，然后按自下而上顺序将枝条围拢扎紧。缚枝时，应注意不要折断枝干，以免破坏树姿，影响观赏栽培效果。对常绿树种更应特别关照。裹干高度通常至一级分枝处，裹干材料可用草绳或草束。

三、大树移植方法

1. 板箱移植法

板箱移植法适用于胸径在 20 cm 以上的常绿树或古树名木。

（1）掘树。树体根部留土台的大小，一般按树干胸径的 7 ~ 10 倍确定。以树干为中心，比留土台放大 10 cm 划一正方形。铲去表土，在四周挖宽 60 ~ 80 cm 的沟，沟深与留土台高度相等（80 ~ 100 cm），土台下端尺寸比上端略小 5 cm，土台侧壁略突出，以便于装箱板紧紧卡住土台。土台挖好后，先上四周侧箱板，然后上底板，土台表面比箱板高出 1 ~ 2 cm，以便起吊时下沉。最后在土台表面铺一层蒲包，上"#"字形板，起吊装车，外运。

（2）栽植。栽植穴每侧距木箱 20 ~ 30 cm、穴底比木箱深20 ~ 25 cm，穴底放腐熟有机肥、填沃土，厚约 20 cm，中央凸起呈馒头状。树体吊入栽植穴后，扶正树体并用架材支撑。如箱土紧实，可先拆除中间一块底板，入穴后拆底板和下部的四周箱板，填土至 1/3 穴深时，拆除上板和上部四周的箱板，填土至满。填土时每填 20 ~ 30 cm 即压实一次，直至满平。

2. 软材包装法

适用于胸径 10 ~ 15 cm 的大树，特别是常绿树和裸根移植不易成活的落叶树。

（1）挖掘。

1）定土球。为了使移植树的生理活动少受影响，应尽可能多地保存根系。一般土球直径以树木胸径的 7 ~ 10 倍为标准，土球高度为其直径的 2/3, 深根树种可适量加大。北京市制定的大树移植所需土球规格见表 5—1。

表 5—1   大树移植的树木胸径与土球相关规格

树干胸径（cm）	土球规格（直径）	土球高度（cm）	留底直径	草绳捆扎密度
10 ~ 12	树干胸径的 8 ~ 10 倍	60 ~ 70	土球直径的 1/3	四分草绳双股双轴，间距 8 ~ 10 cm
13 ~ 15	树干胸径的 7 ~ 10 倍	70 ~ 80		

2）挖掘与包装。以树干为中心按比土球直径大 3 ~ 5 cm 画线，挖掘。因土球大而重，在远距离运输时须采用精包装，即除用草绳在土球上中部扎 20 cm 左右的腰箍外，球体表面应全部用草绳紧密排列缠绕。在短距离运输时，可采用半精包装，即球体表面缠绕草绳之间的距离 3 ~ 5 cm。

（2）吊装与运输 。带土球的大树，常重达数吨，须用机械起吊和载重汽车运输。土球质量的估算公式为：

$$W = (2/3) \times d^2 h \times 1\,762$$

式中 W——土球质量，kg；

d——土球直径，m；

h——土球高，m；

1 762——每立方米土壤的平均质量，kg/m³。

在吊装和运输途中，关键是保护好土球，不得使其松散破碎。吊装时应事先准备好 3 ~ 3.5 cm 粗的麻绳或钢丝绳、蒲包片和木板等，起吊时绳索一端拴在土球的腰部，另一端系于树木主干中下部，使大部分重量落在土球一端，为防止吊绳嵌入土球造成土球破损，应在土球与绳索之间插入宽 20 cm、长 50 ~ 100 cm 的厚木板。装车时，土球向前、树冠向后，斜躺卧放车厢，土球两旁衬垫木块，以稳定土球，树干与厢板接触部位，用软材料衬垫，防止损伤树皮。树冠束缚，以免与地面拖触，树身用绳索与车厢扎牢。车上要有专人负责押运，与司机密切配合，保证行车安全。

（3）栽植。

1）挖穴。栽植穴直径比土球直径大 30~40 cm，比土球高度深 20~30 cm，如栽植地的土质不合要求，还应加大穴径，用客土法栽植。栽植穴的上、下口径应保持大小一致，切忌呈锅底状。

2）栽植。在栽植穴底部加入基肥，覆土堆丘，吊装入穴时应使树身直立，缓慢放入，并使土球表面高出地面 5 cm 左右，以备浇水后土球沉降。树体入穴时应掌握好树干阴阳面，尽量保持其在原生长地的方位，可能时还应考虑将冠形丰满、树干光滑平直的一面朝向主要观赏视线。入穴定位后，应将不易腐烂分解的土球包装材料割剪或撤除，以免影响根系生长发育。填土时，每填 20~30 cm 时捣实一次，操作时要注意保护土球紧实完好，不能松散。

不耐水湿的树种（如雪松等）以及规格过大的树木宜采用浅穴栽植，即将土球高度的 4/5 入穴，然后堆土成丘状。这样根系透气性好，有利于根系伤口的愈合和新根的萌发，可显著提高移植成活率。栽植完毕，在树穴的外缘筑高 30 cm 的土埂围堰，浇透水。

3. 裸根移植法

落叶树种移植，常采用裸根法。元宝枫、柿树等春季萌芽前移植成活率高，国槐等落叶后即可进行移植。

（1）修剪。中央主干枝明显的树种，如银杏、毛白杨、柿树等，应进行短截修剪并适当疏枝。萌芽力、成枝力强的树种，如国槐、柳树、悬铃木、元宝枫等，可根据需要进行截干、截枝式重修剪。

（2）挖掘。带根幅度为树木胸径的 8~10 倍，以树干为中心画圆，沿外缘挖操作沟，沟宽 30～50 cm，向下挖至 70 cm 左右后缩小半径向土球中部挖，以便斩断主根。主根和全部侧根切断后，将操作沟的一侧挖深些，轻轻推倒树干，拍落根部宿土。

（3）装运。装车同软材包装移植法相同，应轻抬轻放。长途运输时，树根与树身要加以覆盖以减少蒸腾，并适当喷水保湿。运抵现场后逐株抬下，杜绝野蛮卸车。

（4）栽植。栽植穴比根幅大 20～30 cm，比所带根系深 10～20 cm。穴底先施基肥，并堆土成 10～20 cm 高丘状，根部入穴时注意舒展根系，填土至一半后，轻轻摇动树干，以使土壤与根系紧密结合，然后分层填土、踏实，至满。

四、大树移植后的养护

1．浇水

栽植后要立即浇一次透水，待 2～3 天后浇第二次水，1 周后浇第三次水，以后浇水间隔期可适当拉长。对珍贵树种和特大树木，应经常向树冠喷水，至成活时止。

2．立支柱

栽植后一般立 3 根交叉支柱并绑紧以稳固树体。对于树体不甚高大的树，可于下风方向立一根支柱，防止大风吹摇树干和吹歪树身。支柱基部应埋入土中 30～50 cm，方能固着稳定。树阵栽植时，为提高景观效果，多采用 4 支柱、井字式支撑固定。

3．裹干

树皮呈青色或皮孔较多的树种以及常绿树种，应将主干和近主干的一级主枝部分用草绳紧密缠绕，以减少水分蒸腾，同时也可预防日灼和冻害。

4．留芽

尽量提高芽位，在枝干较高部位留芽，以增强水势，调集水分、养分向顶部运转，带动全株生长，尽早恢复树势。

五、提高大树移植成活率的措施

1. 根系完整

根系完整是提高大树移植的根本措施。在可能的条件下，应采取积极的栽培措施，提前养根待移。时间急迫时，应尽可能设法多带吸收根系，有条件的情况下，进行带土球移植。断根时要轻，切口要处理平滑。

2. 修剪调势

修剪是减少蒸腾，提高大树移植成活率的关键措施。在保持原有树形的基础上，应根据树种特性适当修剪。对生长缓慢的树种，疏除枯枝、病枝、伤枝、弱枝及过密细枝等，其余轻剪。对成活容易的落叶树和生长期内移植的常绿树，要稍重修剪，如对香樟可修剪去小枝叶的 1/2 ~ 2/3，对广玉兰、银杏亦要修剪去 1/3 左右的小枝叶，常绿针叶树要疏剪 1/5 ~ 1/4 的小枝叶。如发现整株树有枯萎的趋势，则应采取强截措施抢救。

3. 伤口保护

修剪口直径在 3 cm 以上时，应用调和漆或水柏油等防腐剂涂抹，防止伤口感染、腐烂。

4. 补湿防涝

加强移植养护期的树冠保湿，是提高大树移植成活率的重要措施。喷水时雾滴要细，树冠叶片湿润即可，喷水时间不宜过长，以免水分过大土壤过湿而影响根系的呼吸，雨水过多时应挖小沟排水。水分管理持续至树木确实成活后，才能转入正常养护。

5. 增肥减蒸

叶面施肥也有助于提高移植成活率。防蒸腾剂的喷布对提高常绿树的移栽成活率效果显著，遮阳网的应用简便有效，值得推广。

复 习 题

1. 壮苗的标准是什么？如何进行苗木分级？
2. 如何确定苗木移植的时间和次数？
3. 苗木移植的方法有哪些？各有什么注意点？
4. 绿化中如何进行苗木移植？
5. 如何提高大树移植的成活率？大树移植的方法有哪些？
6. 大树移植前应做好哪些准备工作？

第六单元　常见园艺植物的栽植与养护

模块一　行道树

栽植在道路两侧的行道树，生长环境差，土层浅，践踏严重，烟尘污染，对树木生长极为不利。为保证行道树生长茂盛，枝密冠大，充分发挥其遮阴降温的作用，应做好养护管理工作，及时松土、施肥和灌溉。多施氮肥可使行道树枝肥叶绿。经常修剪既能维持行道树应有的冠形，又能使树冠扩张。

行道树的冠型由栽植地点的环境决定，在有架空线路通过的干道上，采用规则式冠形，将树木修剪成杯状形、开心形。一般干道和狭窄巷道内，以自然式冠形为宜。

杯状形修剪的行道树具有典型的"3股6杈12枝"的冠型，主干的分枝点高度应在架空线路之下，一般为 2.5 ~ 3.5 m，以不妨碍车辆和行人的交通为宜。每年应调整树冠上侧枝的生长方向，并照顾建筑物的采光。开心形修剪多用于无主轴或顶芽能自剪的树种，树冠自然开展，其由杯状形修剪演变而来，整形修剪不太严格，在分枝点处选留 3 ~ 5 个位于不同方向、分布均匀的主枝，各主枝选留 2 ~ 3 个侧枝，形成的树冠丰满，内膛较空。

自然式修剪，按树木有无中央主干枝分别对待。有中央主干枝的树种，如杨树、雪松、樟子松、池杉等，分枝点的高度应在 4 ~ 6 m 处。如果分枝点低，在交叉路口或道路拐弯处，会遮挡视线，易导致交通事故。无中央主干枝的树种，如旱柳、榆树和梓树等，分枝点的高度在 2 ~ 3 m 处，留 5 ~ 6 个主枝，各层主枝间距离应短，使其长成自然的圆形或扁圆形树冠。

行道树的定干高在同一条干道上应一致，应整齐划一，千万不能高低错落，否则既影响美观又不利于管理。

一、悬铃木

科名　悬铃木科

1. 习性

悬铃木在我国华东、中南地区普遍栽培，性喜光不耐阴，对土壤适应性强，喜深厚肥沃土壤，根系浅，耐修剪。

2. 繁殖

播种和扦插繁殖均可，以扦插繁殖为主。秋末采当年生充实枝条，剪成长 15 ~ 20 cm 的插条，沙藏越冬，3 月当插条下切口已愈合时取出，扦插在疏松的苗床上，成活率可达 90% 以上。

1 年生苗高 1.5 m 左右，第二年养树干，初春截干移植，株行距为 60 cm × 60 cm，当年高达 2 ~ 3 m，疏除部分 2 次枝，第 3 年留床使继续生长，冬季定干，在树高 2.5 ~ 4 m 处剪去梢部，将分枝点以下主干上的侧枝除去，第四年初春移植，株行距为 1.2 m × 1.2 m，萌芽后选留 3 ~ 5 个处于分枝点附近、分布均匀、与主干约成 45° 夹角的生长粗壮的枝条做主枝，其余分批剪去，冬季对主枝留 80 ~ 100 cm 短截，剪口芽留在侧面，尽量处于同一水平面上，第五年春萌发后选留 2 个枝条做一级侧枝，其余剪去，冬季将一级侧枝留 30 ~ 50 cm 短截，翌春萌发后各选留 2 个三级侧枝斜向生长，即形成 "3 股 6 杈 12 枝" 的造型。经 5 ~ 6 年培育的大苗胸径在 5 cm 以上，已初具杯状形冠型，符合行道树标准，可出圃。

播种繁殖于秋季，采种沙藏越冬，翌春播前半月捣碎果球，将种子浸水 2 ~ 3 h，捞出混沙催芽后播种，播后盖草喷水，约 20 天出土，出苗率 20% ~ 30%，幼苗需遮阴，在良好的肥水管理下，当年生苗高 1 m 左右，按扦插苗培育大苗。

3. 栽植

采用树池式栽植，树池 1.5 m 见方，深 70~80 cm，池底施腐熟基肥。一般春季裸根栽植，城市干道株距 8 m，城郊 4 m。栽时将土壤捣实，使土面略低于路面，栽植后立即浇水，立支柱。

杯状形行道树定植后，四五年内应继续进行修剪，方法与苗期相同，直至树冠具备 4~9 级侧枝时为止。以后每年休眠期对 1 年生枝条留 15~20 cm 短截，称小回头，使萌条位置逐年提高，当枝条顶端将触及架空线路时，应进行缩剪降低高度，称大回头，大小回头交替进行，使树冠维持在一定高度。每年 5 月开始进行抹芽除蘖 3~4 次，在萌蘖条长至 15~20 cm 尚未木质化时进行，抹芽时勿伤树皮。

如果苗木出圃定植时未形成杯状形树冠，栽植后再造型。将定植后的苗木在一定高度截干，待萌发后于整形带内留 3 枝分布均匀、生长粗壮的枝条做主枝，冬季短截，以后按上述整形修剪方法进行即可。

若干道不是很宽，上方又无线路通过，可采用开心形树冠，在栽植定干后，选留 4~6 根主枝，每年冬季短截后，选留 1 个略斜而向上方生长的枝条做主枝延长枝，使树冠逐年上升，而冠幅扩张不大，几年后任其生长，即可形成长椭圆形内腔中空的冠形。修剪时应强枝弱剪，弱枝强剪，使树冠均衡发展。

栽植的行道树，每年需中耕除草，保持树池内土壤疏松，及时灌水与施肥，生长期以氮肥为主，使枝叶生长茂密。悬铃木虫害较多，主要虫害有星天牛、刺蛾、大袋蛾等，应及时防治。

二、旱柳（立柳）

科名 杨柳科

1. 习性

旱柳分布在东北、华北、长江流域及甘肃、青海一带。性喜光不耐阴，耐寒，在绝对低温 -39℃ 条件下不受冻害，既喜湿也耐旱、耐水淹，对土壤适应力强，喜深厚、肥沃和湿润的土壤，黏重土及盐碱土、沙土均能种植。

2. 繁殖

以扦插繁殖为主，从12月至翌年春季均能扦插，北方以春插为宜。扦插成活后为培养主干，应经常除蘖和修剪，当苗高1 m左右时，主干上部易出现竞争枝，一定要及时疏剪，7—8月苗高可达1.5 m，将中下部侧枝剪去，促使主干向上生长，冬季对侧枝短截。翌春移植，株行距为0.8 m×1.2 m，栽后在饱满芽处将主干梢部截去20～30 cm，促萌健壮的延长枝做主干，并及时除去主干上的蘖条，当主干高达4 m以上时即可定干，并选留3～5个主枝。在良好的水肥管理下，移植2～3年后，即能培养出胸径达4～5 cm、树形丰满的大苗。

为快速培育大苗，常用高干扦插，即选壮龄母树上粗3～8 cm、长2.5～4 m的皮色光滑新鲜、髓部不具红心的粗壮枝条，除去侧枝扦插，扦插前将高干基部浸入水中数天，以促进皮下原始体萌动，扦插后易生根，成活后能很快出圃。

播种繁殖于春季。种子成熟后随采随播，播前苗床应灌透水，播后数天发芽，当幼苗发出真叶后，可间苗，苗高3～5 cm时定苗，及时做好中耕除草及水肥管理，当年秋季苗高60～100 cm，翌春移植养干期间，应及时除蘖和修剪侧枝。

3. 栽植

旱柳发芽早，江南适栽期在冬季，北方宜在早春栽植。株距4～6 m，用大穴，穴底施基肥后，再铺20 cm疏松土壤，栽入苗木后分层压实，栽后浇水，成活后每年施以氮为主的肥料1～2次，促其尽快成荫。

栽植的旱柳大苗已具有合适的数个主枝时，不必更动，将主枝短截，留10～20 cm枝桩，随后从萌发众多的侧枝中各选留2～3个斜向生长的侧枝，并按一定长度短截，使发枝后形成自然式丰满树冠，以后任其生长。如大苗在苗圃内未定型，定植后先在定干高处截干，萌芽后选留 3 ~ 5 个主枝，其余抹去，然后按上述方法修剪培养侧枝。

当柳树衰老时，可进行头状重剪更新。

旱柳做行道树栽植时，为防止春季飞柳絮，一般选雄株栽植。在工厂做庭荫树栽植时，精密仪器厂不宜栽雌株，以免影响产品质量。

三、槐树

科名　蝶形花科

1. 习性

槐树在我国各地均有栽培，华北最常见。性喜光，喜干冷气候，在高温、高湿的华南一带也能生长，要求深厚、肥沃、排水良好的土壤，石灰性、中性和酸性土上均能生长，耐烟尘。

2. 繁殖

播种繁殖，10 月果实成熟后采回，用水浸泡 10 天左右，搓去果肉即得净种，可秋播，可干藏或与湿沙混藏越冬，翌春播种。槐树种皮坚硬、透水性差，为促其发芽，于播前 10 天，用 80 ~ 90℃热水浸种一昼夜，捞出已膨胀的种子与湿沙堆积催芽，未膨胀的种子再用60 ~ 70℃热水浸泡，24 h 后再捞出膨胀种子进行催芽。催芽时种堆不宜过厚，20 cm 左右为宜，上面盖麻袋保湿，催芽期间翻动 1 ~ 2 次，待种子有 30% ~ 40% 萌动时即可播种，每亩播种量 7 ~ 15 kg。华北多行大田垄播，垄距 70 cm，播幅宽 10 ~ 12 cm。如种子发芽前干旱，应灌溉。幼苗出土后喜水喜肥，当苗高 10 cm 后，追施稀薄人粪尿，6 月生长盛期，每月施肥 2 次，并及时灌水。槐树幼苗密度与生长量关系密切，当苗高 5 ~ 6 cm 时，抓紧间苗和定苗，定苗后株距 10 ~ 15 cm，在精心培育下，秋季苗高可达 1.5 m 左右。槐树苗干弯曲，不易养直，为培养绿化用大苗，需进行养根、养干和养冠。先于翌春移植养根，株行距 40 cm × 60 cm，加强肥水管理，少修剪以保持多量叶片制造养料，供给根系使根生长强大，养根 1 ~ 2 年后转入养干阶段，于秋季落叶后齐地面截干，施足基肥使翌春抽出通直萌条，每株仅留 1~2 个壮枝，至 5 月底选留 1 个做主干，将主干上过强侧枝剪去，在勤肥大水配合下，主干迅速长高，当年秋季苗高可达 2.5 m 以上，粗壮通直。第四年春季移植养冠，移植株行距为 1 m×1 m，并于 2~2.5 m 处定干，萌芽后选留 3~4 个分布均匀的壮枝做主枝，并剪去主干上的侧枝与蘖芽，经 5~6 个月的培养，干径可达 4~5 cm，即可出圃做行道树栽植。

3. 栽植

春季裸根栽植，对树冠进行重剪，必要时可截去树冠以利成活，待成活后重新养冠。栽植穴宜深，使根系舒展，根与土壤密接，栽后浇水 3~5 次，并适当施肥，冬季封冻前灌一次透水防寒。栽后 2~3 年要注意调整枝条的主从关系，多余的枝条可疏除，如树木上方有线路通过，应采用自然开心形的树冠。主要的虫害有蚜虫和尺蠖，应注意防治。

四、栾树

科名　无患子科

1. 习性

别名灯笼花、黑色叶树、木老芽、木栾、石栾树、山茶叶、山黄栗头、软棒、栾华、五乌拉叶、乌拉、乌拉胶和摇钱树。该树种分布于北京、河北、山西、辽宁、吉林、黑龙江、江苏、安徽、山东、河南、四川、陕西和甘肃等地。为温带、亚热带树种。喜温暖湿润气候，喜光，稍耐半阴。对土壤要求不严，在微酸与碱性土壤上都能生长，喜生长于石灰岩土壤中，也能耐盐渍性土。耐寒，耐旱，耐瘠薄，并能耐短期水涝。深根性，萌蘖性强，生长中速，幼时较缓，以后渐快。对风、粉尘、二氧化硫和臭氧均有较强的抗性。栾树枝叶繁茂秀丽，夏季黄花满树，秋天果实和树叶褐红色，是理想的观赏庭荫树及行道树种。

2. 繁殖与栽培

可进行播种、分蘖繁殖。每年的秋末冬初采种收藏。栾树种子种皮坚硬，不易透水，需进行低温湿沙层积处理。处理时，一般种子用水浸泡3天，每天换一次水，然后进行低温层积沙藏。沙藏后，根据种子的吸水率分为"软实"和"硬实"两种类型。具体判别办法为：使种子从10 cm高处自由落在玻璃板上，声音脆而且反弹较高的是"硬实"种子，声音闷，反弹高度低，用手轻捏种子，种脐处泌出水分和气泡的是"软实"种子。翌年春季3—4月，取出软实种子用湿沙拌种，提前进行催芽。沙的湿度要保持湿而无水，温度应控制在20～25℃，大约15天即可萌芽。播种方式以采用点播为最好，株距20 cm左右，播后覆土2～3 cm。播种后，应保证土壤湿度。对硬实的种子，用45℃温水浸种3～7天，可使发芽率显著提高。用物理、化学方法进行破皮处理，也可打破种子休眠，促进发芽。当幼苗高5～10 cm时间苗，间苗宜在阴雨天进行，并结合进行小苗移栽。在生长后期，应控制肥水，促使苗木木质化，防止徒长，以利于安全越冬。当年小苗可长至50～150 cm，地径平均达2.5 cm。第二年春季，待叶芽萌动时，以株行距0.5 m×1 m的规格，移植到大田。栽后加强肥水管理，并注意修剪，抹芽扶直，以培养出直立的树干。2～4年后，即可培养出合适的苗木。栾树病虫害较少，主要是蚜虫，危害嫩梢和嫩叶，导致受害枝梢弯曲，要及时进行防治。

模块二　庭荫树

庭荫树在园林建设中是必不可少的，在公园、广场、风景区散栽或集栽枝叶浓密、树冠开展的高大乔木作庭荫树，能形成浓荫如盖、凉爽宜人的环境，供游人在炎热的夏日乘凉。庭荫树一般栽植在公园中草地中心、建筑物周围或南侧以及园路两侧。在住宅区和建筑物周围栽植的庭荫树，应注意在中午 12 时至下午 2 时对住宅及建筑物的最大遮阴面。庭荫树一般以自然式树形为宜，除对过密枝、枯枝和病虫枝修剪外，不做过多修剪。庭荫树以枝叶为主，可多施氮肥，促其枝叶浓密、冠大。同时也应注意做好松土和灌溉等各项管理工作。

一、樟树（香樟）

科名　樟科

1. 习性

原产我国台湾、福建、广东、广西及浙江等省区。性喜光，较耐阴，喜温暖湿润，不耐严寒，最低温度 −10℃ 时即遭冻害，适生于年平均气温在 16℃ 以上的区域，主根发达，侧根少，对土壤要求严格，只宜在土层深厚、肥沃和湿润土壤上生长，土壤的酸碱度中性至酸性皆可。

2. 繁殖

播种繁殖，10 月下旬从健壮母树上采收成熟的果实，由于浆果易发热霉烂，采回立即处理，用清水泡 2 ~ 3 天，搓去果肉，将种子与草木灰混拌脱脂 12 ~ 24 h，然后洗净，阴干，与湿度为 30% 的沙子混合储藏。翌春惊蛰前播种，过迟苗木生长差。播种前将种子用 0.5% 的高锰酸钾溶液浸 2 h 灭菌，然后用 50℃ 温水间歇浸种催芽，可提前 10 ~ 13 天发芽，发芽后立即遮阴，及时进行中耕除草和水肥管理，6—7 月是苗木生长盛期，每半个月施肥 1 次，秋季苗高可达 70 ~ 100 cm，冬季堆土防寒，翌春裸根移植，将主根留 10 ~ 15 cm 短截，并将枝叶剪去 1/3 ~ 1/2，移植的株行距为 40 cm×60 cm，培养 3 ~ 4 年后进行第二次移植，在春季 3—4 月或秋季进行，移植时带土球，将枝叶剪去 1/2，以减少蒸腾，移植株行距为 1.5 m×2.0 m，再培育 3 ~ 4 年当树干直径达 5 cm 左右时，才能出圃。苗木期间为培养主干，应及时剪去对顶梢生长有威胁的侧枝，充分发挥顶端优势，当中心主枝生长较弱时剪去顶梢，培养其下方一个强壮侧枝代替主枝延长生长，主干下部的侧枝分层保留，每层留 2～3 个枝条，随着主干的伸长，每年在上部选留 2～3 个主枝，同时疏去主干下部的主枝 2～3 个，使分枝点逐年上移，当主干枝下高达 4 m 以上时，即可停止修剪，任其生长。

3. 栽植

樟树大苗栽植必须带完整土球，栽植适期以春季刚要萌芽时为宜，江南一带在清明前后，广东等地在冬季 1—3 月均可，栽后不仅成活率高，而且幼树能提前生长。樟树应栽在土层深厚肥沃的道路两侧，若土质过差则要换土。栽植穴应大，内施一层基肥，再覆土20 cm 后栽入苗木，填土并捣实。为保证樟树成活，习惯上将小枝尽量剪去，只保留一小部分树冠，这样虽易成活，但对树势的恢复有影响。最好在定植后适当疏去冠内轮生枝 1～2 根，其余枝条缩剪到主枝延长方向的 2 次枝上，这样既可保留较大的树冠，又能抑制其生长，利于成活。

栽植完毕，立即浇透水，并于下风方向立支柱。栽后如发现叶片萎蔫、落叶或焦边，应继续剪枝叶和喷水，成活后任其生长，只将过密的内膛枝、徒长枝、病枯枝剪去。每年施肥 1～2 次，干旱时浇水。在土壤 pH 值较高时，叶片易缺铁黄化，严重的逐渐死亡，应每年喷施硫酸亚铁或柠檬酸水溶液 2～3 次，以补充铁元素的不足。樟树主要病虫害有香樟巢蛾、红蜡介壳虫等，应及时防治。

樟树姿态雄伟，冠如华盖，是优良的城市绿化树种，广泛用于庭荫树、行道树及风景林，樟树木材致密、有香气，可制作高级家具及其他用材，还可提炼樟脑，经济价值极高。

二、榕树（细叶榕）

科名 桑科

1. 习性

榕树分布于我国华南地区，印度、菲律宾等地，性喜温暖多雨气候，要求酸性土壤。

2. 繁殖

榕树用播种、扦插和分蘖法繁殖。播种繁殖的苗木，根部易结块，外形奇特，观赏价值高，但因果实内含有抑制发芽物质，如带果肉随采随播，发芽率和成苗率均低。为提高种子发芽率，可用两种方法消除抑制剂：一是将成熟果实于播种前捣碎，放入清水中充分漂洗 3~4 次，然后捞出阴干播于苗床上，发芽率可达 94%；二是将果实干燥一段时间，使抑制剂消除。榕树种子很小，发芽时要求较高的湿度，采用保湿浅播，即先将苗床浇透水，然后撒种，播后覆一层薄土，最后罩塑料薄膜保湿，经常用细眼喷壶喷水，25℃ 气温下，约半个月即发芽。幼苗下胚轴细长、柔软、怕干旱和积水，若管理不当幼苗大部分死亡。在幼苗出土后 1 个月内，第二片真叶出现时，带土移植。浇水时避免水力太大冲击折断幼苗，一次浇水量不能太多，防止过湿引起病害，待长出 5~6 片真叶后，才能进入一般管理。幼苗生长较慢，培育大苗需多年。

扦插繁殖于 4 月用硬枝插，剪取生长粗壮的 1 年生枝条，截成 10~15 cm，插在疏松土壤中，插后浇水并搭棚遮阴，经常保湿，一个月左右即可生根成活。为培育大苗，大枝扦插也易成活。

3. 栽植

最佳栽植时期为冬末春初，一般于 2—3 月带土球栽植，成活后注意松土、施肥和浇水，严防摇动。榕树萌芽力很强，当枝叶过密时应及时修剪，如任其生长不加破坏，数年即可成荫。榕树冠大枝密，为华南地区良好的庭荫树和行道树。其他地区只能温室盆栽或制作盆景。

三、合欢（夜合树、绒花树）

科名　含羞草科

1．习性

合欢在我国华南、西南、华北地区均有分布，性喜光、较耐寒，耐干旱瘠薄，怕积水。

2．繁殖

合欢用播种繁殖，春季土壤解冻后播种，因种皮坚硬透水性差，为促其快速发芽，播前10天用60～80℃热水浸种，边倒热水边搅拌，待自然冷却后，浸泡2～3天，每日换一次冷水，然后捞出与湿沙1:1混合，放背风向阳处催芽，待种子有30%～40%裂嘴时播种。采用高床或大田垅播，每亩播种量15～30 kg，播后经常保持土壤湿润，约半月即可出土，随即间苗和定苗。小苗怕积水，否则易脱叶死亡，雨季注意排水，雨季来临前，抓紧追肥，每月2～3次，使苗木快长，当苗高达1 m以上，雨季时不会落叶。秋季当年生苗高达1.5～2 m。合欢幼苗主干常倾斜，分枝点低，为培养通直主干和提高分枝点，适应庭荫树、行道树的要求，可用截干、密植养干或与高秆作物间种等方法。用间作方法养干，播种时行距宜大，需60 cm左右，同时应渐次将下部侧枝剪去，使主干延长部分逐年向上生长。一年生苗木在北方应保护越冬，翌春移植时，对主干弯曲、瘦弱的苗木截干，移植株行距为60 cm×100 cm或100 cm×100 cm，再培养2～3年，苗龄达3～4年即可达到出圃要求。

3．栽植

春季当芽刚萌动时，裸根栽植，成活后在主干一定高度处选留3～4个分布均匀的侧枝作主枝，然后在最上部的主枝处定干，冬季对主枝短截，各培养几个侧枝，以扩大树冠，以后任其生长，形成自然开心形的树冠。当树冠外围出现光秃现象时，应进行缩剪更新，并疏去枯死枝。合欢主要病虫害有天牛、溃疡病，应注意防治。

合欢叶形雅致，枝条婀娜，是美丽的庭园观赏树种，常用作庭荫树、行道树，孤植、群植均适宜。

模块三　孤赏树

孤赏树是指为表现树木的形体美，可独立成为景观供人观赏的树种。孤赏树一般植于一些特殊场所，如草坪或花坛的中心、道路弯曲的两端、机关厂矿大门入口处、建筑物两侧或湖畔，以供观赏和烘托周围环境。孤赏树多以常绿树为宜。

一、雪松

科名　松科

1. 习性

雪松原产于喜马拉雅山西部（从阿富汗至印度），现在我国长江流域各大城市均有栽培。性喜光，稍耐阴，喜温暖、湿润气候，要求在深厚、肥沃和排水良好的土壤上生长，怕积水，耐旱力较强，抗烟尘和二氧化硫等有害气体能力差。

2. 繁殖

雪松播种和扦插繁殖均可。雪松雌雄异株，并且花期不遇，自然结实困难，南京、青岛等地多进行人工辅助授粉获得种子。春季用储藏的种子播种时，需浸水1~2天，高床条播，行距12~15 cm，株距4~5 cm，播后覆土盖草，约半月开始发芽，及时遮阴，每10~15天施肥一次，及时中耕除草和浇水，当年秋季苗高约20 cm，冬季留床，翌春移植，株行距为15 cm×20 cm，2年生苗高达40 cm。培育大苗应再移植一次，培育7~8年后可出圃。幼苗期其顶梢柔软下垂，应立一木杆将主梢轻轻缚住，使主梢向上直立生长。当主梢下端出现强壮侧枝与其竞争时，应及时剪去，防止形成双杆苗。当主梢受损后及时扶立其下方紧靠主梢的侧枝做主枝，使其直立向上生长，以代替主枝。雪松幼苗易患立枯病，发芽后应及时喷药防治。

扦插繁殖于春、夏、秋季均可进行。母树树龄对插条成活率的高低有决定性影响，树龄越小，插条切口在进行分化中薄壁细胞含量多，激素量也多，抑制生根物质少，易于生根。一般从10年生以内的母树上采条扦插成活率高。春插于2—3月树木萌发前进行，夏插在5—6月新梢较老熟后进行，秋插用当年生枝条于8—9月进行。插条长15 cm左右，剪去2次枝，把插入土壤部分的针叶摘除，插前用500 μL/L的萘乙酸溶液浸插条基部数秒钟，然后扦插，入土深3~5 cm，扦插后立即喷水并搭遮阴棚，每天早晚各喷水一次，但土壤不宜过湿，否则插条腐烂。成活后留床1年，翌春移植，经2~3次移植后即可出圃。

培育大苗期间，应经常修剪除去过密枝、弱枝、病枯枝和双杈枝，使枝条分布均匀，主干下部枝条保留不剪，使自下而上树形丰满。

3. 栽植

春季萌芽前带土球栽植，栽植地点的土壤必须疏松、湿润、不积水。土质过差应换土栽植。定植后适当疏剪枝条，使主干上侧枝间距拉长，过长枝应短截，成活后任其自然生长。栽后视天气情况酌情浇水，成活后施稀肥，每年除施肥、浇水外，还要经常中耕松土，保持土壤疏松，使生长旺盛。

移植成年大雪松时，除采用大穴、大土球外，应行浅穴堆土栽植，土球的1/5高出地面，捣实、浇水后，覆土成馒头形。

雪松树形优美，高大如塔，是著名观赏树种之一，适宜孤植观赏，也可植为行道树、庭荫树。

二、南洋杉（异叶南洋杉）

科名 南洋杉科

1. 习性

南洋杉原产南美洲、大洋洲等热带、亚热带和温带地区，我国广东、福建、海南岛等地有栽培。性喜温暖和湿润，不耐寒冷，不耐干燥，喜在肥沃湿润和排水良好的土壤上生长，生长快，萌蘖力强。

2. 繁殖

南洋杉播种、扦插和压条法繁殖均可。播种繁殖时，于秋季球果呈褐色时采收，在木板上摊成单层干燥，经常翻动，几天后球果开裂取出种子。因种子寿命短，应在采收后一个月内播种，如不能及时播种，应在低温、湿润条件下密封储藏。用塑料袋储藏效果较好，种子取出后，生命力可保持一周，即播，不需处理。春季播种后覆一层锯末，在 21～29℃湿润条件下，约 10 天发芽，发芽后立即遮阴，当 75% 的苗木高达 15～23 cm 时，移入营养钵栽植，移时尽量少伤根，继续遮阴，培育两年出圃，出圃前一个月逐渐使苗木接受全光照。

扦插繁殖为我国南洋杉的主要繁殖方法，将幼树截顶后，使其侧芽抽成新梢，将新梢剪下扦插，在 13～16℃条件下很快生根。但用侧枝扦插长成的植株多斜生，应选用主干式徒长枝扦插。

3. 栽植

春季带土球栽植，栽后应经常保持土壤湿润，成活后适当施肥，并经常保持空气湿润。在较寒冷的地区栽植，冬季应注意防寒。栽后不修剪，保持其端正秀丽的树形。我国中部及北方各城市，多为盆栽观赏，冬季入温室越冬，越冬温度要求在 5℃以上。北方地区气候干燥，夏季置于阴棚架下，并经常喷水增湿。南洋杉高大挺直、冠形匀称、端庄秀美、净干少枝，与雪松、日本金松同为世界著名三大观赏树种，孤植、列植、群植均宜。广州庭园中多见种植。在其原产地为重要的用材树种，生长迅速。

三、银杏（白果、公孙树）

科名　银杏科

1. 习性

银杏在我国广州以北、沈阳以南均有栽培，以江南最盛，性喜光，较耐寒，喜湿润、肥沃土壤，在酸性、石灰性（pH 值

8.0）土上均能生长，怕积水。

2．繁殖

银杏用播种、嫁接和根裂法繁殖。播种繁殖于 9—10 月采种，将果实铺在地上，覆稻草或堆于阴湿处，厚约 30 cm，4～5天后肉质外种皮腐烂，用水淘洗出种子，摊晒 2～3 h 后，即可冬播或湿沙储藏。春播在 2 月下旬至 3 月上旬进行，行距 25～30 cm，点播株距 10 cm，播后覆土 3～4 cm，稍镇压，发芽率85% 以上。每亩播种量 20～22 kg。苗期易患茎腐病，喷波尔多液预防。经常松土除草，保持土壤疏松通气，6—7 月追肥 2～3次，8 月后停止水肥。秋季当年生苗高 20～30 cm。翌春移植，株行距 40 cm×60 cm，以后每隔 2～3 年移植一次，当苗高达2～3 m 时出圃。

嫁接繁殖结实早。用干径 4～5 cm 粗的实生苗做砧木，用2～3 年生长 20～25 cm、具 5～7 个短枝的枝条做接穗，用插皮接嫁接，砧木于 1.7～2 m 处断砧，每砧木上接 2～3 个接穗，接后用塑料袋于接口下方扎紧，内装湿润土壤，露出接穗 6～7 cm，成活率达95% 左右。嫁接时期以"清明"前 15 天、"清明"后5 天为宜。

银杏根颈部易萌生大量根蘖，取高 1 m 左右带细根的萌条，移入苗圃培大。

3．栽植

早春萌动前裸根栽植，以 1 月下旬至 2 月上中旬为宜。若根系过长，栽时适当修剪，定植后每年春秋各施肥一次。银杏主干发达，应保护好顶芽，不需修剪任其生长。银杏怕积水，当积水深15 cm，10 余天即死亡。雨季应及时排水，以免影响生长。

银杏雄伟挺拔，古朴清幽，叶形如扇，秋叶金黄，临风如金蝶飞舞，别具风韵。银杏寿命长，病虫害少，是理想的孤赏树、庭荫树和行道树，也是制作盆景的好材料。银杏种子经济价值极高。

四、广玉兰（荷花玉兰）

科名　木兰科

1. 习性

广玉兰在长江以南地区广为栽培。性喜光，幼时耐阴，喜温暖湿润气候，要求肥沃深厚的酸性或中性土壤，抗烟尘和二氧化硫等有害气体能力强，抗病虫能力强。

2. 繁殖

广玉兰用播种、嫁接、扦插和压条法繁殖。播种繁殖时，于秋季采种，随采随播，也可沙藏至翌春播种，发芽率高。幼苗生长缓慢，定苗稍密些，翌春移植。培育2～3年后再扩大株行距移植一次，经1～2次移植后，干径达4～5 cm时即可出圃。

嫁接繁殖于4月芽尚未萌发时进行，砧木用广玉兰、白玉兰、紫玉兰的实生苗、扦插苗或分株苗、压条苗，砧木要求1～2年生，粗1～2 cm为宜。用粗壮的一年生广玉兰枝条做接穗，长10～15 cm，带2～3个芽，切接或舌接在砧木上，然后堆土盖住接穗顶部，干旱时浇水，一个月后接穗萌芽出土，分次扒开土堆，使幼芽顺利向上生长。及时剪蘖和松绑。当幼苗长至30 cm时，在苗木旁立支杆防风倒。生长期内每月施肥1～2次，按时浇水和松土除草，如发现花芽要及时摘去，以保证养料供苗木生长，当年生苗高可达60～100 cm，翌春移植，培养数年后再移植1次，当干径达绿化大苗规格时即可出圃。

3. 栽植

春季3—4月根开始萌动后，带土球栽植，为利于成活，在不破坏树形的原则下，适当剪稀枝叶，留下的侧枝应上下相互错落着生在主干上，切忌上下层枝重叠生长。广玉兰枝条脆而易折，抗风力弱，栽后应及时立支杆。成活后生长期施肥1～2次，并根据需要定枝下高。广玉兰萌芽力不强，对保留的侧枝不要随便疏去或短截，只对密枝、弱枝、病虫枝等适当疏剪，任其自然生长。

长江以北冬季较冷，栽植后前几年应卷干防寒，4~5年后逐渐撤除。

广玉兰枝浓叶茂，花、叶兼美，为阔叶类树中少见的优美观赏树种，可孤植观赏，也可列植为行道树或丛植于开阔草坪。

模块四　花灌木

花灌木以观花为主，是园林植物的重要组成部分，它能为园林景观创造出五彩缤纷的画面，使其显得生动活泼、生机益然。因花灌木量大、种类繁多，养护管理要求精细，花前、花后要勤施肥、多浇水，才能花繁叶茂。而修剪是促进花灌木多开花的方法之一。由于各种花灌木开花时期不同，花朵着生的枝条年龄不同，故修剪时期也有差别。春花植物一般在开花之后的春末夏初进行修剪，因其花芽着生在头年生的枝条上，越冬后翌春开放。夏秋花植物则应在落叶后至春季发芽前修剪，因其花芽着生在春季萌发的当年生枝条上，夏秋开花。一年多次抽梢多次开花的植物，则每次开花后修剪。只有正确的修剪才能使花灌木年年繁花不断。如不根据植物开花习性修剪，必然将大量花枝剪掉，造成花量减少。

一、梅树

科名　蔷薇科

1. 品种

梅树寿命越长越显得苍劲古朴，故有"老梅花，少牡丹"之说。梅花因栽培历史久远，故品种类型甚多，且分类方法也有多种。按枝条生长的直立、下垂或扭曲等姿态可分为直脚梅类、杏梅类、照水梅类和龙游梅类等。每类又有单瓣、重瓣、半重瓣等多个品种。按枝条新生木质部和花色可分为红梅和绿梅两类。凡木质部或花朵为红色者，称为红梅，花朵绿白色者称为绿梅，其中又包括众多的品种。

2. 习性

梅花原产于我国西南，以四川、湖南、湖北最多，性喜温暖，不惧寒冷，要求阳光充足。抗性较强，喜疏松、肥沃、深厚的沙质壤土，黏重湿冷土壤不宜。

梅花黄河以南各省可露地栽植越冬，黄河以北地区越冬困难，应选择避风向阳干燥处栽植。但北方多为盆栽观赏。梅花对气温很敏感，故全国各地花期差异较大。

3. 繁殖

梅花多用嫁接或播种繁殖。

嫁接繁殖，春季2—3月用切接或掘接，秋季用芽接均易成活。砧木用1~2年生的山桃、毛桃、杏或实生梅。以杏和实生梅作砧木，嫁接苗虽早期生长缓慢，但寿命长，而且病虫害较少。用山桃、毛桃做砧木，初期生长快，开花早，但植株易遭受病虫害，寿命短。接穗于落叶后剪取，在0~5℃低温下储藏，春季嫁接时随用随取，利于成活。苏州、扬州一带为制作老梅桩，常采用靠接，将品种梅接在果梅老根上，于6—8月进行。

播种繁殖的实生苗3~4年开花，但易退化，一般只做砧木或培育新品种时采用。5月梅子成熟变黄，将果实采下搓去果肉，放在通风处阴干，用湿沙储藏。一般秋播，行距25~30 cm，株距5~10 cm，播种后覆土2~3 cm，并盖草保湿防寒，翌春发芽，管理1~2年，茎粗1~2 cm可做砧木使用。

扦插繁殖宜用嫩枝喷雾扦插法，大部分品种成活率可达60%左右，但有一些品种不易成活。梅花扦插以11月为好。扦插条用1年生枝条，从大树树冠外围采取。幼树上的枝条只要粗壮、充实、无病虫害都可使用。将枝条剪成10~15 cm，用萘乙酸1 000~2 000 μL/L浸几秒钟，扦插在疏松的土壤内，只露1个顶芽即可，插后喷水一次，以后经常保持土壤湿润。因梅花怕湿，不宜用水灌床后扦插，扦插后也不宜大水灌溉，否则会引起霉烂。为了保温保湿,用塑料棚密封扦插。梅花扦插后,当年愈合,翌春生根。

压条繁殖于2—3月进行,选生长粗壮的1~3年生枝,在母株旁挖一沟,在枝条弯曲处的下方用刀将树皮浅刻2~3条伤口,然后埋土,用带杈的枝条插在埋条处,以固定压条,防止弹起。生根后切离母体栽植。

4. 栽植

(1)地栽。应选向阳、土层深厚肥沃、表土疏松、心土略黏重处栽植。春季用1~2年生小苗裸根栽植易于成活,3年以上的梅花大苗必须带土球栽植。穴底先施基肥,栽后浇一次透水,使根系与土壤紧密结合。梅花可孤植、对植或群植,也可散生于松林、竹丛之间。梅花喜肥,每年冬季在树冠投影圈内挖沟施肥,花后再追施一次以氮为主的肥料,促使枝条生长充实粗壮。6月开始植株转入生殖生长阶段。6—8月是梅花花芽分化时期,树体营养状况对花芽分化影响甚大,此时应施以磷钾为主的追肥,保证花芽分化顺利进行。梅花忌水湿,夏季多雨时应注意排水,如土壤过湿根系易腐烂。整形修剪能促进梅花多开花和保持树形。由于梅花是在春季抽发的当年生枝条上形成花芽,翌春开花,所以每年花后一周内,要对枝条进行轻短剪,促发较多侧枝使第二年多开花。梅花的树形以疏为美,不过分强调分枝的方向与距离,应修剪成自然开心形,枝条分布均匀,以略显稀疏为好。冬季将病虫枝、枯枝、弱枝、徒长枝、交叉枝和密生枝疏剪去,使树冠通风透光。梅花修剪宜轻,过重会导致徒长,影响第二年开花。

梅花应年年修剪,若多年不修剪,则会使梅株满树梅钉(刺状枝)、长势衰弱、早衰、开花很少或者不开花。老枝或老树应在适当部位回缩,刺激休眠芽萌发,进行更新和复壮。但重剪之后,必须结合及时的肥水管理和养护,才能使其尽快恢复长势,继续开花。

（2）盆栽。在休眠期将露地栽植的 1~2 年生梅苗上盆栽植，盆土应选用肥沃、疏松的土壤，盆底施基肥。梅苗上盆后，不宜用清水浇灌，要用腐熟并过滤过的浓粪水灌满盆口，使粪水湿透盆土。花盆应放在通风向阳处，盆间距离以树冠互不遮阴为宜，既通风透光，又利于操作。盆梅浇水是关键，既不能太湿，又不宜过干。夏季往往因浇水不当造成生长期落叶。梅花怕涝，下大雨时应侧盆倒水，雨过天晴，应及时扶正。入秋后，供水量减少，隔天一次。除基肥外，在 6 月前施 1~2 次追肥，保证枝叶生长的养料，6 月初控制氮肥，施 1~2 次磷钾肥，对花芽分化、保持花色和开花有利。盛夏应停止施肥。从花蕾逐渐膨大至开花，这一时期内适当施肥和浇水，保证水分的供应。盛花期少浇水，略偏干，可延长花期。

梅花苗上盆后，为了整形，应根据需要，在枝干适当部位剪去，使抽出较多的侧枝，当新梢长出 4~5 片叶子时，在 2~3 片叶处摘心，促使形成更多的开花小枝，以提高着花量和观赏效果。花谢之后，对枝条短剪，依枝势可轻可重，一般将开花枝留 2~3 个芽短剪。保持树形疏、透。盆梅一般 3 年左右换盆一次。如果做桩景栽植，还应辅以剪扎，用铅丝缠绕造型。

5. 病虫害防治

梅花易患白粉病和煤烟病，应及早防治，以免引起植株提早落叶。害虫常见的有蚜虫、红蜘蛛、卷叶蛾等。在防治害虫时，不能使用乐果喷杀，乐果易引起梅花生理落叶，使树势衰弱。另外，梅花在排水不良处，易发生根腐病，轻者将植株挖出曝晒，重新栽植，重者挖出后将根部患处刮除，曝晒 1~2 h 后，再用 2% 硫酸铜溶液浸后栽回。

二、月季（长春花、月月花）

科名　蔷薇科

1. 品种

月季品种繁多，全世界有 1 万种以上，且花色繁多。可分为直立型、蔓生型和微型，也可分为四季健花种、一季开花种和二季开花种。

目前园林上广为栽培的现代月季为杂交香水月季一类，品种逾千种以上。

2. 习性

月季喜光耐寒，对土壤要求不严，在微酸、微碱性土壤上均能正常生长，但在土层深厚肥沃、排水良好处生长最好，萌芽力强，耐修剪。

3. 繁殖

月季用播种、扦插、嫁接等法繁殖。

（1）播种繁殖。秋播或春播均可，因实生苗退化一般多用于育种或培育砧木。

（2）扦插繁殖。若有喷雾设施一年四季都可进行。一般5—9月用半木质化枝条扦插，生根时间短。秋、冬季用木质化枝条在保护地扦插，但生根时间较长。在第一次开花后，即5—6月，剪取当年生嫩枝，每插条上留1~2片半叶，扦插在疏松的基质上，如沙、珍珠岩、蛭石等。行距10 cm，株距3~5 cm，用塑料棚密封扦插，棚上适当遮荫，保持插床湿度，每天喷水一次，隔天浇水一次，20余天即开始生根，50天后可移栽。夏季在有喷雾苗床上扦插，更易成活。秋、冬季结合修剪用木质化枝扦插，用塑料棚或温室保温，翌春生根。

（3）嫁接繁殖。嫁接成活率较高，苗木生长快，如冬季嫁接，5—6月即开花，一般用枝接和芽接。芽接在5月中旬—10月中旬砧木树皮易剥离时，用"T"字形芽接法嫁接。嫁接部位尽量降低，在根颈处最好，成活后栽植，将接口埋于土内。枝接可在露地或室内进行，露地枝接在2月芽萌动前进行。江南一带和河南于冬季在室内枝接或根接，接穗带2~3个芽，种条缺乏时带1个芽也行。用切接或劈接法将接穗接在砧木根颈上或根段上，然后将苗埋在沙床内假植，接口应埋入沙土内。假植期间保持床土湿润，促使接口愈合，翌春芽将萌动时栽植。冬季嫁接可利用冬剪枝条，此时枝条粗壮充实，含营养物质多，嫁接后易于成活，翌春长势好。

4. 栽植

（1）地栽。在休眠期栽植，可用裸根苗或沾泥浆，但根系应较完整，侧根不得短于 20 cm，在向阳、排水良好、肥沃的土壤上挖穴，用厩肥等有机肥做基肥，再覆土 5～10 cm 盖住基肥，以免灼根。栽植时将地上枝条适当强剪，修去长根、裂根。栽后将土踏实，保证根系舒展，与土壤结合紧密。其他季节栽植均要带土球，但夏季不宜移植，定植后的管理主要是肥水和修剪。

施肥对月季的生长、开花影响很大。月季枝条生长很旺，一年内可多次抽梢，即春梢、夏梢与秋梢，每次抽梢后都可在枝顶形成花芽开花。由于抽枝多，开花次数和开花量多，需要消耗大量的养料，因此及时补充肥料是月季生长、开花的重要措施。除冬季施一次基肥外，在 5—6 月第一次盛花期之后，用氮、磷、钾三要素齐全的腐熟豆饼水追肥，保证夏、秋梢的生长及夏、秋季开花的需要。如条件许可，夏花后再施一次肥料，这样国庆节开花既大又美。但秋季施肥不能过迟，防止秋梢生长过旺，既影响开花，又不能及时木质化，不利越冬。如早春施肥，当月季新梢叶片发紫时，表明根系已大量生长，而且幼嫩，不能施浓肥，以防烧伤根系。

修剪是促使月季不断开花的重要措施，修剪方法如下。

1）休眠期修剪。在月季落叶后萌芽前进行，北方 2—3 月在需堆土防寒的地区宜早剪。江南 1—2 月，对当年生枝条进行短剪或回缩强枝，枝上留 10 个左右芽。北方寒冷地区，月季易受冻害，可行强剪，将当年生枝条长度的 4/5 剪去，保留 3～4 个主枝，其余枝条从基部剪除。必要时进行埋土防寒。

2）生长期修剪。月季花朵开在枝条顶部，每抽新梢一次，可于枝顶开花，利用这个特性，一年内可多次修剪促其多次开花。若不为留种或育种工作需要，花后立即在新梢饱满芽位短剪，不使结实。通常为花梗下方第 2~3 芽处。剪口芽很快萌发抽梢，形成花蕾开花，花谢后再剪，如此重复。每年可开花 3~4 次。从剪梢到开花需 40 天左右。

3) 树状月季的修剪。月季属于灌木或藤本植物，树状月季是通过整形修剪或者高枝嫁接而形成的。将月季整形修剪成独干式树形，称为月季树或树状月季。开花时，圆球形的树冠上花团锦簇。月季树需要经过几年的修剪培养才能成型，具体方法如下：选择枝条粗壮、生长势强、植株直立高大的品种，如壮花月季，选留一粗壮的从基部萌发的强枝作主枝，其余枝条全部剪去，使营养物质全部集中供应给留下的枝条进行加长和增粗生长，待枝条直径长至 1~1.6 cm 时短截，于靠近顶端留 3~5 个侧芽，使萌发成侧枝，第二年春季将侧枝留 30 cm 短剪，各留 3 个侧芽，其余芽抹掉，这样就可长出 9 根侧枝，形成"3 股 9 顶"的头状树形。以后反复对侧枝摘心和疏剪，多年之后，树膛内部枝条不断增加，使树形饱满美观。

为在一株树状月季上开出各种颜色的花朵，需借助嫁接来完成。一般在早春萌芽前或夏末秋初，用高枝切接或芽接的方法，将不同花色品种的月季接穗接在同一株树状月季上即可。

（2）盆栽。盆栽用土宜疏松、肥沃，肥水管理比地栽要勤，每半月施肥一次，用鱼腥水催花效果最好。丰花品种花蕾过多时应剥蕾，每枝顶留 1 个花蕾刚开花大，花后及时对枝条进行短剪，留饱满芽作剪口芽，才能多抽壮梢多开花。盆花冬季修剪应比地栽重，一般将当年生枝留 2~3 个芽短剪，并疏去病虫枝、弱枝、交叉枝等。越冬盆花应放于 0℃ 左右环境中，防止温度过高提早萌芽，影响植株长势和翌年开花。

要求月季冬季不休眠继续开花，应在气温降低前移至 10℃ 以上温室内，可照常开花不断。要求国庆节期间开花，应于开花前 40 天对夏梢短剪，剪口芽应饱满，并加强肥水管理，使其很快抽出新枝孕蕾开花。

5. 病虫害防治

月季的虫害主要有蚜虫、红蜘蛛等，用1:1 000 的敌敌畏喷杀。在通风不良处，月季易发生白粉病和黑斑病，发病后可接连喷2~3次0.3~0.5波美度的石硫合剂，并疏剪树冠，加强通风透光效果。

三、牡丹

科名　毛茛科

1. 形态及品种

牡丹品种很多，传统上习惯按花色分为八类，现在多按形态进化规律分为单瓣类、复瓣类、平瓣类、楼子类。各类又包括各种花型，如莲花型、托桂型、绣球型等。

2. 习性

牡丹原产于我国西北地区，性喜温凉，喜干燥，怕水湿，要求阳光充足，夏季不耐高温，过于炎热则叶早落半休眠，稍耐阴，在花期稍阴可延长花期。耐寒力较强，在冬季极端低温不低于 –18℃地区，可安全越冬。而 –20℃以下的华北、西北和东北地区，冬季需覆土防寒。根粗长、多汁，要求在地势高、土层深厚肥沃、排水良好的沙质壤土上生长。

3. 繁殖

牡丹可用分株、播种、嫁接及压条法进行繁殖，以分株法为主。

用播种法于8—9月果实成熟时随采随播，也可储藏至翌春播种。因牡丹种子的胚中含有抑制生根物质，储藏后播种发芽困难。当种子变黄生理成熟时，立即采种和播种最好。在苗床、花盆内播种，覆土宜薄，并注意保湿，夏季烈日应遮阴，秋播者当年发根，翌春出土，发芽率可达80%~90%，播后3年移植，再培养2年即可开花。

珍贵品种可采用嫁接法繁殖，于8—9月进行。砧木可用芍药或牡丹的实生苗（本砧）。芍药作砧木，木质柔软，易于嫁接，成活后初期生长旺盛；牡丹做砧木，木质较硬，难嫁接，成活后初期生长缓慢，但寿命较长，分枝多。可用腹接法或掘接法嫁接。掘接时，将芍药根或牡丹根于10月1日前后挖出，放在阴凉处阴干2~3天，使其变软。接穗用当年生枝，长8~10 cm，粗0.5~1 cm，用利刀削成三角棱形，长1.5~2 cm。然后将接穗插入砧木裂缝中，用塑料带扎紧，涂以泥浆或接蜡，开沟种植，使接口与地表齐平。然后封土越冬，翌春发芽生长。

分株繁殖在8—10月进行，一般每隔4年分株一次。将植株挖起，因根脆易断，挖掘时应注意。挖出后除去泥土，放在阴凉处2~3天，待根变软后用手或刀分开或切割。植株小的一分为二，大株可分成3~4株，但枝干数应与根部相称。为了防止切口腐烂，分割后再阴干2~3天后栽植，或用1%硫酸铜溶液进行消毒。一般老根切开易腐烂，细根是新生的，带一点老根切开较宜。

4. 栽植

牡丹是深根性花卉，应选土层深厚处栽植，如土层厚度不适宜或排水不甚理想，应筑台栽植。先深耕耙松土壤，施入有机基肥。穴宜大，直径30~40 cm。栽植深度保持原深度，过深则不开花，栽后浇水使根系与土壤紧密结合。

牡丹的栽植时间与分株同时进行，不可过早，以免导致秋季发新梢遭受冻害。栽植不宜过密，以叶接而枝不相接为宜，使通风透光好又不磨损花芽。

牡丹一般每年施肥2~3次，第一次在清明前后，此时正是牡丹发叶不久，花蕾发育增大期，以促使枝叶花蕾生长发育良好。第二次在开花后，对枝叶生长和花芽分化有利。第三次在冬季土壤冻结之前进行。肥料以腐熟的有机肥为宜，如施人粪尿，土壤则疏松。采用沟施、环施。北方干燥，雨季之前可结合施肥浇水2~3次。雨季要注意及时排水，保证排水流畅。此外，要及时进行松土除草，保证土壤疏松通气。

牡丹枝条很脆，花朵太大，初开时易折断枝干，或被风吹折，可用细杆立于植株旁固定花枝，为了美观，支杆可漆成绿色。

盆栽牡丹一定要选用深盆，并填入疏松培养土，多施肥水，满足根系伸长和生长的需要，才能开花。

5. 病虫害防治

牡丹植株根颈部易腐烂，叶片易发生黑斑病、叶斑病与花叶病，可于发芽后每2周喷等量波尔多液进行预防。如已发病，可喷施1 000倍的代森锌，并将受害部位剪除烧掉。牡丹虫害以介壳虫为主，可喷施500倍的氟乙酰胺。

四、玫瑰（刺玫花）

科名　蔷薇科

1. 品种

玫瑰变种有白玫瑰、重瓣白玫瑰、重瓣紫玫瑰、重瓣红玫瑰。

2. 习性

玫瑰原产于我国华北、西北地区，各地均有栽培，喜光，在阴地生长不良，耐寒、耐旱，稍耐涝，萌蘖力很强，根系浅，对土壤要求不严，但在肥沃、排水良好的土壤上生长良好。

3. 繁殖

玫瑰可用分株、扦插、压条、播种法繁殖。

（1）分株法。分株法是玫瑰主要的繁殖方法，春、秋两季都可进行。秋季分株在落叶后，即11—12月。春季在芽刚萌动之时，将母株周围的萌蘖枝分开栽植。玫瑰有越分越旺的特点，一般4～5年可分一次。

（2）扦插法。于落叶后或发芽前用一年生枝扦插。也可在7—8月用嫩枝扦插。插条长15～20 cm，入土1/3，不必遮阴。要保持插床不干不湿。以疏松的沙或其他疏松材料做扦插基质较好。扦插后一个多月长根，先在芽节处生根，以后在愈合组织处生根。用根扦插更易成活。结合起苗时，选择粗 0.5 cm 以上的根，剪成根段，插入土中即可。

（3）播种法、埋条法和压条法。单瓣品种一般用播种法，种子成熟后秋播，或储藏至翌春播。秋播的第二年春季发芽，有的 8 月开花。埋条法在山东使用较多，在休眠期将新枝或老枝齐地面剪下，首尾相接埋于苗床沟内，上面覆土 10 cm 以上，再盖草保温、保湿。沟底事先施过磷酸钙做基肥，能促进生根。压条法是在玫瑰生长期，将枝条芽下刻伤，变形埋入湿润的土中，枝条先端一段伸出土面，当压埋在土中的刻伤处长出新根时，就可以切开分栽。

4．栽植

栽植、定植前需整地，施基肥。穴深 18～20 cm，穴直径略大，穴距 50～70 cm。每穴沿穴周共栽 4 株，以后发出根蘖就能布满全穴。栽后覆土，不浇水，再将上面枝条齐地面剪去，以利成活。当年可长至 50～70 cm 高，并能开花，第二年盛花。栽培中需注意老枝更新，一般栽植 6～7 年后需剪除老枝，利用萌蘖枝更新，或者全部挖起，再行分株栽植。若花前、花后各施肥一次，则花更繁茂。

五、榆叶梅

科名　蔷薇科

1．品种

榆叶梅变种很多，常见的有单瓣、重瓣和鸾枝（小枝及花全紫红色）。

2．习性

榆叶梅原产于我国，分布在黑龙江、河北、山东等地，耐寒，喜光，不耐阴，耐旱，怕水湿，能在碱性土上生长。在向阳、疏松肥沃的土壤上生长良好。

3. 繁殖

榆叶梅用播种和嫁接法繁殖。

播种繁殖于 6 月种子成熟时采收，储藏至秋播或春播。播种苗易退化，培育新品种时采用。

嫁接的砧木用榆叶梅实生苗或山桃、毛桃。以秋季芽接为主，也可春季枝接，易于成活。如欲培养成高干榆叶梅，可选用有主干的桃砧，离地 2 m 处断砧进行高接。树形一般培养成低干的自然开心形。

4. 栽植

早春带土球栽植。榆叶梅生长旺盛，枝条密集，栽培中应注意修剪，每年抽枝一次，为促使开花旺盛，于开花后将枝条适当短剪，并对密枝、弱枝、病虫枝等疏剪，保持树冠匀称，翌年开花多。砧木萌蘖枝及时剪除，以免搅乱树形，消耗养料。干旱时浇水，有条件时于花前、花后各施肥一次，使枝条生长健壮且多孕花。西北地区宜在背风向阳处栽植。榆叶梅也可盆栽。

5. 催花

为使榆叶梅提早开花，应选生长健壮无病害植株，于 11 月下旬带土球挖起上盆，放室外经低温，于需观花前 30 ~ 40 天移入 10 ~ 15℃室内放向阳处。每天向枝条喷水，并保持盆土湿润。花蕾长至 3 ~ 6 mm 时，加温至 18 ~ 22℃，待花蕾露色时，移入 3 ~ 5℃低温室内备用。

六、紫薇（痒痒树、百日红）

科名　千屈菜科

1. 品种

紫薇品种很多，有红薇、翠薇和银薇。

2. 习性

紫薇原产于我国长江流域，现各地多有栽培，喜光，较耐寒，耐旱，怕水湿，在石灰土上生长较好，在湿润、肥沃的土壤上生长茂盛。萌发力强，寿命较长。

3. 繁殖

紫薇用扦插、播种和压条法繁殖均可。春季用硬枝扦插或夏季用嫩枝扦插都易成活。播种繁殖时，以春播为宜，幼苗初期应适当遮阴，部分生长健壮者当年即能开花。播种苗第二年开花时，应按花色分别集中栽植在一起。华北地区播种苗当年越冬应覆土埋干进行保护。

紫薇在园林中栽培，以高干圆头形树冠为主，几个势力大致均等的主枝向四周展开。整形工作一般在苗圃内完成。繁殖出的1年生苗，于冬季将主枝顶梢短截，位于主干下部侧枝疏除，只留3~4个位于主干上部的侧枝，翌春发芽后，选留一枝位于剪口下方的粗壮枝作主干延长枝，其余侧枝短截，冬季2年生苗高度已达2m以上，可根据需要定干，一般1.7~2m，将主干枝梢剪去，并适当疏去主干下部的侧枝，春季萌发后，选留3~4个近顶端的壮枝做主枝，其余逐渐疏去，冬季将已3年生苗的主枝短截，春季萌发出数个侧枝，秋季落叶后，每主枝留2个侧枝重短截，其余侧枝从基部截去，至此即完成树冠造型，苗木可出圃。

4. 栽植

选排水良好处栽植，黏土上生长较差，干旱季节适当灌水。每年冬季或春季萌动前，施腐熟有机肥，夏季开花旺。紫薇很耐修剪，除剪成高干乔木和低干圆头树形外，还可将枝条编扎造型修剪，多在幼年期进行。花后应将枝条短剪，促使饱满的剪口芽萌发再次开花，每短截一次，可延长花期20天左右。冬季至春季萌芽前，对当年生枝条留5~6cm全部剪去，为保持树形优美，各枝条应长短交错，不可齐平。适当保留部分低矮枝条分布在四周，使花朵在树冠上能均匀开放，形成花球。老树可利用基部萌蘗枝更新复壮，还可通过修剪促成紫薇在10月开花。

七、桂花（木犀、九里香、岩桂）

科名　木犀科

1. 品种

桂花常见的栽培品种有丹桂、四季桂、金桂和银桂。

2. 习性

桂花原产于我国西南、华中等地区,现全国普遍栽培。桂花喜温暖、湿润气候,不耐严寒和干旱,喜光,要求土壤疏松、肥沃、排水良好,怕积水,怕烟尘。

3. 繁殖

桂花多用压条、扦插、嫁接和播种繁殖。

压条繁殖一年四季都可进行,高压或低压以春季萌芽前较好。压入土壤,枝条行环状剥皮或刻伤 2~3 cm,压后保持土壤湿润,秋季或翌春与母株分离栽植。

扦插繁殖以梅雨季节用嫩枝扦插易成活。插条长 10 cm 左右,带半叶,插在疏松土壤或基质中,搭塑料棚保温保湿,另加帘遮阴,1 个月后插条基部产生愈合组织,2 个月后即生根。生根后拆去塑料棚,使多接受阳光,翌春移植。

嫁接繁殖用小叶女贞、流苏等作砧木,于夏季靠接或腹接,也可在春季芽未萌动前进行切接。

播种繁殖开花迟,但易得大量苗木。秋季种子成熟后,储藏至翌春播,也可随采随播,但也要翌春才发芽。因苗木品质变劣,故少采用播种育苗。

4. 栽植

选阳光充足、排水良好、表土深厚肥沃而又少烟尘的地段栽植。植穴要大,多施基肥。大苗应带土球栽植,春季芽未萌动前栽植成活率较高。成活的幼树应每年施一次基肥,7—8 月再施1~2 次以磷、钾为主的追肥,可使枝叶生长旺盛,开花繁茂。但在烟尘较大的路边,叶片滞尘太多,不易开花,应每年用水冲洗 1~2 次。桂花枝条萌发力较差,一般不进行修剪,只修剪过密枝、病枯枝等。嫁接植株应修去砧木的萌蘖枝。

北方地区多行盆栽,盆土要求疏松、肥沃的培养土。盆栽桂花应放置在阳光下，浇水要适当，干透浇透。每年施2~3次追肥，以满足枝叶和花生长的需要。冬季入温室越冬，室温5~10℃为宜，放在无烟尘处，控制浇水，保持盆土略湿即可。春季出房不可太早，以免新梢受冻，当昼夜平均气温稳定在10℃以上才可出房。发芽后追施肥料，使生长旺盛。6—8月是花芽分化期，应施些磷、钾肥，以保证花芽正常分化，发育良好。

八、蜡梅（黄梅、香梅）

科名　蜡梅科

1. 品种

蜡梅常见的栽培品种有素心蜡梅、磐口蜡梅、红心蜡梅等。

2. 习性

蜡梅原产于我国中部地区，四川、湖北及陕西均有分布。蜡梅喜阳光，略耐阴，有一定的耐寒能力，但怕风，在北京以南地区可露地越冬。耐旱力强，素有"旱不死的蜡梅"之说。怕水湿，要求土壤深厚肥沃，在黏土和碱土上生长不良。发枝力强，根颈处易萌蘖，很耐修剪。长枝着花少，50 cm以下枝条着花较多，尤以5~15 cm的短枝上花最多。蜡梅寿命可达百年以上。

3. 繁殖

蜡梅繁殖以嫁接为主，播种也可，但苗木易退化。嫁接繁殖用4~5年生的实生苗或分株的"狗蝇蜡梅"经培养2~3年后做砧木，采用切接法或靠接法，以切接法较好，苗木长势旺。嫁接的最佳时期为接穗上芽萌动如麦粒大小时，成活率最高。因蜡梅嫁接的适宜期仅一周左右，为延长嫁接时期，于春季萌芽前将母树枝条上的芽抹去，一周后又长出新芽，用新芽嫁接的成活率常比老芽高。切接时削接穗不宜过深，微露木质部即可。嫁接后埋土，深度应超过接穗顶部。当年苗高达70~100 cm，秋季或翌春留适当高度将主干上部剪去，使发侧枝。播种繁殖，后代分离较大，但也可获得较好的品种。一般春播，将干藏的种子播前用温水浸种12 h，可促进发芽，生长良好的实生苗3~4年可以开花。

分株繁殖多在 3—4 月，选株丛较大的蜡梅，将四周土扒开，用利锹切下一部分移栽，留下 2~3 条粗大健壮枝条不动。分株苗经 2~3 年培养可出圃，"狗蝇蜡梅"可再行分株，提供砧木。

4. 栽植

（1）地栽。选择土层深厚、肥沃、排水良好而又背风处栽植，通常于冬、春进行。苗木一定要带土球，栽植成活以后管理比较简单，过分干旱时适当浇水。雨季要做好排水工作，防止过分水湿而烂根。每年冬春开花前，如树上叶片尚未凋落，应进行摘叶，减少养料的消耗。开花之后、发叶之前进行重剪，将头年生枝留 20~30 cm 短剪，并结合施以重肥。以有机肥为主，这样可促使春季多抽枝条，并生长粗壮充实，利于花芽分化，冬季开花多。如果要培养高大的蜡梅树，在修剪初期应注意保留顶芽到需要的高度，适当剪去主枝顶部，以促进分枝，让它自然生长形成树冠，以后再修剪和整形。

（2）盆栽。南方为了冬季室内观花，可在 12 月间把蜡梅从地里挖出，带土团栽入盆中。入盆前为保证成活，把土团沾上泥浆后再栽入盆内。不用上基肥，也不用追肥，干时稍浇水。等花谢之后，脱盆栽回地里，以便恢复树势。北方寒冷地区蜡梅多做盆栽观赏。应经常浇水，保持土壤一定湿度，但不宜过湿。春季发芽后稍施一些肥水，供枝叶生长。6—7 月花芽开始分化，多浇一些肥水，以腐熟饼肥水为好。8—9 月花芽已经形成并开始孕蕾，肥水应逐渐减少。盆栽蜡梅应当较重修剪，花后对头年生枝条重短剪，可以萌发大量新枝多开花，并经常剪去密枝、枯枝及徒长枝，保持树形，花后摘去残花，不使结果，可节省养料。并注意老枝的更新复壮，用根际萌蘖枝代替老枝，或将老枝回缩，发新枝复壮，每 2~3 年换盆一次，春季发芽前或开花后进行。结合换盆将老根、枯根剪去，以利发生新根。如株丛过大，可行分株。生长期将盆放在阳光充足处，冬季越冬以在 0℃ 左右为宜。欲在元旦、春节开花，可将盆花提前 25 天置于 20℃ 的温暖处催花，花后放在低温处使其休眠。

蜡梅枝条长而柔软，可通过铅丝、绳索等绑扎造型，造型时间以 3—4 月为宜。此时芽刚刚萌动，如过早绑扎会影响发芽，过迟芽已过大，操作时易被碰掉。

蜡梅是我国的重要花卉之一，在冰天雪地开放，清香宜人，色香俱佳，为冬季最好的观花树种之一。露地栽植可为冬季庭园增添生气，深受群众喜爱。

九、丁香（紫丁香、华北紫丁香）

科名　木犀科

1. 品种

丁香主要观赏变种有白丁香、紫萼丁香等。

2. 习性

丁香原产于我国东北、华北地区，现全国都有栽培。丁香为阳性喜光树种，耐寒、耐旱，怕高温和积水，喜在肥沃、湿润和排水良好的土壤上生长，萌蘖性较强。

3. 繁殖

丁香可用播种、嫁接、压条、扦插和分株法繁殖。

播种繁殖应于夏秋季种子成熟时采收，晒干取出种子，可随采随播，或储藏至翌春播种，但实生苗易变异退化。

嫁接繁殖的砧木可选用流苏、女贞、水蜡树及其他丁香，春季 3 月下旬进行枝接，接穗于接前 2～3 周采集，储藏，嫁接后封土。

压条繁殖常在 2 月或 5 月进行，以 2 月压条最好，4—5 月即可生根，9—10 月可与母株分离移栽。压条时枝条太粗可刻伤，枝条太细不需刻伤，压后 2～3 年即开花。

扦插繁殖于春、秋季进行，夏季嫩枝扦插成活率可达100%。

分株繁殖于春季或秋季将植株挖起分开，春季随分随栽，秋季分株后可先行假植，翌春打泥浆后栽植并灌足水，当年可开花。

4. 栽植

在春秋或梅雨季节栽植，裸根苗应打泥浆，大苗应带土球。穴内先施基肥，以促进生长。成年植株只需每年剪去枯枝、病虫枝及萌蘖枝，以保持树姿和利于通风透光。花后不欲结实时，应及时剪去残花，以节省养料，翌年开花更加繁茂。实践证明，凡是未剪掉残花的植株，第二年开花量大大减少，甚至不开花。对衰老的株丛采用分次更新法，第一年疏剪去 1/2 的老枝，另一半仍可观花，又可为枝条萌蘖提供养料，第二年再把另一半老枝疏去，整个株丛完成更新。

模块五　藤本类

一、紫藤（藤萝）

科名　蝶形花科

1. 形态与习性

紫藤为大型木质藤本，枝粗壮，具极强的攀缘能力。奇数羽状复叶互生。总状花序下垂，花蓝紫色、白色，芳香，花期 4—5 月。荚果 9—10 月成熟。

紫藤在我国除东北、西北地区外，各地均有栽培。紫藤性喜光略耐阴，稍耐寒，对土壤适应力强，耐干旱，怕积水，耐修剪。

2. 繁殖

紫藤播种、扦插繁殖均可。播种繁殖于春季 3—4 月进行，种皮厚发芽困难，播种前应用 30～96℃ 热水浸种，边倒边搅，待水自然冷却后，捞出种子堆放 24 h，待种子膨大后播种。床播或大田式播种均可，播后 20 天左右发芽，喜旱，浇水量不宜过大，6—7 月施肥，当年苗高 30～40 cm，翌春移栽，培育 3～4 年出圃。

春季用硬枝扦插或根插均可，成活容易。

嫁接繁殖主要用于培养大花、白花品种，或培养一树多花时使用。

3. 栽植

春季萌芽前裸根栽植，如成年大树桩应带土球或重剪后栽植，均易成活。作棚架栽培时，定植后选 1~2 个主蔓缠绕于植株旁的支柱上，将基部萌蘗枝除去，使养料集中供给主蔓生长，主蔓上部应留少数侧枝，冬季对主、侧枝短截，使翌春抽出强壮的延长枝和大量侧枝，使尽快覆盖棚面。紫藤枝条顶端易枯，荫蔽处枝条易枯死，注意调整枝条数量与位置，不使过多和重叠。

紫藤衰老时，可行更新修剪，冬季留 3~4 个粗壮、分布均匀的骨干枝，回缩修剪，其余疏剪，翌春可萌发出粗壮的新枝。

在草坪、池畔、厅堂门口两侧灌木状栽植的紫藤不应接触他物，使直立生长，可修剪成单杆、双杆式。

紫藤应栽在光照充足处，否则难开花，每年于休眠期施肥，春季花多，花后适当疏枝，并及时除蘗。

二、木香

科名　蔷薇科

1. 形态与习性

木香为常绿或半常绿藤本，枝条青绿，光滑无刺或疏刺，小叶 3~5 枚，边缘有细锐齿。花期 4—5 月，花白色或黄色，芳香。果实球形。

木香原产于我国西南部地区，现在各地均有栽培。性喜光，不耐寒，成年树耐寒力强，喜疏松、肥沃的沙壤土。

2. 繁殖

木香以扦插繁殖为主，也可用压条和嫁接繁殖。硬枝扦插于冬季落叶后或生长停滞后，剪一年生组织充实的枝条，沙藏越冬，翌春 2—3 月截成 15 cm 长的插条扦插。嫩枝扦插于 6—7 月进行，插后遮阴喷水，保持床土湿润，成活率较高。

3．栽植

选择在向阳、湿润、排水良好处栽植，华北地区应栽于背风向阳处。采用浅穴深埋栽植法，穴宜大而浅，施基肥后栽入，堆土成馒头形。栽后应重剪。

作棚架栽培的木香，初期缠绕能力弱，需牵引和绑扎于支架上，视棚架大小选留 3~4 个主蔓，并疏去基部侧枝，使主蔓向上长。休眠期剪去密枝、枯枝、徒长枝和萌蘖枝。花前、花后应施肥 1~2 次。攀附墙垣、假山生长时，应保留下部侧枝，使上下枝条丰满、缀花，防止下部枝条空裸，开花部位上移。

三、三角花（叶子花、毛宝巾、九重葛）

科名　紫茉莉科

1．形态与习性

三角花为常绿攀缘灌木，茎具刺，密布绒毛，叶互生，全缘，纸质，长卵圆形。花生于枝顶，位于三枚大而红的苞片内。

三角花原产于巴西，我国各地有引种。性喜温暖湿润，喜光不耐阴，不耐寒，在排水良好的沙壤土上生长良好。

2．繁殖

三角花以扦插繁殖为主。春季 1—3 月扦插应在温室内进行，6—8 月在苗圃内，用当年生或 1~2 年生枝条截成 15~20 cm 长、带 3~4 个芽的插条，用 20 μL/L 的吲哚丁酸溶液处理 24 h，扦插后经常喷水保湿，在 21~27℃ 气温下，一个月左右即可生根。压条也可获得少量大苗。

3．栽植

南方地栽，在阳光充足、距建筑物 1 m 处挖穴栽植，穴深 40 cm，宽 60 cm，施基肥后栽植，浇透水，适当遮阴，成活后立支架，让其攀缘而上，植株生长快，2 年即可满架。生长期追肥 2~3 次，追肥后及时浇水，三角花需水量多，如夏季供水不足，易引起落叶，花后需水量稍减。花后将密枝、枯枝及顶梢剪除，使多发壮枝开花。衰老植株可重剪更新。

长江流域及以北方地区多盆栽，修成圆球形，冬季入温室越冬。

三角花枝叶繁茂，花大美丽，广东一带常作坡地、棚架、绿廊、拱门、绿篱使用，是优良的垂直绿色植物。

四、常春藤

科名 五加科

1. 形态与习性

常春藤为常绿木质藤本，茎借气生根攀缘。叶互生、革质，长柄，营养枝上叶呈三角形或三裂，开花枝上叶卵状菱形，全缘。花期8—9月，花绿白色、芳香，翌年4—5月果实成熟，果实黄色或红色。

常春藤原产于我国，华东、华南、西南地区及甘肃、陕西等省均有栽培。常春藤性喜温暖、湿润，极耐阴，不耐寒，要求深厚、湿润和肥沃的土壤。

2. 繁殖

常春藤用播种、扦插、压条等方法繁殖均可。播种繁殖可秋播或春播，春播的种子要催芽处理，才能发芽迅速、整齐。扦插繁殖易于成活，春季或雨季均可，6—7月用嫩枝扦插，半月即可生根。用已能结果的枝条扦插，成活的苗木往往失去攀缘特性，因此应用营养枝扦插。压条繁殖于雨季进行，将半木质化枝条压入土中，并适当刻伤，易成活。

3. 栽植

在建筑物的阴面或半阴面栽植。春季带土球穴植，栽后对主蔓适当短截或摘心，使萌发大量侧枝，尽快爬满墙面。生长期对密生枝疏剪，保持均匀的覆盖度，并适当施肥和浇水，同时应控制枝条长度不使翻越屋檐，以免穿入屋瓦，造成掀瓦漏雨。

模块六　绿篱与绿雕塑类

　　绿篱和绿雕塑是园林组景的重要组成部分。为培养生长旺盛、整齐的绿篱和形体逼真的绿雕塑，需进行合理的水肥管理和经常的整形修剪。用于绿篱和绿雕塑的植物都很耐修剪，在合理地修剪下，篱体才紧密、美观，植物枝条的不断更新会消耗很多养料，故每年需施肥 2 ~ 3 次，分别于休眠期和 4 月中下旬、8月中下旬进行。观叶为主的应多施氮肥，花叶兼美的应增施磷钾肥。绿雕塑类为防止枝叶生长过快，破坏造型，应适当施肥。

一、绿篱修剪

　　绿篱的修剪形式有自然式修剪与整形式修剪两种，具体采用哪种方式，应根据栽植的目的、位置、植物种类及气候条件来确定。

1. 自然式修剪

　　绿墙、高篱和花篱多采用自然式修剪。为分隔小区和遮掩破旧角落、旧建筑物墙面、厕所及围墙时，在其前方或四周种植绿墙或高篱，以隔断视线，这类篱墙采用自然式修剪，适当控制高度，并疏剪病虫枝、干枯枝，任枝条生长，使枝叶相接紧密成片，提高阻隔效果。

　　机关、工厂和单位用来防范的构骨、构桔等刺篱和玫瑰、蔷薇、木香、栀子花等花篱，也以自然式修剪为主。花篱开花后略加修剪使继续开花。冬季修去枯枝、病虫枝。对萌发力强的树种，盛花后行重剪，新枝粗壮，篱体高大美观，如栀子花、蔷薇等。

2. 整形式修剪

　　多用于中篱和矮篱。这类绿篱主要用于草地、花坛镶边或组织人流走向起分隔作用。为了美观和丰富园景，多采用几何图案式的整形修剪。

（1）整形式绿篱的断面形状。其纵切面形状有梯形、矩形、圆顶形、圆柱形、杯形、球形等。各类横断面形状各具优缺点，如图6—1所示。

梯形　矩形　圆顶形 圆柱形 杯形　球形

图6—1　整形绿篱的横断面形状

1）梯形。篱体上窄下宽，下面和侧面接受阳光多，有利于基部枝条的生长和发育，枝条生长茂盛，不会产生枯枝和空秃现象。

2）矩形。造型比较简单，但显得呆板，在冬季多雪的地区易受雪压。

3）圆顶形。显得较生动，篱体顶部不易积雪，免受雪压变形。

4）圆柱形。要求选用中央主枝向上直立生长而基部侧枝萌芽力强的树种，起背景衬托或遮掩隐蔽作用，如绿篱墙和高篱，经适当修剪即成。

5）杯形。近似于倒梯形，造型美观别致，但终因上大下小，下部侧枝常因得不到充足的光照生长不良或枯死，造成基部枝条空秃，老干裸露，失去绿篱的整体美。

6）球形。美化效果理想，选萌芽力成枝力强的常绿树种，单行栽植，株间拉开一定的距离，一株为一球。

（2）整形式绿篱的修剪方法与时期。新植绿篱，如苗木较好，栽植的第一年，任其自由生长，以免因修剪过早影响根系生长。第二年开始，按照预定的高度进行截顶，凡是超过规定高度的老枝或嫩枝一律剪去。同一条绿篱应统一高度和宽度，两侧过长的枝条也应将枝梢剪去，使整条篱体平整、通直，并促使萌发大量的新枝，形成紧密的篱带。

较粗枝条的剪口应略倾斜，使雨水能尽快流失，避免剪口积水腐烂。同时直径 1 cm 以上的粗枝剪口应比篱面低 1～2 cm，掩盖于细枝叶之下，避免因绿篱刚修剪后粗剪口暴露影响美观。

绿篱修剪时期应根据不同的植物种类灵活掌握，常绿针叶树种应当在春末夏初进行第一次修剪。因为针叶树春季萌发较早，而夏季加高生长基本处于停顿状态，枝条进行加粗充实生长。立秋后，肥水条件好，秋梢开始抽发，此时进行第二次修剪。为了配合节日通常于五一和十一前修剪，至节日时，绿篱非常规则平整，观赏效果很好。而且修剪伤口在冬季前能够愈合。

大多数阔叶树种，年内新梢都能加长生长，随时都可修剪，以每年修剪 3～4 次为宜。花篱的修剪时期，由花芽着生的位置及开花期而定。一般花后修剪，以免结实，并可促进多开花。

绿篱每年一定要进行多次修剪，保持整齐，如长期不剪，则篱形紊乱，向上生长快，下部枝条空秃和缺枝。一旦出现空秃较难挽救。

二、绿雕塑类的修剪

1. 组字或图案式绿篱的整形和修剪

组字或图案式绿篱，采用矩形的整形方式，要求篱体边缘棱角分明，界限清楚，篱带宽窄一致，每年修剪的次数比一般镶边、防范的绿篱多，枝条的替换、更新时间应短，不能出现空秃，以保持文字和图案的清晰可辨。

用于组字或组图的植物，应较矮小，萌枝力强且耐强修剪，目前用爪子黄杨或雀舌黄杨为多。依字图的大小，采用单行或双行、多行式定植。

2. 绿篱拱门的制作与修剪

绿篱拱门设置在用绿篱围成的闭锁空间处，为了便于游人入内，常在绿篱的适当位置把绿篱断开，并制作一个绿色的拱门，与绿篱联结成一整体。游人可自由出入，同时具有较强的装饰效果。制作的方法是在断开的绿篱两侧各种一株枝条柔软的小乔木，两树之间保持1.5~2.0 cm的间距，然后将树梢向内弯曲并绑扎而成。也可用藤本植物制作，藤本植物离心生长旺盛，很快两株植物就能绑扎在一起，由于枝条柔软造型自然，又能把整个骨架遮挡起来。绿色拱门必须经常修剪，防止新枝横生下垂，影响游人通过。通过修剪，始终保持较窄的厚度，这样树木内膛通风透光好，不会产生空秃。

3. 造型植物的修剪

用各种侧枝茂密、枝条柔软、叶片细小且极耐修剪的植物，通过扭曲、盘扎、修剪等手段，将植物整形成亭台、牌楼、鸟兽等立体造型，以点缀和丰富园景。先培养主枝和大侧枝构成骨架，然后将细小的侧枝进行牵引和绑扎，使它们紧密抱合在一起，或者直接按照仿造的物体进行多年细致的修剪，形成各种雕塑形象。为了保持其形象的逼真，不能让枝条随意生长而破坏造型，因此每年必须要进行多次修剪，既要剪去扰乱和破坏造型的枝条，又要对植株表面进行短截，以促发大量的密集侧枝，覆盖在造型上，绝不允许发生缺棵和空秃现象。一旦空秃则挽救困难。

适宜用作绿雕塑的树种有桧柏、黄杨、六月雪、水蜡、榕树、侧柏、榆树、冬青、女贞等。绿雕塑示例如图6—2所示。

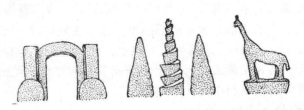

图6—2　各种造型的绿雕塑示例

三、常用的绿篱树种

1. 桧柏（圆柏、刺柏）

科名　柏科

（1）形态与习性。桧柏为高大乔木，树皮灰褐色，有浅纵条剥落或扭曲。具二型叶，老枝着鳞叶，互生，刺叶常 3 枚轮生，叶上表面微凹，有两条白色气孔线，雌雄异株，花期 4 月，球果次年成熟。

桧柏原产于我国，各地均有栽培。性喜光，极耐阴，对寒、热适应性强，对土壤适应性强，酸性、中性和碱性土壤均能生长。对氯气和氟化氢抗性较强，耐修剪，枝条细软易造型。

（2）繁殖。桧柏以播种繁殖为主，扦插、嫁接也可。种子有深休眠习性，秋季成熟的种子翌春播种发芽极少，故播前种子应层积催芽。秋季采回的种子于 12 月至翌年 1 月用温水浸种 1~2 h 后，与湿沙层积催芽，每半月翻一次，并保持沙子的湿度，3~4 个月后种子开始裂嘴即可播种，播后 20 余天即可发芽。幼苗生长缓慢，为防止立枯病，幼苗期应减少灌水和施肥，待苗木近木质化时再加强肥水管理，当年生苗高 10 cm 以上，翌春移植。3 年生苗高达 60 cm 以上，可出圃供绿篱使用。

扦插繁殖用硬枝或嫩枝做插条，扦插后罩塑料棚，上面遮阴，经常喷水，1~2 个月可生根。有的地方用长 30 cm 的大枝带泥团扦插，成活后能快速成苗。优良品种也可用侧柏作砧木进行嫁接育苗。

（3）栽植。在向阳处或建筑物北侧均可栽植，春季带土球栽植时要求土球不散，否则成活困难，做绿篱栽植时，可单行栽植，株距 30~40 cm，成活后注意浇水，任其生长，翌春于一定高度定干，将顶梢截去。每年于春季或节日前修剪 1~2 次，即可保持篱体的紧密与整齐。

2. 侧柏（扁柏、香柏）

科名　柏科

（1）形态与习性。侧柏为常绿乔木，树皮薄，红褐色，叶鳞片状，花期3—4月，果10—11月成熟。

侧柏在我国南北各地均有分布，黄河流域为适生地。耐干旱和湿润，耐严寒和暴热，喜光稍耐阴，对土壤要求不严，酸性、中性、碱性土壤均能生长，瘠地、山岩石道处也可生长，耐修剪。

（2）繁殖。播种繁殖。春播前将干藏的种子用30～40℃温水浸种12 h后催芽，每日淋清水一次，待种子有30%萌动时播种，约半月发芽，先针叶后鳞叶。出土后适当控制床土湿度，以促苗木老熟，增加抗立枯病能力。苗高5～6 cm时间苗和定苗，生长期施肥和浇水，及时中耕除草，促进苗木旺盛生长。1年生苗高达20～25 cm，留床1年，北方小苗应埋土越冬，2年生苗高达60～80 cm，第三年春移植，在40～50 cm处截干，促发侧枝，扩大冠丛，再培养1～2年，高达1.5～2 m时即可出圃。

（3）栽植。选择排水良好、无积水处栽植，低洼积水处极易烂根。春、秋季都可种植，北方寒冷地区以春季栽植为宜。2～3年生大苗应带土球，单行式或双行式栽植，株距40～50 cm。用沟植法或穴植法栽植时，均需拉绳子定位，保证绿篱通直。栽植后踏实穴土，及时浇水，成活后加强肥水养护，翌春统一高度将苗木顶梢截去1/3左右，侧壁剪平，促其大量萌发侧枝，充实篱体和填补空缺，以后逐年对绿篱顶面轻短截，使绿篱逐年上升和加宽，待达到规定高度后，每年通过修剪压低篱面，以维持在一定的高度内。侧柏内膛枝因光照不足，极易枯枝，为防止篱体出现空缺和秃裸，应每年修剪1～2次，一般为配合节日，在4月和9月中旬修剪，刺激其不断萌发新梢。侧柏可行植为绿篱，也可孤植或列植为园中的行道树。

（4）病虫害防治。侧柏易受红蜘蛛、侧柏毒蛾、双条衫天牛危害。病害主要有侧柏叶锈病等，需及时防治。

3. 大叶黄杨（正木）

科名　卫矛科

（1）形态与习性。大叶黄杨为常绿灌木或小乔木，小枝绿色，叶革质，倒卵形而有光泽，叶缘有钝齿，花期5月，果实10月成熟。

大叶黄杨原产于日本，我国各地均有栽植，以长江流域最多。性喜光，耐阴，喜温暖、湿润气候，稍耐寒，对土壤要求不严，抗污染力强，耐修剪。

（2）繁殖。大叶黄杨以扦插繁殖为主，播种、压条也可。春、夏、秋均可扦插，江南多雨季用嫩枝扦插，及时遮阴、保湿，约30天后生根，秋季苗高40～50 cm，翌春移植，株行距为30 cm×60 cm，并于30 cm处截梢，促发侧枝，侧枝长30 cm左右时短截促发次级侧枝，使植株上下枝叶密布。2～3年后即可出圃。

（3）栽植。春季裸根或带随根土栽植，栽后浇水，成活后适当施肥，每年对新枝至少修剪2次，分别在4月和9月，同时修去病、枯枝。大叶黄杨绿篱最好整成矩形或梯形，如上宽下窄，下部枝条易干枯，造成空秃影响美观。

大叶黄杨除植为绿篱外，尚可孤植、丛植，修剪成球形、多层式等艺术造型。其新叶娇嫩翠绿，十分美观，是优良的庭园观赏植物。

4. 女贞（冬青、白蜡树）

科名　木犀科

（1）形态与习性。女贞为常绿乔木或呈灌木状，叶革质，表面深绿色有光泽，背面淡绿色，卵状披针形全缘。顶生大型圆锥花序，花白色，花期6月，核果11—12月成熟，蓝黑色。

女贞原产于我国及日本，我国华东、华南、西南等地均有栽植。性喜光，稍耐阴，喜温暖、湿润气候，不耐寒，不耐干旱、贫瘠，在微酸、微碱性土上均能生长，抗污染能力强，耐修剪。

（2）繁殖。女贞用播种繁殖，秋季果实采回后，水泡数日，搓去果肉，净种即播，如翌春播，需湿藏越冬。播后保持湿润，发芽后及时间苗、除草、灌溉和施肥，当年秋季苗高 40 cm 左右。留床越冬，翌春移植，将苗干留 1/3 短截，使冠形丰满，2～3 年后即可出圃。

（3）栽植。春季裸根或带随根土栽植，株距 30～40 cm，成活后统一高度截顶，很快形成密集的篱带。每年于"五一"和"十一"前修剪 2 次。篱体衰老后，齐地面截干更新，重新养护修剪成新的绿篱带。

5. 珊瑚树（法国冬青）

科名　忍冬科

（1）形态与习性。珊瑚树为常绿灌木或乔木，枝条粗壮，幼枝叶柄呈红色，叶对生、革质，椭圆状披针形，顶生圆锥花序，花白色，6 月开放，果黑色。

珊瑚树在我国华东、华南、西南及台湾地区均有分布。喜温暖湿润气候，不耐寒，喜光，稍耐阴，要求在湿润、肥沃的土壤上生长，不耐盐碱，抗有毒气体能力强，耐修剪。

（2）繁殖。珊瑚树播种、扦插、压条和分株法繁殖均可。以扦插繁殖为主。硬枝、嫩枝扦插均易成活。嫩枝扦插应遮阴，20 天左右即可生根，成活率达 95% 以上。秋季 8—9 月扦插的当年生根，翌春移植，秋季苗高 1 m 左右，分枝多。压条繁殖可取得大苗，四季均可进行。

（3）栽植。春季或秋季栽植，大苗应带土球，小苗裸根沾泥浆，穴植或沟植，株距 30～40 cm，栽植后当株高达到要求后，应剪去顶梢使多发粗壮侧枝，主干下部萌蘖枝应保留，使整个篱带紧密枝繁。珊瑚树多做绿墙或高篱使用，不做过多修剪，但孤植、斜植时可修剪成各种形状，雅趣无穷。

模块七　地被植物

　　地被植物是指园林中栽植的低矮植物，用来覆盖地面，以形成立体的绿化景观，并起到不见地面的效果。地被植物高 40 cm左右，低矮而贴近地面，并易于蔓延或耐践踏。

一、高山桧（西伯利亚刺柏）

　　科名　柏科

1. 形态与习性

　　高山桧为匍匐灌木，小枝密集，入土生根，3 叶轮生，中间有一条白粉带。花期 6 月，果实翌年 8 月成熟。

　　高山桧产于我国东北一带，各地均有栽培。性喜光，喜湿润，耐干旱、瘠薄的土壤，抗病虫能力强。

2. 繁殖

　　高山桧用播种、扦插法繁殖。种子用湿沙储藏越冬，春播前种子要进行催芽处理。也可秋播。用低床条播，出土后及时间苗，若苗木过密则苗瘦弱，移植不易成活。

3. 栽植

　　春季带土球穴栽，管理简单，任其匍匐生长。

二、铺地蜈蚣

　　科名　蔷薇科

1. 形态与习性

　　铺地蜈蚣为落叶或半常绿匍匐灌木，高约 0.5 m，枝条水平开展，叶长 0.5 ~ 1.5 cm，表面亮，暗绿色。5—6 月开花，花小，粉红色或红色。果近球形，鲜红色，9—10 月成熟。

　　铺地蜈蚣原产于我国，陕西、甘肃、湖北、湖南、四川、贵州、云南等省均有栽培。性喜光，稍耐阴，喜空气湿润和半阴环境，耐寒，耐干旱、瘠薄的土壤。

2．繁殖

铺地蜈蚣用播种、扦插和压条法繁殖均可。种子随采随播，也可储藏至翌春播种。种子有双休眠习性，既具有坚硬的种皮，胚轴和子叶又需后熟过程，故播前需进行低温层积催芽，但种子发芽率不高。扦插繁殖春、夏季均可进行，夏季用嫩枝扦插成活率很高。

3．栽植

选择地势较高又较荫蔽的地点栽植，怕积水，雨季应注意排水，生长期追肥1~2次，一般不修剪，任其生长。干热天气易生红蜘蛛、介壳虫和白粉病，应注意防治。

铺地蜈蚣枝叶稠密，浓而发亮，秋季红果灼灼，是优良的地被植物，也可植于假山、园路之侧，或作盆景、盆栽材料。

三、红花酢浆草

科名　酢浆草科

1．形态与习性

红花酢浆草为多年生草本，具木质化根冠和块茎，复叶，小叶3枚，有感光性，白天展开，夜晚闭合。花玫红色。

红花酢浆草喜潮湿和荫蔽，要求疏松、肥沃的土壤。

2．繁殖

红花酢浆草用播种或分株法繁殖均可。播种于2—3月进行，覆土厚度为种子直径的2倍，约半月后发芽。播种苗2年开花。分株繁殖于春季进行。

3．栽植

红花酢浆草栽于树坛和林荫下，栽后及时浇水，生长期追肥1~2次。块茎冬季在土壤内越冬，翌春仍能萌发，隔数年分栽1次。

红花酢浆草植株低矮，花叶兼美，既可做地被植物，也可盆栽观赏。

模块八　古树名木的养护与复壮

一、古树名木在园林建设中的作用

在我国各地的庭园、乡村、寺庙中，有不少遗留下来的树龄在上百、上千年的古树名木。它记载着一个国家、一个民族的文化发展历史，是一个国家、一个民族、一个地区文明程度的标志，是活历史，也是进行科学研究的宝贵资料。它们对研究一个地区千百年来气象、水文、地质和植被的演变都有重要的参考价值。

古树名木在园林建设中有极其重要的价值，在组建高质量的园林景观方面，是一般树木所不可替代的。古树名木多存在于寺庙，是因为在寺庙建成之际，广植树木以纪念所致。还有部分古树名木散落在乡镇，由于管理不善或根本无人管理遭到破坏和死亡。为了保护祖国的文化遗产，管理现存的古树名木，国家已制定了古树名木的保护办法，大部分已被列为地方重点保护文物。但如何使它们生机盎然，更新复壮，是园林部门和全社会应当关心的课题。

二、古树名木的养护管理

古树名木比一般园林树木观赏价值高、寿命长，但树体长势弱，根生长力减退，死枝数目增多，伤口愈合速度减慢，抗逆性差，极易遭受不良因素的影响，甚至死亡，因此对它的管理工作要细致，为其创造良好的生长环境。

1. 保持生态环境

古树在某一地区的特定环境下，生活了千百年，适应了当地的生态环境，因此不要随便搬迁，也不应在古树周围修建房屋、挖土，架设电线，倾倒渣土、垃圾及污水等，因为这些人为活动都将改变原有的光照、水分、土壤理化性质，破坏原有的生态环境，势必影响古树的正常生长，甚至引起死亡。

2. 保持土壤的通透性

有些古树原本生长得很好，也未经移动，却逐渐衰亡，除地下水的变化外，很大一部分原因是土壤板结、透性差。风景胜地的古树名木，因游人多，土壤被严重践踏而板结，树木生长渐差、早衰，甚至死亡。因此，在生长季内进行多次中耕松土，冬季进行深翻，施有机肥料，改善土壤的结构及透气性，使根系和好气性微生物能够正常生长和活动。

为了防止人为破坏树皮，保持土壤的疏松透气性，在古树周围应设立栅栏隔离游人，避免践踏，同时在古树周围一定范围内，不得铺水泥路面。如必须铺设砖石，应在砖石下方填 20 cm 厚的腐殖质与沙层，以利渗水、透气和补充养分。

3. 加强肥水管理

古树长期生活在固定的地点，经树木多年选择吸收后，土壤中该树种所需要的某些元素必然显得亏缺，若不进行施肥补缺，势必影响树木的生长，致使早衰，因此必须根据树木的需要，及时进行施肥。施肥时期应扣紧树木的物候期，依肥料的种类而具体确定。由于古树年老，生长势弱，根系吸收能力差，如施大肥、浓肥，树木一时不适，易造成意外，故应淡肥勤施。

土壤积水对肉质根类的树木危害极大，对一般树木也影响甚大。在地势低洼或地下水位过高处，应开设盲沟排除积水，以保持土壤中适当的空气含量。当土壤干旱时，应及时补水，因为古树高大，从根至叶的距离增加，输导作用减慢，叶中水分亏缺加大，对有些树枝的水分供给大为降低，以致引起死亡。干旱会加剧这一过程。

4. 防治病虫害

古树因树势衰弱，抗逆境能力差，常易遭受病虫的侵害，如古松、古柏常有小蠹蛾类危害，南方则易遭受白蚁蛀食。因此，必须加强病虫害的防治，一旦发现病、虫情，要及时向上级汇报，组织防治。

5．补洞、治伤

衰老的古树加上人为的损伤、病菌的侵袭，使木质部腐烂蛀空，造成大小不等的树洞，对树木生长影响极大。除有特殊观赏价值的洞外，一般应及时填补。填补时，先刮去腐烂的木质，用硫酸铜或硫黄粉消毒，然后在空洞内壁涂水柏油（木焦油）防腐剂，为恢复和提高观赏价值，表面用1∶2的水泥黄沙加色彩粉面，按皮色皮纹装饰。如树洞过大，则要用钢筋水泥或填砌砖块填补树洞并加固，再涂以油灰和粉饰。

6．防治自然灾害

古树一般树身高大，雷雨时易遭雷击，因此，在较高大的古树上，要安装避雷针，以免雷电击伤树木。树干空朽，树冠生长不均衡，有偏重现象的树木，易被风倒或风折，应在树干一定部位支撑三脚架加以保护。要定期检查树木生长情况，及时截去枯枝，保持树冠完整。

三、古树名木的复壮

由于受人为或自然因素影响，一些古树生长衰弱，为恢复其树势，北京对数百年生衰弱古树进行土、肥、水"三步一体"的复壮措施，取得明显效果。其主要方法是在树木周围挖环形放射沟，在树冠投影圈的 2/3 处以外挖一条断续的环形沟，沟宽 60～70 cm，深 80～100 cm，由环形沟向树干挖数条放射状沟，与环形沟相连，并将暴露的根系短剪，剪口要求平滑。然后分四层将沟填平：第一层先填入腐叶土 15～20 cm，第二层填入一些树枝和土壤 40～50 cm，第三层再填入腐叶土 15～20 cm，并灌些稀薄腐熟的人粪尿，第四层回填土壤至满，最后灌水。此法能改善树木根区的通气条件，利于根系切伤部位发出细小的吸收根群。在有条件的地区，于古树群周围挖地井，井内装一半以上的腐叶土，上盖空心铁栅，并与环形沟相连，使之成为古树根系透气的"窗口"，这样效果更佳。

可利用树木衰老期向心更新的特点进行更新，对萌芽力和成枝力强的树种，将树冠外围衰老枝条回缩，修剪后加强肥水管理，勤施淡肥，促发新枝。

可采用桥接法使恢复生机，在需桥接的古树周围，均匀种植2～3株同种幼树，于古树一定高度切开树皮，将削成楔形的幼树枝插入古树皮内，用绳扎紧，愈合后由于幼树根系的吸收作用强，在一定程度上改善了古树体内的水分和营养状况，对恢复古树的长势有一定的作用。此外，深翻、换土、铺透气砖、灌水等措施，也能取得强壮树势的作用。

四、枯树的处理

已经枯死但根深不易倒伏的古树桩，如桧柏、银杏等，可适当整形修饰后以观姿态，或在旁植藤，使之缠绕或吸附其上，组成有一定观赏价值的桩景，以丰富景观。

总之，对古树的养护管理及更新复壮技术，目前尚无成熟的经验。古树的移植，虽在一些地区取得可喜的成绩，但因移植时间不长，新植古树对改变后的立地环境条件适应能力如何，今后的长势怎样，尚难下最后定论，还需继续观察研究。

复 习 题

1. 何谓行道树？行道树栽植有何要求？
2. 常见的行道树有哪些？
3. 何谓庭荫树？常见的有哪些？
4. 举例谈谈当地庭荫树是如何栽植和养护的。
5. 悬铃木如何繁殖和养护？
6. 雪松如何繁殖和栽植？
7. 何谓花灌木？当地有哪些？

8. 举例谈谈当地花灌木的栽植和养护方法。
9. 园艺藤木类包括哪些？
10. 谈谈绿篱和绿雕塑的整形和修剪。
11. 常见的地被植物有哪些？如何繁殖？
12. 怎样进行古树名木的复壮？

第七单元　草坪的建植与养护

模块一　常见草坪草的种类及形态特征

一、草坪草的分类方法

草坪草是构成草坪植被的草本植物，是建植草坪的基本材料。草坪草大多数是质地纤细、植株低矮的禾本科草类，且多集中于早熟禾、黑麦草、羊茅、狗牙根、结缕草、剪股颖等几个属。此外，也有部分符合草坪草特性的非禾本科植物，如旋花科、莎草科、豆科等部分植物。草坪草能够形成草皮或草坪，耐修剪、耐践踏，繁殖力强、覆盖力强、适应性强。

草坪草的种类资源极其丰富，现已利用的草坪草有 1 500 多个品种。为了使用上的方便，根据草坪与人类生活广泛而密切的联系，以及草坪草极其丰富的表现形式和特性，从不同角度对其进行了分类。

1. 按气候与地域分布分类

（1）暖季型草坪草。暖季型草坪草主要分布于热带和亚热带地区，在我国即为长江流域及以南较低海拔的地区。在黄河流域，冬季不出现极端低温的地区，也可种植暖季型草坪草中的个别品种，如狗牙根、结缕草等。暖季型草坪草生长的最适宜温度为 26～32℃，当温度在 10℃ 以下时则进入休眠状态，适宜于温暖湿润或温暖半干旱的气候条件，年生长期为 240 天左右，耐低修剪，有较深的根系，抗旱、耐热、耐践踏。

暖季型草坪草中仅有少数品种可以获得种子，因此主要以营养繁殖方式进行草坪的建植。此外，暖季型草坪草均具有很强的长势和竞争力，群落一旦形成，其他草很难侵入。因此，暖季型草坪草多为单一品种的草坪，混合型草坪较为少见。

（2）冷季型草坪草。冷季型草坪草主要分布于亚热带和温带地区，在我国即为长江流域以北地区。在长江以南，由于夏季气温较高，且高温和高湿同期，冷季型草坪草容易感染病害，必须采取特别的管理措施，否则易衰老和死亡。其最适宜生长的温度为 15 ~ 25℃。冷季型草坪草耐高温能力差，但某些冷季型草，如高羊茅、匍匐剪股颖和草地早熟禾可在过渡带或热带与亚热带地区的高海拔地区生长。早熟禾和剪股颖能耐受较低的温度，高羊茅和多年生黑麦草能较好地适应非极端的低温。

2. 按植物种类分类

（1）禾本科草坪草。禾本科草坪草分属于羊茅亚科、黍亚科和画眉亚科，是草坪草的主体，有 600 多属，1 万余种，能用于草坪、耐践踏、耐修剪，能形成密生草群的约有千种之多。

1）羊茅亚科。为冷季型禾草，绝大多数分布于温带和副热带地区，亚热带地区偶有分布，花序有 1 ~ 12 个小穗，脱节于颖片之上，小花脱落后两个小花之间的颖片仍附着在株体上。圆锥花序，偶有总状花序和穗状花序。花的苞片纵生而折叠，花序侧向压缩。

2）黍亚科。为暖季型禾草，大多数生长在热带和亚热带地区，典型的单花小穗，小花脱落时，脱节发生在颖片之下，整个小穗（除颖片）脱落。一般为圆锥花序，偶见小穗近轴压缩的总状花序。

3）画眉草亚科。为暖季型禾草，主要分布于热带、亚热带和暖温带地区，有些种完全适应这些气候带的半干旱地区。大多数的小穗类似羊茅亚科，而染色体数量、大小和大部分的胚、根、茎和叶的特征与黍亚科相近。

（2）非禾本科草坪草。非禾本科草坪草是指禾本科以外具有发达匍匐茎、耐践踏、易形成草坪的草类。如莎草科苔草属的异穗苔草和卵穗苔草、豆科的白三叶、旋花科的马蹄金、百合科的沿阶草等。

二、草坪草的形态特征

禾本科草本植物是草坪草的主体。此处着重介绍禾本科草坪草形态特点。

1. 根

禾本科草坪草的根系属须根系，无主根。根系在土壤中的分布广，生长速度通常大于地上部的茎和叶，尤其是水平分布更广。生产实践中首先要进行良好的土壤耕作，改善根系的生活环境，另外要进行合理密植，使单位面积和单位空间上的植株分布更加合理。

2. 茎

禾本科草坪草的茎通常有两种类型，一种是与地面垂直生长的叫直立茎，另一种是水平方向生长的叫横走茎。

直立茎是狭长的筒状或管状，有明显的节和节间，节间常中空，节是叶片和腋芽的着生点，由秆节和鞘节两个环组成，分蘖是禾本科植物的特殊分枝方式，紫羊茅和硬羊茅是密丛型禾草，高羊茅和多年生黑麦草为疏丛型禾草。

横走茎有两类，一类是位于土壤表面的，称为匍匐茎；另一类是位于土壤表面之下的，称为根状茎。匍匐茎和根状茎具有明显的节和节间，节的部位既能产生新枝条又能产生不定根，所以能利用匍匐茎或根状茎作为无性繁殖材料进行建坪。

多年生禾草地上直立茎，尤其是生殖枝，通常当年死亡，第二年由其基部的越冬腋芽再长出新枝，而地面匍匐茎的寿命则依生存条件不同，老茎当年死亡或越冬后繁殖出新枝后再死亡。而春夏形成的枝条一般不能开花结实，越冬后多数死亡。草坪禾草经常进行修剪，由于地上部直立茎被剪掉，减少了开花结实对养分的消耗，使营养物质向新萌发的枝条转移，因而加速分蘖生长，最终形成致密的草坪。

3. 叶

叶片呈扁平、对折、内卷等形状，多数叶形为小型、细长、直立、细而密生。叶舌和叶耳的有无、形状可以作为鉴别禾本科植物的依据之一。

叶片的宽窄直接影响草坪质量、审美感觉及观赏效果，一般叶片越窄越细，其观赏价值就越高。禾草叶的宽窄分级为：窄形的为 1~2 mm，如紫羊茅、羊茅、细叶结缕草等；中形的为 2~3 mm，如野牛草、草地早熟禾、匍匐剪股颖等；宽形的为 3~4 mm，如结缕草、假俭草、高羊茅等。叶片的色泽也与草坪的质量及观赏价值有关。其色泽有浅绿、黄绿、蓝绿、灰绿、深绿、浓绿等，从观赏价值而论，一般深绿和浓绿的观赏效果最好。

4. 花

禾本科植物的花序通常分三种，即总状花序、穗状花序和圆锥花序。

除禾本科草坪草外，某些非禾本科草类也具有发达的匍匐茎、耐践踏、色美、易形成草皮等特性，如豆科的白三叶、红三叶等，旋花科的马蹄金，莎草科的细叶苔草、白颖苔草，百合科的麦冬等。

三、暖季型草坪草

暖季型草坪草利用光能的能力比较强，因而生命力较强。它们主要应用于我国长江流域及以南的广大地区。常见的暖季型草坪草有狗牙根、结缕草、地毯草、野牛草、假俭草等。

1. 狗牙根属

狗牙根又名百慕大、绊根草、爬根草等。

（1）形态特征。狗牙根具根状茎或匍匐茎，节间长短不等。茎秆平卧部分长达 1 m，并于节上生根及产生分枝。叶舌短小，具小纤毛。叶片条形，宽 1~3 mm。穗状花序 3~6 枚，指状排列于茎顶；小穗排列于穗轴的一侧，含一朵小花；颖近等长，一脉成脊，短于外稃，外稃具有子脉（见图7—1）。

（2）生态习性。狗牙根喜光，稍耐阴，能经受住初霜。夏日不耐干旱，在烈日下有时部分叶片枯黄。春秋得雨生长茂盛，常侵入其他草坪中生长。

（3）应用范围。狗牙根是我国栽培应用最广泛的一种优良草坪草种，在华北和长江中下游地区广泛用于草坪及运动场地。

（4）常见品种。狗牙根常见品种有天堂草、塞特、百慕大、OKS91—11、佳宝等。

图7—1　狗牙根

2. 结缕草属

禾本科植物，共计50多种，其中日本结缕草、细叶结缕草和沟叶结缕草3个种常用于草坪。

（1）日本结缕草。日本结缕草又名老虎皮草、地铺拉草、崂山草、锥子草、阔叶结缕草、延地青等。

1）形态特征。日本结缕草茎叶密集，株体低矮。属深根性植物，须根一般深达30 cm以上。具有坚韧的地下根状茎及地上匍匐枝，于茎节上产生不定根。植株直立，茎高12～15 cm。幼叶呈卷包形，成熟的叶片革质，上面常具柔毛，长3 cm，宽2～3 mm，具一定的韧度，呈狭披针形，先端锐尖。叶片光滑，叶舌不明显，表面具白色柔毛。总状花序，长2～4 cm，宽3～5 mm。小穗卵圆形，由绿转变为紫褐色。种子成熟后易脱落，外层附有蜡质保护物，不易发芽，播种前需对种子进行处理以提高发芽率（见图7—2）。

2）生态习性。日本结缕草适应性强，喜光，抗旱，耐高温，耐瘠薄。喜深厚肥沃、排水良好的沙质土壤，在微碱性土壤中也能正常生长。

3）应用范围。日本结缕草贴地而生，植株低矮，且又坚韧耐磨、耐践踏，具有良好的弹性，因而在体育运动场地和园林广为使用，是较理想的运动场草坪草和较好的固土护坡植物。

（2）细叶结缕草。细叶结缕草又名台湾草、天鹅绒草、朝鲜茎草、高丽芝草。

1）形态特征。细叶结缕草具细而密集的根茎和节间很短的匍匐枝，直立茎基部膝曲，高5~7 cm。叶丝状内卷，叶面疏生柔毛。

线形或针状叶纤细、柔软、密集、翠绿，能形成天鹅绒似的草毯，因而美称天鹅绒草。穗状花序直立，长1~2 cm，小穗密集、披针形、柄极短，内具1花，外颖退化。内颖与小穗等长，革质，具5脉，外稃与内颖近等长，近革质，边缘膜质，具一脉。颖果细小卵形（见图7—3）。

图7—2　日本结缕草　　　　　图7—3　细叶结缕草

2）生态习性。细叶结缕草喜光、不耐阴，阳光充足时叶密色浓，节短叶窄，可形成地毯状草坪。光照不足时，叶稀而宽，枝少草层薄。

细叶结缕草喜生于雨量充沛、空气湿润的环境，以年降雨量 800 mm 以上的地区最为适宜。细叶结缕草植株低矮、根系发达，干旱时能吸收深层土壤水分，其叶卷缩成针状并进入休眠状态，有良好的抗旱能力。一旦水分充足，便能迅速恢复生机。

3）应用范围。细叶结缕草可广泛用于各类运动场草坪、游憩草坪、观赏草坪、花坛草坪和水土保持草坪。

（3）沟叶结缕草。又名马尼拉草、马拉巴结缕草。

1）形态特征。沟叶结缕草具粗壮坚韧的横走茎和匍匐茎。直立径细弱，高 10～15 cm，基部多分枝。叶片长 3～4 cm，宽 1.5～2 mm，扁平或内卷，叶质硬。总状花序线形，长 3 cm，小穗长卵状披针形，黄褐色或紫色。外稃膜质，具一脉，颖果卵形，细小。

2）生态习性。沟叶结缕草喜光，不耐阴，在阳光充足环境下分枝多，叶窄而密，可形成良好的地毯状草坪。光照不足时分枝少，叶稀而宽，草层生长不均匀。

耐热不耐寒，气温低于 10℃ 时受抑制，低于 -5℃ 时一般不能越冬，36℃ 以上高温能正常生长。喜生于降水量 800～1 000 mm 的地域。

3）应用范围。沟叶结缕草适应性广、抗性强、草姿优美、色泽翠绿，是建设高质量草坪的优良草种，可用于建设高尔夫球场草坪，足球、网球等运动场草坪，各种观赏草坪，园林游憩草坪，水土保持草坪等。

3. 蜈蚣草属

禾本科多年生植物，含 10 个种，仅假俭草可用于草坪，主要分布于热带和亚热带地区。

假俭草又名苏州草（上海）、蜈蚣草、铺地拉草。

（1）形态特征。假俭草株高 10～15 cm，秆自基部直立，具爬地生长的匍匐茎。叶片线形，长 2～5 cm，宽 1.5～3 mm，尖稍钝，常基生，黄绿至蓝绿色。生于花茎上的叶多退化，顶部常退化为一小尖头，头生于叶鞘上。秋冬抽穗开花，总状花穗绿色，微带紫，直立或稍弯曲，扁平而纤细，单生于枝顶。花穗较其他草多，花期一片棕黄色，十分壮观，种子入冬前成熟。

（2）生态习性。假俭草喜湿润，耐干旱，适生于年降雨量800 mm 以上的地带。喜温，耐热，较耐寒。喜光，较耐阴，光照充足时生长旺盛，光照10 000 lx 时也能正常生长。具有很强的抗二氧化硫和吸附灰尘的能力。

（3）应用范围。假俭草叶片肥壮，质地坚韧，生长迅速，再生能力强，耐践踏，耐修剪。可用于建植各类运动场草坪、园林游憩草坪、观赏草坪、飞机场草坪、水土保持草坪、厂矿抗二氧化硫和灰尘污染草坪等。

4. 地毯草属

地毯草属为禾本科多年生草本，含 10 个种，目前仅有地毯草和近缘地毯草两个种可用作草坪。下面主要介绍地毯草。

（1）形态特征。地毯草为多年生禾本科植物，具匍匐茎，茎秆扁平，节上密生灰白色柔毛，高 8～30 cm。叶片柔软，翠绿色，短而钝，长 4～6 cm，宽 8 mm 左右。穗状花序，长 4～6 cm，较纤细，2～3 枚近指状排列于秆顶端。小穗长 2～2.5 mm，排列于三角形穗轴的一侧（见图7—4）。

（2）生态习性。地毯草喜光，较耐阴，光照越足，生长越旺，但又有较强的耐阴性，在海南岛，地毯草可在椰林下正常生长。对土壤要求不严，喜肥沃湿润的沙壤土。

（3）应用范围。地毯草是我国华南地区的主要暖季型草种之一。可用于建

图7—4 地毯草

设运动场草坪、园林专用草坪和游憩草坪、飞机场草坪、水土保持草坪、高速公路草坪。

四、冷季型草坪草

冷季型草坪草的最适生长温度为 15～25℃，可以忍受－15℃的极限低温和 35℃的极端高温，因此，适宜我国长江以北的广大地区种植。在长江以南，由于夏季气温较高，且高温与高湿同期，冷季型草坪草容易感染病害，所以必须采取特别的管理措施，否则易于衰老和死亡。

草地早熟禾、多年生黑麦草、高羊茅、剪股颖和细羊茅都是我国北方地区最适宜的冷季型草坪草。早熟禾和剪股颖能耐较低的温度，高羊茅和多年生黑麦草能较好地适应非极端的低温。冷季型草坪草耐高温能力差，但某些冷季型草，如高羊茅、匍匐剪股颖和草地早熟禾可在过渡带和热带与亚热带地区的高海拔地区生长。

1. 早熟禾属

早熟禾属植物约有 300 种，在我国有 100 种以上，应用冷季型草坪草主要有 4 种，即草地早熟禾、加拿大早熟禾、粗茎早熟禾和一年生早熟禾。早熟禾区分的最大特征为船形的叶尖和位于叶片中心叶脉两侧平行的绿色线。

（1）草地早熟禾。又名蓝草、肯塔基早熟禾、草原早熟禾、六月禾等。

1）形态特征。草地早熟禾具细根状茎，秆丛生，光滑，高50～80 cm。叶舌膜质，长 1～2 mm；叶片条形、柔软，宽2～4 mm，密生于基部。圆锥花序开展，长 13～20 cm，分枝下部裸露小穗长 4～6 mm，含 3～5 朵小花。

2）生态习性。草地早熟禾性喜温暖湿润，适于北方种植。喜光，耐阴，适于树下生长。耐寒性强，抗旱力较差，夏季炎热时节生长停滞，秋凉后生长繁茂，直至晚秋。在排水良好、土质肥沃的湿地中生长良好。

（2）加拿大早熟禾。又名扁秆早熟禾、扁茎早熟禾等。

1）形态特征。茎秆扁圆，呈半匍匐状，有时斜生。须根发达，茎节很短，基部叶片密集短小，叶色蓝绿，幼叶边缘内卷，成熟叶扁平。圆锥花序窄小，5月下旬抽穗开花，7月下旬种子成熟，结实较多。

2）分布范围。我国长江流域以北各地均已引种栽培。

3）生态习性。加拿大早熟禾具有能在干旱地区和瘠薄的土壤上生长的优点。具有一定的耐阴性，略忌炎热气候，在我国长江以南地区夏季高温季节生长欠佳。在江南地区基本保持四季常绿。

4）应用范围。加拿大早熟禾具有草层低矮密集、绿色期长、竞争力强等优点，主要用于开阔地草坪和赛马场草坪。

（3）粗茎早熟禾。

1）形态特征。粗茎早熟禾具有发达的匍匐茎，地上茎茎秆光滑、丛生，具2~3节，自然生长可高达30~60 cm。叶鞘疏松包茎，具纵条纹。幼叶呈折叠形，成熟的叶片为"V"形或扁平，柔软，宽2~4 mm，密生于基部。叶片的两面都很光滑，在中脉的两旁有两条明线，叶尖呈明显的船形。

2）分布范围。我国北方地区有栽培。

3）生态习性。粗茎早熟禾耐阴性好，喜温暖、湿润的环境，同时具有很强的耐寒能力，抗旱性差，在阳光充足的夏季很快就会变成褐色，春秋季节生长繁茂。在潮湿、肥沃的土壤中生长良好。根茎繁殖力强，再生性好，较耐践踏。

4）应用范围。粗茎早熟禾质地细软，颜色光亮鲜绿，绿期长，具有较好的耐践踏性，广泛用于家庭、公园、医院、学校等公共绿地观赏性草坪以及高尔夫球场、运动场草坪，还可应用于堤坝护坡等设施草坪。

2. 羊茅属

禾本科多年生植物。羊茅属植物约有100个种，广泛分布于温带和寒带地区，我国有 23 种，其中高羊茅、紫羊茅、匍匐紫羊茅、硬羊茅、羊茅、草地羊茅 6 个种可作为草坪草。

（1）高羊茅。

1）形态特征。高羊茅为多年生草本植物，须根发达。直立丛生，高可达 40 ~ 70 cm，基部红色或紫色。幼叶呈卷包形，成熟的叶片扁平，长可达 12 cm，宽 5 ~ 10 mm，坚硬。近轴面有脊，远轴表面平滑，呈龙骨形，叶片略带光泽。叶舌膜质，长 0.4 ~ 1.2 mm，截形，叶耳短、钝，有柔绒毛。圆锥花序，狭窄，稍下垂，小穗淡绿色，先端带紫色，含 3 ~ 6 朵小花（见图 7—5）。

图 7—5　高羊茅

2）分布范围。我国长江流域以北及西南各地有分布。

3）生态习性。高羊茅适应性强，抗旱，耐涝，耐酸，耐瘠薄，但抗寒性较差，在寒冷潮湿气候带的较冷地区易受低温伤害。在夏季炎热高温的情况下生长不良，会出现休眠现象。春秋两季生长很快，为保持草坪的外观一致性，在此期间要进行经常性的修剪。

4）应用范围。高羊茅由于寿命长、色泽鲜亮、青绿期长以及耐践踏等优点，被广泛应用于机场、运动场、庭园、公园等，是一种优良的观赏性草坪草，同时也是一种优良的设施草坪草。

（2）紫羊茅。又名红狐茅。

1）形态特征。紫羊茅为多年生草本植物，须根发达，具有短匍匐茎，秆基部斜生或膝曲，丛生，分枝较紧，高 40 ~ 70 cm，基部红色或紫色。叶鞘基部红棕色并破碎呈纤维状，分蘖的叶鞘闭合。幼叶呈折叠形，成熟的叶片线形，宽 1.5 ~ 3 mm，光滑柔软，对折内卷；在近轴的表面有深脊，远轴面边缘平滑。叶舌膜质,长 0.5 mm,截形,无叶耳,叶托无毛。圆锥花序,狭窄,稍下垂,小穗淡绿色,先端带紫色,含 3~6 朵小花。

2)分布范围。我国东北、华北、西北、西南、华中地区均有野生。常见于山坡、草地及湿地。

3)生态习性。紫羊茅适应性强,抗寒、抗旱、耐酸、耐瘠薄,最适于在温暖湿润气候和海拔较高的地区生长。在 −30℃ 低温下能安全越冬。在乔木下半阴处能正常生长。在 pH6.0~6.5 的弱酸性土壤上生长良好。在富含有机质的沙质黏土和干燥的沼泽地生长最好。在炎热夏季高温的情况下生长不良,出现休眠现象,春秋生长最快。耐湿性较高羊茅差。

4)应用范围。紫羊茅是全世界应用最广的一种主体草坪植物。由于寿命长、色美、青绿期长、耐践踏、耐阴等,被广泛应用于机场、运动场、庭园、花坛、林下等绿化建坪,是优良观赏性草坪草。

(3)羊茅。

1)形态特征。羊茅为多年生草本植物,具生长良好的须根,密丛型,不具根状茎。

2)生态习性。羊茅对气候的适应范围较广,特别在高海拔地区生长良好。耐寒力较强,在 −30℃ 低温下仍能安全越冬。耐旱力、耐热力都很强。在排水良好的沙质土壤中生长良好。喜阳光,耐阴能力差,抗践踏能力也较差。不耐盐碱,耐低修剪,剪至 2~3 cm 时,再生能力仍然良好。

3)应用范围。羊茅在园林中可用作花坛、花境的镶边植物以及作为布置岩石园的绿化材料,也可直接在路边、道旁干燥处和高尔夫球场障碍区等栽培。

3. 黑麦草属

禾本科黑麦草属,约 10 个种,分布于欧亚大陆高温带地区,用于草坪草的有多年生黑麦草和多花黑麦草。

（1）多年生黑麦草。又名黑麦草、宿根黑麦草。

1）形态特征。具短根状茎，茎直立，丛生，高 70 ~ 100 cm。叶片窄长，富弹性，呈绿色，具光泽。叶脉明显，幼叶折叠于芽中。穗状花序，稍弯曲。小穗扁平无柄，含花 3 ~ 10 朵，互生于主轴两侧。种子扁平，呈土黄色，长 4 ~ 6 mm，夏季开花结实。

2）分布范围。多年生黑麦草在我国南北各地广泛引种栽培。

3）生态习性。多年生黑麦草喜温暖湿润气候，耐寒，-10℃时，能保持良好的绿色，抗霜不耐热，春秋季生长较快，冬季生长缓慢，在北方地区入冬后生长停滞，盛夏进入休眠状态。该草为长日照植物，喜光不耐阴，生长周期一般为 4 ~ 6 年，较耐践踏和修剪，再生性好。

4）应用范围。多年生黑麦草冬季绿色好，分蘖力强，早春生长比一般草坪植物早。多用于与其他草坪草种混合铺建高尔夫球场及其他草坪。该草能抗有害气体，可用作厂矿建设环保草坪。

（2）多花黑麦草。又名意大利黑麦草、一年生黑麦草。

1）形态特征。多花黑麦草茎丛生，生长快，分蘖力强。秆高 50 ~ 70 cm，叶片宽 3 ~ 5 mm，叶色浓绿，窄细，扁穗状花序，小穗以背面对向穗轴，含 10 ~ 15 朵小花，第一颖退化，外稃质地较薄，顶端膜质，有长 5 mm 的芒。

2）生态习性。多花黑麦草多为 2 年生，生长快，但生长期短，分蘖力强，再生性能好。能抗寒，但易受霜害，适于长江流域种植，喜壤土及沙壤土，也适于黏质土壤，但以肥沃、湿润而深厚的土壤生长最好。

3）应用范围。多花黑麦草可用于密丛型草坪。叶窄细，色浓绿，叶背光滑而有光泽，质地柔软，被覆地面良好，杂草不易侵入。

4. 剪股颖属

禾本科，约200种，广布于全世界，主产地为北温带，主要分布于温带和副热带气候地区及热带和亚热带的高海拔地区。我国有26种，分布甚广。

（1）匍茎剪股颖。又叫匍匐剪股颖、本特草。

1）形态特征。匍茎剪股颖为多年生草本植物。秆茎偃卧地面，茎高15～40 cm，有3～6节匍匐枝，每节着地生根，须根多而弱。叶片扁平线形，尖端渐尖并有小刺毛，长5.5～8.5 cm，宽3～5 mm。圆锥花序卵状长圆形，长11～20 cm，绿紫色，每节具3～5个节枝，小穗长卵形，长2～2.2 mm，6—8月开花、结果。颖果卵形、细小光滑（见图7—6）。

图7—6 匍茎剪股颖

2）生态习性。匍茎剪股颖耐寒、耐热，喜温暖湿润气候。该草为中湿生植物，适于在地下水位较高的潮湿地方生长，在水分充足的岸边、沟边湿地、间歇性积水地等地方长势最好，最适宜在年降水量600～800 mm的地带生长。

3）应用范围。匍茎剪股颖分布广、种源充足、适应性强、绿色期长、抗寒耐热，常用于建植观赏草坪、靶场草坪、橄榄球场草坪、曲棍球场草坪和湿地草坪。与结缕草、假俭草、狗牙根等混播建植高尔夫球场草坪、高速公路草坪。

（2）细弱剪股颖。

1）形态特征。细弱剪股颖为多年生草本植物。直立部分20～50 cm，叶鞘无毛，稍带紫色。叶舌膜质，长2.5～3.5 mm，有锯齿或完整至圆形、斜圆形，背面微粗糙。叶片扁平线形，先端尖，具小刺毛，长5.5～8.5 cm，宽2～3 mm。圆锥花序卵状长圆形，绿紫色，老后呈紫铜色，每节具5个分枝，小穗长2~2.2mm，两颖等长，前端长。颖果黄褐色。

2）生态习性。细弱剪股颖质地良好，<u>丛生</u>。喜冷凉湿润气候，耐寒、耐瘠薄、耐低修剪，耐阴性也较好，但耐热性稍差。由于茎枝上的节根入土较浅，因而耐旱性也稍差。该草耐践踏能力很强，仅次于结缕草和匍匐剪股颖。细弱剪股颖适于温带海洋性气候，在排水良好、肥力中等的沙质酸性或微酸性土壤中生长良好。

3）应用范围。细弱剪股颖由于生长快，故可用作应急绿化的材料，在高尔夫球场的果领区常选择它的优良品种作草坪的建植材料。

（3）绒毛剪股颖。

1）形态特征。绒毛剪股颖为多年生草本植物。匍匐茎细弱柔软，节间短，株高10~15cm。幼叶旋卷，长0.4~0.8cm，呈尖状。叶片细线形、扁平，长5~7cm，宽1mm，在近轴面具有细长的脊。表面光滑，边缘具鳞片。圆锥花序松散，略具红色。种子紫褐色、细小，披针状卵形。

2）生态习性。绒毛剪股颖抗旱性非常强，与其他剪股颖比较，既耐热又耐冷。它需要特别好的土壤肥力，而且在排水不良的土壤中也能正常生长。适宜在pH值5.0~6.5的沙质壤土中生长。喜温暖湿润的海洋性气候。在特别强修剪的条件下，草坪质地变得特别精细，其名称就是由此而来。

3）应用范围。绒毛剪股颖可用来建设精细、漂亮的草坪。常用于建设高尔夫球场和其他高档运动场草坪、观赏草坪、庭院特种精细草坪。

五、几种非禾本科草坪草

1. 马蹄金

马蹄金又名黄胆草、金钱草，为旋花科马蹄金属。

（1）形态特征。马蹄金茎细长，匍匐地面，长达30cm，茎

上被灰色柔毛，每节着生须根。叶
互生，圆形或肾形，长 5 ~ 10 mm，
宽 8 ~ 15 mm，顶端钝圆或微凹，基
部深凹呈心形，全缘，叶柄长 1 ~
2 cm。花期 5—6 月，单生叶腋，黄
色，形小，花梗细长，短于叶柄。
花冠钟状，5 深裂，萼片 5 枚，倒卵
形，长约 2 mm。蒴果近球形，种子
1 ~ 2 颗，外被茸毛（见图 7—7）。

图 7—7　马蹄金

（2）分布范围。马蹄金在我国主要分布于浙江、江西、福
建、台湾、湖南、广东、广西、云南等省区。

（3）生态习性。马蹄金喜温暖湿润气候，最适生长温度为
15 ~ 30℃，能耐 – 10℃ 低温，36℃ 以上生长缓慢。

马蹄金为喜光植物，能耐一定庇阴，在半阴下虽叶色淡绿，
但仍能正常生长。其耐旱力和抗热性较强，能耐轻度践踏，轻度
践踏后叶细而密，更具观赏效果。

（4）应用范围。马蹄金叶形奇特，草色嫩绿，四季常青，
叶小而整体覆盖密度大，喜光又耐半阴，对环境适应性强，是南
方优良的观赏草坪草种。

2.　白三叶

白三叶又名白车轴草、荷兰翘摇。豆科车轴草属。

（1）形态特征。白三叶为多年生草本植物。主根及侧根上
着生大量根瘤。茎实心、光滑、细长，匍匐生长。节间长
1 ~ 2 cm，茎节着地生根，分离后可形成新的植株，有良好的水
土保持作用。分枝力强，分枝由根茎和叶腋处产生，不断向四周
扩展，侵占性强。以根茎芽和叶芽越冬。三出复叶、互生，叶柄
细而长，一般 20 cm 左右。小叶翠绿，倒卵形或倒心脏形，叶面
中央有 "U" 形白斑，叶量多而整齐，叶缘呈锯齿状。托叶细
小、膜质，包生于茎上，叶柄及叶片形成整齐的草层。头状总状

花序，着生于花梗顶端，花梗多长于叶柄，花序居于叶层之上。花小而多，一般每个花序有小花 10～80 朵，白色或略带粉红色，密集成球形，花开后花序下垂。花期长，种植当年花期可延至严霜，花期长达 150 天左右。

（2）生态习性。白三叶喜温暖湿润气候，生长最适温度为 19～24℃。抗寒性强，耐低温霜冻。具有良好的耐湿性，在春季、夏季短期积水的情况下，草坪不会形成斑秃。喜光又耐阴，在全光和半荫条件下均正常生长。再生性强，耐中度践踏。

（3）应用范围。白三叶绿色期长，花期长，适应性强。因此，主要用于建设观赏草坪，其次可建设林下耐阴草坪、水土保持草坪、环保草坪。

3．沿阶草

沿阶草又名麦冬、麦门冬、麦门沿阶草。百合科沿阶草属。

（1）形态特征。沿阶草为多年生常绿草本植物。根状茎粗短，须根细长，先端或中部常膨大成块根，纺锤形或椭圆形。地下匍匐茎细长，粗 1～2 mm，茎短。叶基生成密丛，长线形，具 3～7 条脉，叶色暗绿。花葶长 6～15 cm，总状花序轴长 2～5 cm，具花 8～10 朵。花淡紫色或蓝色，花期 6—7 月，果期 7—8 月。种子近球形。

（2）生态习性。沿阶草喜温暖湿润气候，适生于年降雨量 1 000 mm 以上、年平均气温 16～17℃的地区。在稍荫蔽条件下，生长良好。在强光且干旱时叶片粗短，叶尖发黄。喜土质疏松、肥沃、微碱性而排水良好的壤土和沙壤土。耐热和耐灰尘性能强，不耐践踏。

（3）应用范围。沿阶草四季常绿、草姿优美，在全光和遮阴条件下均能良好生长，耐热抗尘，管理粗放，取材方便，是优良的观赏草坪和疏林草坪草种。

模块二　草坪建植

草坪建植简称建坪、铺坪、铺草坪等，是指用有性（种子）和无性（营养）繁殖的方法人工建立草坪的过程。有性繁殖的方法包括播种法、植生带铺植法、喷播法，无性繁殖的方法包括播茎法、（草皮、草块）铺植法。草坪建植主要包括草种的选择、场地的准备、确定建植方式、拟订建植方案并付诸实施、苗期管理直至成坪等过程。

一、选择合适的草种

草种的选择至关重要，它是草坪建植、草坪养护，尤其是获得优质而长寿的草坪的关键。如早熟禾草坪草在北方是优质的观赏草种，在长江以南则不能安全越夏。所以，对使用的草种必须进行合理的选择。

1. 根据建坪地的环境条件选择

根据建坪地的自然条件和立地条件选择与其相适应的草种，是草坪建植要解决的首要问题。

选择草种最好的方法是优选乡土草种。如长江以南的普通狗牙根、结缕草、假俭草等，华北地区的中华结缕草等，西北、东北地区的早熟禾、紫羊茅等。这些草种在该地区适应性强并具有一定的抗逆性，只要栽培得当、加强管理，较易建植优质草坪。

2. 根据草坪功能的需要选择

不同功能的草坪对草坪草的要求也不同。如建植观赏草坪，可选择观赏效果好的细叶结缕草、沟叶结缕草、细弱剪股颖、马蹄金等，建植运动场草坪，可选择耐践踏的狗牙根、中华结缕草、高羊茅、草地早熟禾、黑麦草等，建植护坡护岸草坪，可选择根系发达、匍匐生长、适应性强的结缕草、狗牙根等。所以，要根据草坪的功能选择合适的草种。

3. 根据经济实力和养护管理能力选择

建坪应该考虑到造价和养护管理的费用，要以经济适用为原则，如果没有较强的经济实力和管护能力，应选择普通草种和具有耐粗放管理特点的草种，否则，不仅增加负担，还不能达到应有的草坪效果。另外，可根据草坪草的生长特点，通过草种选择降低养护管理强度，如剪股颖、狗牙根低矮的生长特性可以适当减少修剪次数，从而降低养护管理强度。

二、场地准备

建坪的成败在很大程度上取决于欲建坪地的场地准备。场地准备是任何种植方式都要经历的一个重要环节。坪地土壤是草坪草根系、根茎、匍匐茎生长的环境，土壤结构和质地的好坏直接关系到草坪草的生长和草坪的使用。土壤的水、肥、气、热是草坪不可缺少的四大因素。坪地是草坪生长的基础，好的坪地可为草坪生长提供必需的良好生长条件。场地准备主要包括场地清理、土壤耕作、土壤改良（换土或客土）等。

1. 场地清理

场地清理是指清理或减少建坪场地内影响草坪建植和草坪草生长的障碍物。大体包括以下内容。

（1）木本植物的清理。木本植物包括乔木、灌木以及倒木、树桩、树根等。倒木、腐木、树桩、树根要连根清除，以免残体腐烂后形成洼地破坏草坪的一致性，也可防止伞菌等滋生。生长的木本植物根据设计要求，决定去留及移植方案，能起景观作用的或古树尽量保留，此外一律铲除。

（2）岩石、巨砾、建筑垃圾的清理。

1）岩石、巨砾的清理。根据设计要求，对有观赏价值的可留作布景，其余一律清除或深埋 60 cm 以下，并用土填平，否则易形成养分供应不均匀的现象。

2）建筑垃圾的清理。建筑垃圾是指块石、石子、砖瓦及其碎片、水泥、石灰、泡沫、薄膜、塑料制品、建筑机械留下的油污等。这些垃圾都要彻底清除或深埋 60 cm 以下。

3）农业污染和生活垃圾的处理。油污、药污可导致土壤一年至多年寸草不生，最有效的办法是换土，并将污染土深埋到植物根系以下的土层。

（3）建坪前杂草的防除。杂草防除是草坪栽培管理工作中的一项艰巨而长期的任务。在建坪前清理现有的杂草，能起到事半功倍的效果。

1）物理防除。指用人工或土壤耕翻机具的手段清除杂草的方法。

2）化学防除。指用化学除草剂杀灭杂草的方法。通常应用高效、低毒、残效期短的灭生性内吸或触杀型除草剂。

2. 土壤耕作

土壤耕作是建坪前对土壤进行耕、旋、耙、平等一系列操作的总称。

（1）适耕状态。掌握土壤的适耕状态是耕作的关键。检验适耕状态的简易方法是：用手把土捏成团，齐胸落到地上即可散开。

（2）耕作措施。主要包括耕地、旋耕、平整等工序。

1）耕地。耕作时间以秋、冬季为好，以增加土壤的晒垡和冻垡时间。耕作深度和次数取决于土壤。新耕地耕作层浅，为利于草坪根系的生长，应耕深 20 ~ 30 cm，一次耕不到位可分 2 次或 3 次逐渐加深。老坪地或老耕地耕作层较深，土壤结构较好，可适当浅耕，一般为 15 ~ 25 cm。

2）旋耕。多用机械完成，分深旋和浅旋。

3）平整。平整是整地的最后一道工序。平整的标准是平、细、实，即地面平整，土块细碎，上松下实。平整往往要同时结合挖方与填方、坡度整理进行。

①挖方与填方。绿化工程是建设工程的最后工序，欲建坪地

通常是坑坑洼洼，有的地方缺土，有的地方土方过剩，应按设计要求进行挖方和填方。对工程量大的场地要用推土机、装载车、挖掘机等进行挖方和填方，一般工程只要人工作业即可。填方应考虑填土的沉降问题，细土通常下沉15%（每米下沉12~15 cm），要逐层镇压。

②整理坡度。草坪草不能积水。表面排水的适宜坡度为0.5%~0.7%。在建筑物附近的坡向应是远离房屋的方向，开放式的广场应以广场为中心向四周排水。坡度的整理应和挖方、填方同时进行。

③平整。坪地经挖方和填方、坡度整理、土壤旋耕后土表留有机械轮槽、旋刀沟和小起伏，需人工耙平或机械刮平。平整前后要捡去石块、硬块、杂草等。小面积常用人工平整，常用平整工具为耧耙（短钉齿耙）、多齿钉耙等，大面积需用刮平机械、板条大耙等进行平整。平整要坚持"小平大不平"的原则，即除了草坪地设计中的起伏和应有的坡度外，尽量做到平整一致。

3. 土壤改良

理想的草坪地应是土层深厚、无异形物体、土壤肥沃、排水良好、pH 值6~8、结构适中的土壤。土壤改良主要有以下内容。

（1）改良土壤质地。目前生产上通常使用泥炭、锯屑、农糠（稻壳和麦壳）、碎秸秆、处理过的垃圾、煤渣灰、粪肥等对土壤进行改良。泥炭的施用量约为覆盖草坪地5 cm 或5 kg/m²左右或锯屑、农糠、秸秆、煤渣灰等覆盖3~5 cm，经旋耕拌入土壤中。土壤质地改良的深度应达到25~35 cm，最少也要达到15~20 cm，以使土壤疏松，肥力提高。

（2）土壤排碱洗盐。盐碱土因可溶性物质多，影响草坪草吸水吸肥，甚至产生毒害。在盐碱土上种草坪，除种植一些耐盐碱的草坪品种（如高羊茅、结缕草、白三叶草、碱茅等）外，土壤都应进行改良，主要措施是排碱洗盐和增施有机肥料。对小型坪地，应四周开挖淋洗沟，经浇水（淡水）淋洗，使盐分渐少，一个生长季后草坪草基本能适应。在排碱洗盐的同时结合施用有机肥效果更好。畜粪、泥炭等有机肥都具有很强的缓冲土壤盐碱的作用，是一项土壤改良的重要措施。

（3）调节土壤酸碱度。几乎所有的草坪草都适应在弱酸—中性—微碱性（pH 5.8～7.4）的土壤上生长。对过酸过碱的土壤要改良。过酸的土壤常用"农业石灰石"粉（碳酸钙粉）来调节，碳酸钙粉越细越好，以增加土壤的离子交换强度，达到调节土壤 pH 的目的。过碱的土壤常用石膏、硫黄或明矾来调节。硫黄经土壤中硫细菌的作用氧化生成硫酸，明矾（硫酸铝钾）在土中水解也产生硫酸，都能起到中和碱性土壤的效果。

（4）施基肥。以施有机肥为主，化肥为辅。有机肥主要包括农家肥（如厩肥、堆肥、沤肥等）、植物性肥料（豆饼、绿肥、泥炭等）等。有机肥因肥效慢、稳、长，属长效肥，故宜作基肥，一般结合耕旋深施 20～30 cm。具体用量视土壤肥力而定，一般农家肥 40～50 t/hm²；饼肥一般 0.2～0.5 kg/m²。由于有机肥是迟效肥，作基肥还应配合速效肥（以 N、P、K 三元复合肥为主），视肥料有效含量一般用量为 50～150 g/m²。

（5）换土或客土。换土就是将耕作层的原土用新土全部更换。坪址中若发现下列情况之一时应考虑换土或客土。

1）所选坪址没有或基本没有土壤。

2）坪址原土壤的土层太薄，不能保证草坪草正常生长发育。

3）坪址原土壤有难以改良的因素，如含有大量的石块、石砾草丛生、过酸、过碱等。

4）坪址地势太低或地下水位常年过高，又无法排除。

5）坪址土壤虽可改良，但经济上不合算或后续工作不能等待等。

换土厚度不得少于 20～30 cm，应以肥沃的壤土和沙壤土为主，否则要进行土壤质地改良。

三、播种法建植草坪

播种法建植草坪即用种子直接播种建立草坪的方法。大多数冷季型草坪草均用播种法建坪，暖季型草坪草中的假俭草、地毯草、野牛草、普通狗牙根和结缕草也可用种子建坪。

1. 播种时间

就播期而言，草坪草一年四季均可播种。但在生产上必须抓住播种适期，以利于种子萌发，提高成苗率和保证幼苗有足够的生育时间，能正常越冬、越夏，并抑制苗期杂草的危害。

以温度为依据，暖季型草坪草春季日均气温稳定通过12℃，保证率80%以上，至夏季日均气温不低于25℃之间均为播种适期。期间早播比迟播好。

冷季型草坪草春季日均气温稳定通过6～10℃，保证率80%以上，至夏季日均气温稳定达到20℃之前；夏末日均气温稳定降到24℃以下，秋季日均气温降到15℃之前，均为播种适期。不论春播、秋播，播种适期都是早比迟好。在温带、寒温带地区以春播、夏播为好，在暖温带及亚热带地区以秋播为好。

2. 单播及混播

（1）单播。指只用一种草坪草种子建植草坪的方法。暖季型草坪草中狗牙根、假俭草、结缕草等常常单播，冷季型草坪草中高羊茅、剪股颖也常常单播。

（2）混播。指根据草坪的使用目的、环境条件、草坪养护水平选两种或两种以上的草种或同种不同品种混合播种的建坪方法。常用于冷季型草坪的建植。

1）短期混合草坪。一二年生或短期多年生草种和长期多年生草种混合种植。其中一二年生或短期多年生草种为"保护草种"，长期多年生草种为"建坪草种"。目的是利用"保护草种"苗期生长迅速及能很快成坪的特点，保护苗期生长缓慢、建坪速度慢的"建坪草种"。该混合草坪在一二年后，保护草种完成使命，形成纯一或混合的长期草坪。用作"保护草种"的常有多花黑麦草、黑麦草等。如用"黑麦草＋草地早熟禾＋匍茎剪股颖＋紫羊茅＋细弱剪股颖"组合建植的足球场草坪，两三年后黑麦草基本消失，成为所余草种的混合草坪。

2）长期混合草坪。根据草坪的功能要求，提高对环境的适应性和抗逆性，或提高利用品质，或兼而有之，选择两个或多个竞争力相当、寿命相仿、性状互补的草种或品种混合种植，取长补短，提高草坪质量，延长草坪寿命。

①同种不同品种的混合。取不同品种之长短，混合互补，形成抗逆力更强、品质更优又不失纯一的草坪。如将不同品种的草地早熟禾混播，可得优质草坪。

②同属不同种的混合。结缕草属的结缕草和中华结缕草的混合草坪如同单品种草坪，而在水热因素的忍受力方面可以互补，可扩大种植区域。

③不同属间草种的混合。如长江三角洲的丘陵和平原，常用"结缕草＋中华结缕草＋假俭草"的自然混合草坪。因三者竞争力难分高低，形成了适应长江三角洲气候、土壤环境的历史性变化的特别稳定的草坪。以高羊茅为主加少量（10%左右）草地早熟禾在长江流域种植，优势互补，形成很稠密的冷季型草坪。

（3）常见草种混播配方。

1）90%草地早熟禾（3种或3种以上混合），10%多年生黑麦草。适于冷凉气候带。

2）30%半矮生高羊茅，60%高羊茅改良品种，10%草地早熟禾改良品种。适于冷凉气候带小区绿化等。

3）50%的草地早熟禾（3种或3种以上混合），50%多年生黑麦草。适于冷暖转换地带的庭院和冷凉沿海地区的高尔夫球道、发球台。

4）55%草地早熟禾，25%丛生型紫羊茅，10%高羊茅，10%多年生黑麦草。适于冷凉气候带各类运动场。

5）混合高羊茅（3种或3种以上混合）。适于过渡地带及亚热带运动场、庭院。

6）护坡型配方为 50% 高羊茅，25% 多年生黑麦草，20% 狗牙根，5% 结缕草。

3．播种量

草坪种子的播种量取决于种子质量、混合组成和土壤状况以及工程的要求。表 7—1 所列为生产上常用播种量。特殊情况下，为了加快成坪速度可加大播种量。混播组合的播种量按混播比例折算。

表 7—1　　　　　几种常用草坪草种参考播种量　　　　　　g/m²

草种	正常播种量	加大播种量
普通狗牙根（不去壳）	4 ~ 6	8 ~ 10
中华结缕草	5 ~ 7	8 ~ 10
草地早熟禾	6 ~ 8	10 ~ 13
普通早熟禾	6 ~ 8	10 ~ 13
紫羊茅	15 ~ 20	25 ~ 30
多年生黑麦草	30 ~ 35	40 ~ 45
高羊茅	30 ~ 35	40 ~ 45
剪股颖	4 ~ 6	8
一年生黑麦草	25 ~ 30	30 ~ 40

4．播种方法

播种要求将种子均匀分布在建坪地上，使种子在 0.5 ~ 1.5 cm 的土层中，或加盖 0.5 ~ 1.0 cm 厚的盖土。各草种具体的播种深度可视种子大小和发芽是否需光而定。种子由小至大，播种由浅至深，需光种子则应浅，一般播种深度以不超过所播种子长径的 3 倍为准。

（1）人工撒播。播种方法以人工撒播为主，但要求工人播种技术较高，否则很难达到播种均匀一致的要求。人工撒播的优点是灵活，尤其在有乔、灌木等障碍物的位置、坡地、狭长和小面积建植地上适用，缺点是播种不易均匀，用种量不易控制，有时造成种子浪费。

（2）机械播种。草坪建植面积较大时，尤其是运动场草坪的建植，适宜用机械播种。常用播种机有手摇式、手推式和自行式播种机。其最大特点是容易控制播种量、播种均匀，不足之处是不够灵活，小面积播种不适用。

5. 覆盖及镇压

（1）覆盖。

1）覆盖的目的。覆盖的目的是稳定土壤中的种子，防止暴雨或浇灌的冲刷，避免地表板结和径流，使土壤保持较高的渗透性，保持土壤水分，促进生长，提前成坪。覆盖在护坡和反季节播种及北方地区尤为重要。

2）覆盖材料。覆盖材料包括地膜、无纺布、遮阳网、草帘、草袋等。

3）覆盖时间。一般早春、晚秋后低温播种时覆盖，以提高土壤温度。夏季覆盖（如北方地区）主要起降温、保水等作用，待幼苗能自养生长时必须揭去覆盖物，以免影响光合作用，但不宜过早，以免高温回芽。

覆盖前浇足水，待坪床不陷脚时再覆盖。

（2）镇压。

1）镇压的目的。镇压的目的是使松土紧实，提高土壤墒情，促进种子发芽和生根。

2）镇压时间和方法。在土质较细地区，尤其是北方地区或沙土地区，播种后浇水前即镇压，兼起盖籽作用。镇压可用人力或机械推动重辊。辊可做成空心状，可装水或沙以调节重辊质量。重辊质量一般为 $60 \sim 200$ kg。

6. 浇水

在播种出苗阶段，浇水以保持坪床土壤呈湿润状态为原则。

一般播前24～48 h 将坪床浇透水 1 遍，待坪床表面干后，用钉耙疏松再播种，以增加底墒，避免播后大量浇水造成冲刷和土壤板结。北方习惯在播后覆盖草帘或草袋，覆盖后要浇足水，并经常检查墒情，及时补水。南方在播后很少覆盖，宜勤浇水，保持坪床呈湿润状态至出苗。

7. 苗期管理

草坪草出苗至成坪前的管理都属苗期管理范围。

（1）追肥。在施足基肥的基础上，草坪草出苗后7～10天，应及时首次施好分蘖、分枝肥。以速效肥为主。如尿素 10 g/m² 左右撒施，施后结合喷灌或浇水以提高肥效和防灼伤。第二、三次分枝、分蘖肥视苗情而定。一般可结合首次、二次剪草后施用。追肥施用量宜少不宜多，以少量多次为原则。

（2）灌溉、排水与蹲苗。水、肥结合是促进分枝、分蘖的主要手段。而灌溉与蹲苗的结合，可协调土壤水、气，促进分枝、分蘖和根系的扩展，调整地上地下部的生育，并有利于预防病害。在具体做法上可灌透水 1 次，以不发生径流为度，任其自然蒸发，至1/2 坪面土壤发白再行灌溉，至整个坪面土壤几乎变白时第三次灌溉，一直延续到成坪。若遇大雨要注意及时排水。

（3）镇压、修剪。镇压和修剪是对草坪营养器官进行调控的有效措施。一般在2/3 的幼苗第三叶全展、定长时可开始第一次镇压。辊重 60～200 kg。镇压时土壤干、湿要适度。可掌握在土表由灰变白的过程中进行。以后每长一叶镇压 1 次。

首次修剪宜在幼坪形成以后及时进行，留茬高度因草种而异，可取该草种留茬高度的下限。剪后施肥，浇水 1 次。待草坪覆盖度近100% 时再修剪 1 次。留茬高度相同。以后转入正常养护管理。

（4）杂草防除。在草坪成坪前一般不用化学除草。若有少量杂草应随时人工拔除。如人工除草有困难,最早也要到草坪草幼苗第四叶全展后才能化学除草。

(5)病、虫害防除。密切注意病、虫害的发生情况。一有苗头及时对症用药。

四、铺设法建植草坪

铺设法建植草坪是营养繁殖建植草坪的方法,是我国的传统方法。所用建植材料是草坪的营养体,大多是草皮或草毯,即用少量的草皮或草毯铺植后,经分枝、分蘖和匍匐生长成坪。

1. 草皮的生产

草皮是建植草坪绿地的重要材料之一,特点是能快速建成并实现绿色覆盖。随着我国草坪绿化事业的发展,草皮生产规模逐年扩大,成为快速建坪绿地的重要手段之一。

(1)普通草皮的生产。选择靠近路边便于运输的地块,将土地仔细耕翻、平整压实,做到土壤细碎、地面平整。当土表不粘脚时,疏松表土,用人工撒播或用机械播种。播后用细齿耙轻耙一遍或用竹帚轻扫一遍,使种子和土壤充分接触,并起覆土作用,平后镇压。根据天气情况适当喷水,保持地面湿润。温度适宜时早熟禾一般 8~12 天出苗,高羊茅、黑麦草 6~8 天出苗。长江以南地区草皮生产多采用水田,经上水验平,趁坪床潮湿,用草茎撒播,播后用竹扫帚轻拍,使草茎和土壤紧密接触,60 天左右即能成坪。采用平底铁锹起坪,铲成大小均 30 cm × 47 cm 的块状,也可用起草皮机起成长度、宽度、厚度规范均一的草皮卷,装载运至现场铺设。

(2)地毯式草皮的生产。地毯式草皮一般是无土栽培的草皮,简称草毯。

1)生产程序。隔离层上铺种网—覆盖培养基质 1 cm—播种子—覆培养基 0.3~0.5 cm—管理成坪。

2)技术要点。隔离层选用砖砌场地、水泥场地或用地膜,目的是使草坪根系和土壤隔开,便于起坪。种网可用无纺布、粗孔遮阳网等，目的是使草坪根系缠绕其上防止草坪散落。基质选用堆沤腐熟的稻壳、锯木屑等，并配以营养剂，及时提供水分和养分。管理的关键是灌溉和施肥。要建立喷灌系统，播种至出苗阶段一定要保持基质呈湿润状态，出苗后适当蹲苗以促根系生长。施肥要坚持少量多次的原则，严防脱肥脱力和肥多烧苗。其余管理同其他草坪建植法的管理相仿。

2. 铺设方法

坪址场地准备好后，播种材料到场即可铺设。铺设方法较多，下面介绍常见的四种方法。

（1）点铺（分栽法）。即将草皮或草毯的草坪草分成小块株丛，按一定的距离栽入疏松的坪床内，通过浇水、施肥等抚育管理而形成草坪的方法。此法草坪植株成活率高，但需大量人工栽植，且成坪时间长。常用于密丛型的草坪草类。

（2）块铺。将草皮或草毯分成块，长、宽均为 6 ~ 12 cm，以 20 ~ 30 cm 的间隔栽入坪床，经镇压、浇水，分布也较均匀，但成坪时间也较长，一般要 60 ~ 80 天才能成坪。

（3）条铺。将草皮或草毯起成宽 10 cm 左右长的长条形，以 3 ~ 6 cm 或更宽间距铺植在场地内，经镇压、浇水成活。铺植面积为总面积的 1/3 左右。一般 40 ~ 60 天成坪。

（4）密铺。又叫满铺法。是将草皮或草毯以 1 ~ 2 cm 间隔铺植在整好的场地上，并经镇压、浇水等管理方式使之成坪的方法。此法在长江以南地区一年的任何时间都可铺植，铺后就有很好的景观，有效地形成"瞬时草坪"，但建坪成本较高。

模块三　草坪的养护管理

为使人工铺设的草坪保持平整美观，生长良好，正常的养护管理工作是十分必要的。

一、除草

1．人工挑除法

春季杂草滋生，应在杂草未开花前进行一次挑除工作。挑除工具可用小型手铲，既不伤草根，又可把杂草连根挑去，最后把挑除的杂草捡净拾出。观赏草坪1个月挑2次。

2．机械除草法

一、二年生杂草多数是由于种子飘落于草坪内萌发的。为了不使其在草坪内开花结果，扩大传播，可把杂草的茎和花茎在未开花前用轧草机割下，使它失去开花结果的机会。有的杂草割后还会再萌生，因此，必须连续多次的轧剪，才能达到消灭杂草的目的。

3．化学除草法

由于有些杂草和草坪植物同属一科，如果除草剂使用不当，反而杀死草坪植物，故在使用除草剂时先要认清杂草的种类，并按照除草剂的使用说明书来慎重选用。除草剂的施用方法有叶面处理和土壤处理两种。适宜施药的气温为 $20 \sim 25$℃，在华东地区，一般以4—6月或9—10月为宜。

常用选择性除草剂有 2,4 – D 和二甲四氯等。

二、轧剪切边

轧剪又叫刈剪，是利用机械或工具修剪草坪植物，应用人工的方法控制其高度。切边是用工具或机械切齐草坪的边缘，使之轮廓分明。

轧剪是维护草坪正常生长，使其经常性平整而美观，控制草坪植物的生长，不超过养护规定的高度，并促其向低矮方向发展，以适应人们游憩活动的需要，增加草坪的柔软性和弹性，使人们感到舒适。清除草坪周围和草坪边缘存在的乱草，保持边缘整齐美观。

轧剪工具有轧草机（有人力和机动之分）、草剪等。

在实际操作中，草坪高度必须控制在 10 cm 左右，否则，既不平整美观又难以轧断。通常把 1 cm 的高度定为轧剪的标准高度。各类草坪的轧剪标准和留草高度见表 7—2。

表 7—2　　　　　各类草坪的轧剪标准和留草高度　　　　　cm

草坪类型	轧剪标准（即生长高度）	留草高度
观赏草坪	6 ~ 8	2 ~ 3
休息活动草坪	8 ~ 10	2 ~ 3
草皮球场	6 ~ 7	2 ~ 3
护坡草坪	12	1 ~ 3

轧草次数因季节和草种不同而有区别，夏季为草坪生长旺季，轧草次数应多于春、秋季，粗草（如假俭草）轧草次数多于细草（如细叶结缕草）。上海园林草坪养护常用轧草次数见表 7—3。

表 7—3　　　　　　上海园林草坪养护轧草次数

类别	4 月	5 月	6 月	7 月	8 月	9 月	10 月
粗草	1	2	2 ~ 3	3	3	2	—
细草	—	1	1	1	1	—	—
混合草坪	1	2	2	2	3	2	1

护坡草坪坡度在 30° 以上时，则不便使用轧草机，可改用人工剪或使用电动绿篱修剪机来剪草。

草坪边缘常使用切边机或一种半月形月牙铲或用扞草皮的平板铲，将草边切齐。切边时必须斜切，深度 4 ~ 5 cm，可使草坪和花坛的界线更加明显，同时也便于排水。

三、灌溉与抗旱

大多数草坪植物是不耐旱的，特别是人工铺设的各类专用草坪，更应把灌水作为养护的主要措施之一。

草坪灌溉有夏季抗旱灌溉和冬季休眠期灌溉。灌溉的主要作用是促进草坪植物的生长，增加其美观程度，提高草坪植物茎叶的耐踏和耐磨性能，促进养分的分解和吸收。在北方冬旱少雪、春旱少雨地区，入冬前浇一次封冻水，能促使越冬草坪植物根部有充足的水分，增强抗寒能力；南方进行春灌，能促进根蘖萌发，提早返青。

四、追肥加沙

草坪在生长季节，常被过度践踏，或生长不良，所以必须追肥。一般在初夏或初秋进行，施用次数1~2次，每亩每次施硫酸铵2.5 kg、饼肥10 kg、过磷酸钙12.5 kg。如用堆肥，每亩用900~1 000 kg，平均约1.5 kg/m²。施入后用齿耙滚耙，将撒在草坪上的堆肥压入刺孔内。追肥应以无机化肥为主，否则会污染叶丛，影响美观有碍卫生。施用化肥应依草种和土壤条件而异。耐酸性土壤的草种应以尿素为主，磷肥以过磷酸钙为主。如土壤缺钾可在晚秋或早春撒施一次草木灰，或在叶丛枯黄后用火烧成灰，既不会伤根，又可增钾。近年开始采用根外追肥的方法，既省肥，效果又好。尿素1 000~1 500倍液、硫酸铵800~1 000倍液、磷酸二氢钾500~1 000倍液均可作根外追肥用。

对于黏重土壤应于秋季适当加沙，以通过0.5 mm筛孔的沙子为标准。加沙能使地表干燥，有利于草坪植物的根茎分蘖。

五、滚压加泥

早春土壤解冻后，土壤含水量适中，应抓紧进行滚压，这不仅能使松动的草根茎与土壤密切结合，而且能促进草坪的平整度。

加泥工作应于早春进行一次，结合滚压一并进行。加泥多用细土混以肥料或用晒干的细河泥、塘泥，直接撒在草坪上，可节省一次施肥用工。加泥不应过厚。加泥后如遇雨，天晴后要进行松土，否则泥土干硬板结。

六、更新复壮

主要是通过添播草种更新复壮，以结缕草为例，每亩播种量为 4 ~ 5 kg，可以草坪施肥结合撒播进行。播后立即用钉齿滚耙松，再滚压，并灌溉。还可采取断根、施肥等办法，使草坪恢复生机。

复 习 题

1. 暖季型与冷季型草坪草各有何特点？
2. 能够作为草坪草的植物应具备什么条件？
3. 举例说出本地区主要的草坪草种有哪些？各有何特点？
4. 如何选择合适的草种？
5. 建植草坪前如何准备坪床？
6. 一年内什么时间最适宜建植草坪？为什么？
7. 播种法建植草坪怎样进行播种？怎样抓好其苗期管理？
8. 如何用铺设法建植草坪？
9. 如何进行草坪的灌溉？
10. 草坪修剪要遵守什么原则？为什么？
11. 怎样进行草坪的追肥和滚压加泥？

第八单元　园艺植物病虫害防治

模块一　园艺植物害虫防治

园艺植物害虫种类很多，根据其危害部位及危害方式，常将其分为食叶害虫、吸汁害虫、蛀干害虫、地下害虫等。

一、食叶害虫

食叶害虫的种类繁多，主要有鳞翅目的刺蛾、尺蛾，鞘翅目的叶甲、金龟子，直翅目的蝗虫类，膜翅目的叶蜂类，双翅目的潜叶蝇，软体动物中的蜗牛等。它们的共同特征是具有咀嚼式口器，取食植物的叶片、嫩枝、嫩梢或者潜食叶肉，形成孔洞、缺刻，减少光合作用面积，增加水分蒸发，严重时可将叶片食光，导致枝条或整株枯死。刺蛾、毒蛾等幼虫身上有毒毛，人体触及可引起皮肤肿痒。

1. 黄刺蛾的防治

黄刺蛾俗称洋辣子、刺毛虫，属鳞翅目刺蛾科。初龄幼虫只食叶肉，大龄幼虫食叶成缺刻，甚至将叶片吃光，仅留叶柄、主脉，严重影响树势和果实产量，是园林植物主要多食性食叶害虫之一。

（1）形态特征（见图8—1）。成虫体长10～18 mm，橙黄色，前翅内半部黄色，外半部褐色，有两条斜线在翅尖汇合。卵长约1.4 mm，浅黄色，一端稍尖，散产或数粒产于叶背。幼虫体长18～25 mm，头黄褐色，体黄绿色，体背有一哑铃型褐色大斑。各节背侧有一对枝刺。

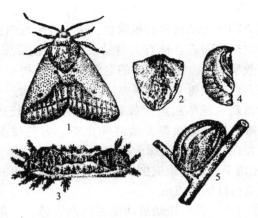

图 8—1　黄刺蛾
1—成虫　2—卵　3—幼虫　4—蛹　5—茧

茧长 11 ~ 14 mm，蓖麻籽状，灰白色，有褐色纵宽纹，结于树干、枝上。

蛹为被蛹，椭圆形，粗大。体长 13 ~ 15 mm。淡黄褐色，头、胸部背面黄色，腹部各节背面有褐色背板。

（2）生活习性。华北 1 年 1 代，华东、华南 1 年 2 代。以老熟幼虫在树上结茧越冬，翌年 5—6 月化蛹，6 月出现成虫，6 月下旬为幼虫为害盛期。成虫多在傍晚羽化，有趋光性。卵散产或数粒相连，多产于叶背。每雌产卵 50 ~ 70 粒。初孵幼虫先取食卵壳，后在叶背取食叶肉，4 龄后取食全叶。第 2 代幼虫在 8 月中下旬大量出现。

（3）防治方法。

1）技术防治。园林设计时注意增加植物多样性，形成乔木、灌木、花草多层结构，加强肥水管理，合理修剪，可减轻危害。在株际空隙处，应进行冬耕、翻晒，除去土中或树上的虫茧，平时注意摘除卵块、剪除幼虫群集的叶片，直接捕杀龄期较大的虫体。

2）人工防治

①黄刺蛾的幼龄幼虫多群集取食，被害叶显现白色或半透明斑块等。此时斑块附近常栖有大量幼虫，及时摘除带虫枝、叶，加以处理，效果明显。很多刺蛾的老熟幼虫常沿树干下行至干基或地面结茧，可采取树干绑草等方法及时予以清除。

②清除黄刺蛾越冬虫茧。黄刺蛾越冬代苗期长达 7 个月以上，可采用敲、挖、剪除等方法清除虫茧。为免受茧上毒毛危害，可将茧埋在 20～30 cm 深土坑内，踩实埋死。

3）灯光诱杀。黄刺蛾成虫具较强的趋光性，可在成虫羽化期用频振式杀虫灯诱杀成虫。

4）化学防治。黄刺蛾幼龄幼虫对药剂敏感，一般触杀剂均可奏效，如 36% 克蛾宝乳油 1 000～2 000 倍液，或 90% 敌百虫晶体 1 200～1 500 倍液，或 2.5% 溴氰菊酯乳油 3 000 倍液等，注意喷施均匀。

5）生物防治。黄刺蛾的寄生性天敌有刺蛾紫姬蜂、刺蛾广肩小蜂、上海青蜂、爪哇刺蛾姬蜂、健壮刺蛾寄蝇和一种绒茧蜂。刺蛾幼虫的天敌有白僵菌、青虫菌、枝型多角体病毒，均应注意保护利用。

2. **丝棉木尺蛾的防治**

尺蛾类幼虫仅有 2 对腹足（含尾足），爬行时弯曲造桥，故又名步曲、造桥虫。发生危害较普遍的有丝棉木尺蛾、大造桥虫、国槐尺蛾等，以幼虫取食为害各种植物。下面以丝棉木金星尺蛾为例介绍尺蛾形态特征及防治方法。

丝棉木金星尺蛾又名大叶黄杨尺蠖。华北、华南、西北及华东地区均有分布。主要为害丝棉木、大叶黄杨及榆等，其中大叶黄杨受害最重。

（1）形态特征（见图 8—2）。成虫体长约 33 mm。翅白色，有淡灰色和褐色斑纹。其中外横线呈 1 行淡灰色斑，上端分岔，下端有一黄褐色大斑，翅基有一深黄褐、灰色花斑。腹部金黄色，有由黑色组成的条纹 7～9 行。卵椭圆形，初黄绿色，后黑色。老熟幼虫体黑色，前胸黄色，上有方形黑斑 5 个，背线、亚背线、气门上线及亚腹线白色，气门线及腹线黄色，胸部及第 6 腹节后各节有黄色横条纹。蛹棕褐色，纺锤形，长 13～15 mm。

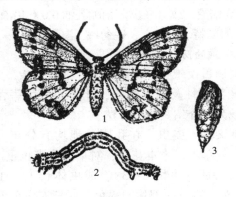

图 8—2　丝棉木金星尺蛾

1—成虫　2—幼虫　3—蛹

（2）生活习性。北京地区 1 年 2 代，以蛹在土中越冬。第 1 代成虫 5 月羽化。卵多块产于叶背、枝干及缝隙。初孵幼虫常群集为害，啃食叶肉，3 龄后成缺刻。江浙地区 1 年 4 代，3 月底成虫出现，5 月上中旬第 1 代幼虫及 7 月上中旬第 2 代幼虫危害最重。3、4 代幼虫在 10 月下旬至 11 月中旬入土化蛹越冬。

（3）防治方法

1）园林技术防治。园林设计时注意增加植物多样性，形成乔木、灌木、花草多层结构，人工筑巢招引益鸟，加强肥水管理，合理修剪，可减轻为害。在 9 月至翌年 4 月底之前深翻灭蛹，平时人工刮除树皮缝隙间的卵块，利用成虫假死习性，清晨人工扑打成虫。

2）灯光诱杀。利用频振式杀虫灯诱杀成虫。

3）生物防治。保护天敌，每亩用核型多角形病毒（10 亿个／克）可湿性粉剂 100 g 对水 50 kg，于第 1 代幼虫 1～2 龄高峰期喷雾，或用 Bt 乳剂 300～500 倍液喷雾。

4）化学防治。在幼虫低龄阶段，虫株率>5%时，用 25% 灭幼脲 3 号悬浮剂 1 500 倍液，或 50% 辛硫磷乳油 1 000 倍液，或 5% 抑太保乳油 2 000 倍液，或 10% 联苯菊酯乳油 6 000 倍液，或选用苦参碱、印楝素、农梦特、克蛾宝、锐劲特、溴氰菊酯任一种喷雾。

3．斜纹夜蛾的防治

夜蛾属鳞翅目夜蛾科。种类很多，食性也杂，为害方式有食叶性、切根（茎）性及钻蛀性等，此外还可为害蕾及花等。下面以斜纹夜蛾为例介绍其防治方法。

斜纹夜蛾又名夜盗虫，在我国各地均有分布，为多食性害虫。可为害多种草本、木本花卉，对草坪为害也重。

（1）形态特征（见图 8—3），成虫体长 14～16 mm，翅展 35～46 mm。头、胸及腹部均为褐色，胸背有白色毛丛。前翅灰

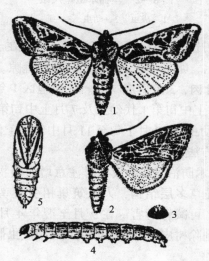

图 8—3　斜纹夜蛾

1—雄成虫　2—雌成虫　3—卵　4—幼虫　5—蛹

褐色（雄虫颜色较深），前翅基部有白线数条，内、外横线间从前缘伸向后缘有 3 条灰白色斜纹。雄蛾这 3 条灰白色斜纹不明显，为 1 条阔带。后翅白色半透明。卵半球形，直径约 0.5 mm，表面有纵横脊纹，黄白色，近孵化时暗灰色。卵块上有黄白色绒毛。老熟幼虫体长 40~50 mm，头部黑褐色，胴部颜色随幼虫密度不同而又变化。褐色、黑褐、暗绿或灰黄色都有，密度高时色深，密度低时色浅。背线及亚背线橘黄色，中胸至第 9 腹节在亚背线内侧每节有半月形或三角形黑斑 1 对。蛹长 15~20 mm，棕红色，腹部末端有棘 1 对。

（2）生活习性。每年发生 4~8 代，南北地区不同。大部分地区以蛹、少数地区以幼虫在土中越冬，也有在杂草间越冬的。在华南地区可终年繁殖。成虫昼伏夜出，取食花蜜为补充营养，有较强趋光性和趋化性。成虫产卵于叶背，每雌产 3~4 块，每块 150~350 粒。幼虫多在晚上孵化，初孵幼虫群集叶背取食下表皮与叶肉。2 龄末期吐丝下垂，随风转移扩散。5~6 龄为暴食阶段。6—7 月阴湿多雨，常暴发成灾。荷花、芋、菜豆受害最重。长江流域一带 6 月中下旬和 7 月中旬草坪受害最重。幼虫有群集迁移的习性。

（3）防治方法。

1）人工防治。冬耕灭蛹或幼虫，夏季摘除卵块及群集幼虫，人工捕捉大龄幼虫。

2）诱杀幼虫。采用频振式杀虫灯或糖醋液（糖∶醋∶酒∶水 = 3∶4∶1∶2）加入总量 1% 敌百虫或吡虫啉诱杀成虫。

3）生物防治。保护利用各种天敌，在幼虫低龄期施用 Bt 乳油或核型多角体病毒制剂。

4）化学防治。在低龄幼虫尚未分散时进行挑治，可选择 25% 灭幼脲 3 号悬浮剂 1 500 倍液，或 5% 锐劲特悬浮剂 2 500 倍液，或 5% 抑太保乳油 1 000~2 000 倍液，或 20% 杀灭菊酯乳油 2 500~3 500 倍液任一种喷雾。

二、吸汁害虫

1．桃蚜的防治

桃蚜又名桃赤蚜、烟蚜，属同翅目蚜科，分布于全国各地。桃蚜为害海棠、郁金香、叶牡丹、百日草、金鱼草、金盏花、樱花、蜀葵、梅花、夹竹桃、香石竹、大丽花、菊花、仙客来、一品红、白兰、桃、李、杏等300多种花木。幼叶被害后，向反面横卷，呈不规则卷缩，最后干枯脱落。其排泄物易诱发煤污病。该虫害可传播多种植物病毒。

（1）形态特征（见图8—4）。无翅孤雌蚜卵圆形，体长约2 mm，体黄绿或赤褐色。复眼红色。额瘤显著。腹管圆筒形，细长，有瓦纹。尾片圆锥形，两侧各着生3对弯曲的侧毛。

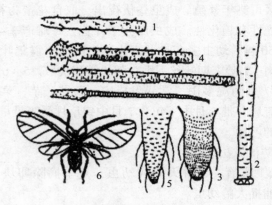

图8—4　桃蚜

无翅孤雌蚜：1—触角　2—腹管　3—尾片
有翅孤雌蚜：4—触角　5—尾片　6—成虫

有翅孤雌蚜与无翅蚜相似。头、胸部黑色，复眼红色，额瘤显著。腹部颜色变化大，有绿、黄绿、赤褐至褐色。腹管、尾片形状同无翅形。

（2）生活习性。全国各地年发生10～30代。在我国北方主要以卵在枝梢、芽腋等裂缝和小枝等处越冬，少数以无翅胎生雄蚜在十字花科植物上越冬。翌春3月开始孵化为害，先群集在芽上，后转移到花和叶上为害。5—6月繁殖最甚，并不断产生有翅蚜迁到蜀葵和十字花科植物上为害，10—11月又产生有翅蚜迁回桃、樱花等树木。如以卵越冬，则产生雌雄性蚜，交尾、产卵越冬。

（3）防治方法。

1）人工防治。盆栽花卉零星发生时，可用毛笔蘸水将蚜虫轻轻刷掉，并及时处理刷下的蚜虫。木本花卉上的蚜虫，可在早春刮除老树皮及剪除有虫枝条。

2）粘虫板诱杀。在温室或大棚内，于有翅蚜迁飞高峰期，用黄色粘虫板可诱到大量有翅蚜。

3）保护和利用天敌。蚜虫的天敌很多，有蚜茧蜂、瓢虫、食蚜绳、草蛉、小花蝽和蚜霉菌等，应注意保护利用。有条件的地方，应积极开展人工助迁、人工繁殖，田间释放。

4）药剂防治。可于早春木本植物发芽前喷施石硫合剂晶体100倍液或3~5波美度石硫合剂，消灭芽腋和皱缝处的越冬卵。蚜虫大发生时可喷洒3%莫比朗乳油2 000~2 500倍液，或0.26%苦参碱水剂1 500~2 000倍液，或2.5%蚜虱灭乳油1 500~2 000倍液，或10%吡虫啉可湿性粉剂2 000~2 500倍液，均可取得很好的防治效果。

盆栽花卉也可用烟草石灰水防治，方法是将烟草末40 g加水1 kg，浸泡48 h后过滤制得原液。使用时加水1 kg稀释，再加2~3 g洗衣粉，搅匀后喷洒植株，有较好的防治效果。

2. 螨类及其防治

螨类也是园林植物中常见的害虫，主要有朱砂叶螨、山楂叶螨、柏小爪螨等，多藏于叶背吸食植物汁液。下面以柏小爪螨为例介绍螨类的防治方法。

柏小爪螨属蜱螨目叶螨科。分布于北京、辽宁、河北、山东、陕西、江西、四川、浙江、广东、广西、台湾等地。为害侧柏、线柏、桧柏、龙柏、刺柏、鹿角桧等多种柏树。树体受害后，鳞叶基部枯黄，严重时树冠成黄色，鳞叶之间常有丝网。

（1）形态特征（见图8—5）。雌成螨体长约0.43 mm，宽0.26 mm，近椭圆形，褐绿色，足及颚体橘黄色。雄成螨体长约0.37 mm，宽0.20 mm，近菱形，褐绿色，背部褐色。卵为圆形，初产时红色，孵化前深红色。幼螨体长0.1 mm，近圆形，浅红色，3对足。若螨体长0.13 mm，褐绿或红褐色，4对足。

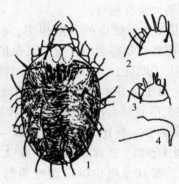

图8—5　柏小爪螨

1—雌螨背面观　2—雌螨须肢跗节　3—雄螨须肢跗节　4—阳具

（2）生活习性。北京地区每年发生10多代，以卵在柏叶间隙处越冬，5—7月柏树受害最重。

（3）螨类防治方法。

1）越冬期防治。对木本园林植物，越冬前枝干束草，诱集螨类越冬，冬季或开春后解除并烧毁。刮除粗皮、翘皮。结合修剪，剪除病、虫枝条。对花圃地，要勤锄杂草，结合翻耕整地，冬季灌水，销毁残株落叶，以便消灭越冬虫口。

2）药剂防治。早春松柏发芽前喷施石硫合剂80倍液，杀灭越冬的成螨、若螨和卵。生长期叶螨为害严重时，应及早喷施15%哒螨灵乳油1 500倍液，或20%螨死净（阿波罗）或34%杀螨利果乳剂2 000倍液，或5%卡死克可分散粒剂1 000倍液，或1.8%阿维菌素乳油4 000~6 000倍液。

3）生物防治。叶螨天敌种类很多，寄生性天敌有虫生藻菌、芽枝霉等，捕食性天敌有瓢虫、草蛉、粉蛉、花蝽、六点蓟马、捕食性螨类等。应注意保护利用，有条件的可考虑天敌的引进及繁殖释放。

3．介壳虫类及其防治

介壳虫类在园艺植物上常见的有盾蚧、吹绵蚧、草履蚧、日本松干蚧、朝鲜球坚蚧、桑白蚧、矢尖蚧等，多吸附在植物枝干、果实上吸取汁液，严重影响观赏效果。下面以桑白蚧为例介绍介壳虫类的防治方法。

桑白蚧又名桑白盾蚧、桑盾蚧，属同翅目盾蚧科。分布全国。为害梅花、丁香、芙蓉、碧桃、樱花、山茶、木槿、苏铁、银杏、青桐、榆、桑、柑橘、枇杷、柿、葡萄等。群集于枝干，吸取植物汁液，严重时介壳密集，植株长势受到严重影响，发育受阻，甚至死亡。

（1）形态识别（见图8—6）。雌成虫介壳圆形，直径2~2.5 mm，略隆起，有螺旋纹，灰白至灰褐色，壳点橘黄色，在介壳中央偏旁。壳下虫体宽卵圆形，长1 mm左右，橙黄或橘红色。触角短小，退化成瘤状，上有1根粗大的刚毛。雄成虫介壳长约1 mm，细长，白色，背面有3条纵脊。壳点橙黄色，位于壳点的前端。雄成虫体长约0.7 mm，橙黄色，1对前翅灰色，腹部末端有1针状交配器。卵为椭圆形，长径0.25~0.3 mm，初产时粉红色，后变为淡橙黄色。初孵若虫淡黄褐色，扁椭圆形，眼、触角、足俱全，腹末有2根尾毛。2龄若虫的眼、触角、足、尾毛均退化消失，开始分泌介壳。雄蛹橙黄色，长椭圆形。

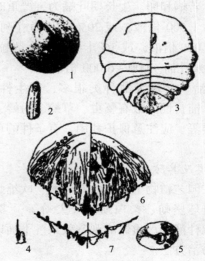

图 8—6　桑白蚧
1—雌介壳　2—雄介壳　3—雌虫体　4—触角
5—前气门　6—臀板　7—臀板末端

　　（2）生活习性。发生代数因地而异，广东 5 代，浙江 3 代，北方各地 2 代。以受精雌成虫在枝条上越冬，翌年 3 月越冬雌成虫开始吸食，虫体迅速膨大，4 月下旬开始产卵。平时雌虫介壳与树体接触较紧，产卵期较为松弛，有的略翘起有缝，产卵于体后，堆积在介壳下。雌虫产卵后不久干缩死亡。雄成虫寿命极短，仅 1 天左右。江苏、浙江等地第 1 代卵孵化盛期为 4 月中下旬，第 2 代 6 月下旬至 7 月上旬，第 3 代 8 月下旬至 9 月上旬。介壳虫喜阴暗潮湿，在通风不良、管理不善的林间发生较为严重，多分布于枝条分叉处以及枝干阴面。红点唇瓢虫为桑白蚧重要天敌，对其有很强的捕食能力，可有效地控制其为害。

　　（3）防治方法。防治措施应本着"预防为主，综合防治"的植保方针，考虑生态平衡，着眼于园林技术防治，尽量少用农药。常用的防治方法有：

1）植物检疫。调运苗木时应加强植物检疫工作，发现为害严重的介壳虫，应及时处理，以防扩散。

2）园林技术措施。选育抗虫品种，合理轮作；合理密植，避免过密形成高湿；温室要通风、透光；加强土、肥、水管理，增强植株自然抗虫力。冬季和早春，结合修剪，剪除虫枝并烧毁。对个别枝条或叶片上的介壳虫，可用软刷、竹片或破布轻刷、轻刮或涂抹，也可用破布蘸煤油抹杀。

3）药物防治。

①消灭越冬虫源。可于冬季或早春植物发芽前，喷洒 3～5 波美度石硫合剂或石硫合剂晶体 50 倍液。

②若虫期防治。对出土的初孵若虫，可于早春在树根周围土面喷洒 50% 西维因可湿性粉剂 500 倍液，或 50% 辛硫磷乳油 1 000 倍液，或 3% 莫比朗乳油 1 000～2 000 倍液等。

③生长期防治。发生严重时，可用内吸杀虫剂灌根或用树大夫防虫注干液注茎。

4）保护和利用天敌。在园林中种植蜜源植物、保护繁殖益鸟或饲养释放天敌等，可大大提高天敌对介壳虫的防控效果。

4. 粉虱类害虫的防治

粉虱类在园艺栽培上主要有温室白粉虱、烟粉虱、橘刺粉虱等，粉虱较易集中爆发，为害严重，下面以温室白粉虱和烟粉虱为例，介绍粉虱类害虫的防治方法。

（1）温室白粉虱。又名白粉虱、小白蛾，属同翅目粉虱科。主要在北方为害菊花、天竺葵、杜鹃、倒挂金钟、月季、牡丹、绣球等园林植物。成虫和若虫集于叶背吸食汁液，严重时导致叶片褪色、凋萎，甚至干枯。此外，还可分泌蜜露，诱发煤污病，并传播多种植物病毒。

1）形态特征（见图 8—7）。成虫体淡黄白色，体长 0.99～1.06 mm，翅展 2.41～2.65 mm。两翅均膜质，覆盖白色蜡粉，前翅有一长一短两条脉，后翅有一条脉。卵初产淡黄色，后变紫黑色，卵表面覆盖白色蜡粉。若虫黄绿色，扁椭圆形，体缘及体背具数十根长短不一的蜡丝，两根尾须稍长。伪蛹淡黄色，椭圆形，中央突起，蛹背有 10～11 对刚毛状蜡刺。

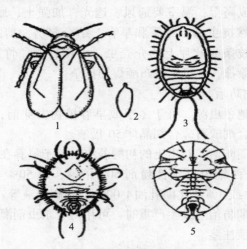

图 8—7　温室白粉虱和烟粉虱

温室白粉虱：1—成虫　2—卵　3—若虫　4—蛹壳

烟粉虱：5—蛹壳

2）生活习性。每年发生 10 多代，在温室内可终年繁殖。繁殖快，产卵量大，世代重叠严重。以各种虫态在温室植物上越冬。成虫喜群集在上部嫩叶背面取食和产卵。随着植物生长，成虫不断向上部嫩叶片转移。一般最上部嫩叶以成虫和初产卵最多，稍下部叶片为即将孵化的卵和初孵若虫，再往下为 2～3 龄幼虫，最下部叶片以蛹为多。每雌可产卵 100～200 粒。成虫有两性生殖或孤雌生殖。成虫有趋光、趋黄色和嫩绿色的习性。

（2）烟粉虱。又名棉粉虱、甘薯粉虱。属同翅目粉虱科。全国各地均有发生。为害一品红、扶桑、蜀葵、木槿、秋海棠、万寿菊、夹竹桃、南天竹等众多植物。

1）形态特征。成虫体淡黄色，体长 0.85～0.91 mm，翅展

1.81～2.13 mm，两对膜质翅表面覆白色蜡粉。前翅仅有 1 条翅脉，不分叉。卵色由白到黄或琥珀色，孵化前变褐色。若虫体缘无蜡丝。蛹壳平坦，无或有极少蜡质分泌物。

2）生活习性。在热带和亚热带地区一年可发生 11～15 代，世代重叠。北京地区该虫盛发期为 8～9 月。卵散产于叶背面，排列不规则。每雌产卵 30～300 粒。1 龄若虫找到合适部位后便固定不动直至成虫羽化。成虫趋黄性强。主要天敌有蚜小蜂科的浆角蚜小蜂和恩蚜小蜂，以及瓢虫、草蛉、花蝽等。

（3）粉虱类的防治方法。

1）人工防治。苗木进入大棚和温室前应注意检查，以免将粉虱带入。清除大棚和温室周围杂草，减少虫源。对园林植物适度修枝，创造通风透光的环境，以减轻危害。

2）物理防治。白粉虱成虫对黄色有强烈趋性，可在植物旁悬挂黄色诱虫板或栽插黄色木板或塑料板，并在板上涂黄油或凡士林，振动植物枝条，使飞舞的成虫趋向并粘到黄色板上，起到诱杀作用。

3）药剂防治。大棚和温室白粉虱发生严重时，可用 80% 敌敌畏熏蒸成虫，用量为原液 1 mL/m³，兑水 1～2 倍，使药液迅速雾化（可将药液撒在室内火道上），每隔 5～7 天 1 次，连续进行 5～7 次，并注意密闭门窗。也可喷施 1.8% 阿维菌素乳油 4 000 倍液，或 20% 速灭杀丁乳油 2 000～3 000 倍液，或 2% 蚜虱消可湿性粉剂 2 000～3 000 倍液，或 0.26% 苦参碱水剂 1 000～1 500 倍液等。药液要喷施均匀，叶背喷施更应均匀周到。

4）保护天敌。粉虱类的天敌有丽蚜小蜂、刺粉虱黑蜂、中华草蛉、红点唇瓢虫等，应加以保护和利用。

5. 大青叶蝉的防治

大青叶蝉又名青叶蝉、大绿浮尘子，属同翅目叶蝉科。分布广泛。食性广，为害木芙蓉、杜鹃、梅、李、樱花、海棠、梧桐、扁柏、桧柏、杨、柳、桑、苹果、草坪草等多种植物。成虫和若虫刺吸植物汁液。受害叶片呈现小白斑点，影响生长，并且能传播病毒病。

（1）形态特征（见图8—8）。大青叶蝉雌成虫体长 9.4 ~ 10 mm，雄成虫体长 7.2 ~ 8.3 mm。青绿色，头部黄色，单眼间有 2 黑点。前胸背板淡黄绿色，后半部深青绿色，小盾片淡黄绿色，前翅绿色微带蓝色，末端灰白色，半透明，后翅烟黑色，半透明。腹部背面蓝黑色，腹面及足橙黄色。卵为长卵圆形，白色微黄，略弯曲。若虫共 5 龄。体黄绿色，3 龄后出现翅芽。

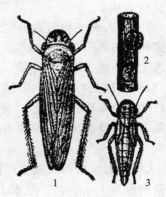

图8—8　大青叶蝉
1—成虫　2—卵块　3—若虫

（2）生活习性。1 年 2 ~ 6 代，以卵在枝条的皮层内越冬。翌春 3 月下旬越冬卵开始发育。初孵若虫常喜群聚取食，若遇惊扰便疾行横走，由叶面向叶背逃避。3 龄后若虫从寄主植物迁到禾本科等矮小植物上生长繁殖。成虫飞翔能力较弱，趋光性强。每雌产卵 62 ~ 148 粒。夏季卵多产于禾本科植物的茎秆和叶鞘上。越冬卵多产于树木幼嫩光滑的枝条和主干表皮下。大发生时，一些苗木及幼树，常因卵痕密布，不耐寒风而干枯死亡。

（3）防治方法。

1）人工防治。冬季或早春清除田边杂草，剪除有卵枝条以及人工捕捉灭虫等。

2）灯光诱杀。可利用黑光灯或普通灯光诱杀大青叶蝉。

3）药剂防治。害虫发生量大时，可喷洒10%吡虫啉可湿性粉剂2 000~2 500倍液，或3%莫比朗乳油1 000~2 000倍液，或20%速灭杀丁乳油3 000倍液等。对根部为害的若虫，可于若虫入土前在树干或树干基部附近地面喷施残效期长的高浓度触杀剂，效果较好。

三、蛀干害虫

1. 天牛的防治

天牛是园林植物的主要蛀干害虫，常见的有光肩星天牛、云斑天牛、桑天牛、青杨天牛等，均以幼虫蛀食枝干、成虫啃食嫩枝和叶为害为主。下面以云斑天牛为例介绍天牛的防治方法。

云斑天牛又称云斑白条天牛、多斑白条天牛，属鞘翅目天牛科。在全国各地均有发生。为我国园林和林业树木的重要害虫。主要为害桑、杨、柳、栎、榕、榆、桉、油桐、乌桕、女贞、泡桐、核桃、枇杷、山核桃、无花果、板栗、麻栎、木麻黄等园林树木。成虫啃食新枝嫩皮，幼虫蛀食韧皮部及木质部，影响植株生长，易风折，严重时导致树木枯死。

（1）形态特征（见图8—9）。云斑天牛成虫体长34~61 mm，体宽9~15 mm。体黑色或黑褐色，密被灰白色绒毛。触角从第2节起，每节都有许多细齿，下沿两侧更显著，雄虫尤甚。雄虫触角超出体长约1/3。前胸背板中央有1对近肾形白色或橘黄色斑，两侧有刺突。鞘翅翅面上具不规则白色云状毛斑，略呈2~3纵行。翅基部有颗粒状光亮瘤突，约占鞘翅1/4。体两侧各有1条白色绒毛组成的纵带。卵为长卵圆形，淡黄色，长约8 mm。老熟幼虫体长70~80 mm，淡黄色，头部深褐色，前胸背板有凸字形的褐斑，褐斑前方近中线有2个小黄点，小点上各有刚毛1根。蛹体长40~70 mm，淡黄白色。

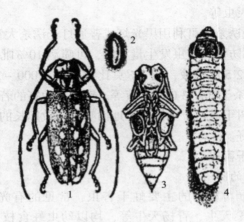

图8—9　云斑天牛
1—成虫　2—卵　3—蛹　4—幼虫

（2）生活习性。2~3年1代，以幼虫和成虫在蛀道内或蛹室中越冬。成虫于翌年4月中旬咬一圆形羽化孔，至5—6月陆续飞出树干，取食叶片或新枝嫩皮补充营养，多在晚间活动。成虫产卵前先在树皮上咬一个椭圆形蚕豆粒大小的浅穴，然后于浅穴上方产1粒卵，最后把浅穴四周的树皮咬成细木屑堵住产卵口。每雌虫产卵40粒左右，卵多产在胸径10~20 cm的树干上。6月为产卵盛期。成虫受惊时会坠落地面。初孵幼虫蛀食韧皮部，使树皮外张纵裂，排出木屑和虫粪。老熟幼虫在蛀道末端做蛹化室化蛹。9月中下旬羽化为成虫，在蛹室内越冬。

（3）天牛的防治方法。

1）植物检疫。调运可能携带天牛的苗木、插条、原木时，一定要加强植物检疫，防止人为传播扩散。检查有无天牛的产卵槽、排粪孔、羽化孔、虫道或活虫，一经发现严格按照检疫规定处理。

2）技术防治。合理选用抗虫树种，注意园林植物的合理配置，以减轻天牛为害。及时剪除被害枝梢，伐除枯死或风折树木，更新衰老树，以减少天牛的产卵场所及虫源。

3）物理防治。利用天牛的假死性，进行人工捕捉。利用趋光性，设置黑光灯诱杀。利用饵木诱成虫产卵，然后集中处理。用铁丝钩杀幼虫。用硬物拍打产卵槽将卵消灭其中。成虫产卵前，在树干基部 80 cm 以下涂刷白涂剂（白灰 10 kg + 硫黄1 kg + 动物胶适量 + 水 20 ~ 40 kg），可有效预防成虫产卵。

4）化学防治。选用 50% 辛硫磷乳油等内渗剂 100 ~ 200 倍液喷施受害树干，杀死成虫及产卵深度不大的初龄幼虫。将80% 敌敌畏乳油 50 倍液或 2.5% 溴氰菊酯乳油 400 倍液等注入蛀孔中，能毒杀幼虫。用 52% 磷化铝片剂进行单株熏蒸，每棵树用药 1 片，或挖坑密封熏蒸，用药 2 片/平方米。

2. 吉丁虫的防治

鞘翅目吉丁甲科中的六星吉丁虫、柳吉丁虫等都是常见的蛀干害虫，防治难度较大，下面以六星吉丁虫为例介绍吉丁虫的防治方法。

六星吉丁虫又名六星铜吉丁、串皮虫，属鞘翅目吉丁甲科。分布于我国黑龙江、吉林、辽宁、天津、河南、江苏、浙江、上海等地。为害重阳木、悬铃木、枫杨、五角枫、红梅、樱花等园林植物。幼虫蛀食皮层和木质部，虫道内布满虫粪、蛀屑，严重时可造成整株死亡。

（1）形态特征（见图 8—10）。成虫体长 10 ~ 13 mm，茶褐色，有金属光泽。鞘翅不光滑，每鞘翅上有 3 个等距离排列的金绿色或黄白色下凹圆斑。腹面金绿色。卵乳白色，椭圆形。老熟幼虫长 30 mm 左右，虫体扁平，乳白色，头小，前胸特别膨大，中央有黄褐色人字形纹。第 3、4 节短小，以后各节增

图 8—10　六星吉丁虫
1—成虫　2—幼虫

大，末 2 节渐细小，呈圆钉形。蛹长 10 ~ 13 mm，椭圆形，两端略尖，初为乳白色，后颜色加深。

（2）生活习性。1 年发生 1 代，以幼虫在蛀道内越冬。成虫于 5 月中旬开始出现，羽化盛期在 6—7 月。成虫在晨露未干前较迟钝，有假死性，取食嫩皮、幼叶补充营养，多于皮层缝隙间产卵。幼虫先蛀食皮层，后进入木质部为害茎干 5 ~ 10 cm 粗的树木，幼虫数可达 100 多头，围绕干部串食皮层，使树皮外表呈现红褐色，树皮干裂翘起，韧皮部全部被破坏，其中充满由红褐色粉末黏结成的块状虫粪。幼虫由上向下蛀食，长隧道达 20 cm 左右。有时整株树木已死亡，幼虫仍在其中活动蛀食。9 月下旬进入木质部之前先咬一新月形羽化孔，孔口由虫粪堵塞，不易被发现。翌年羽化成虫咬破虫粪孔飞出。

（3）防治方法。

1）加强检疫。防止吉丁虫随着苗木的调运传播蔓延。

2）加强养护管理。对园林植物尤其是新栽植的树木应及时补充水分，使之生长旺盛，保持树干光滑，杜绝成虫产卵或抑制卵的孵化。成虫羽化前，及时清除枯枝、死树或被害枝条，并烧毁，以减少虫源。

3）人工捕杀。在成虫发生期，于早晨露水未干前振动树干，踩死或网扑落地假死成虫。发现树皮翘起，一剥即落并有虫粪时，立即掏去虫粪，捕捉或用小刀戳死幼虫。

4）化学防治。在成虫未破孔飞出前，用 80% 敌敌畏乳油 1 000 倍液或 10% 氯氰菊酯乳油 2 000 倍液等喷涂树干，毒杀幼虫或成虫，防止成虫飞出。

四、地下害虫

1. **金龟甲类的防治**

蛴螬是金龟甲幼虫的统称。金龟甲属鞘翅目金龟甲科。全国大部分地区有分布。常见的有铜绿丽金龟（见图 8—11）、东北大黑鳃金龟、朝鲜黄金龟子、中华金龟子等。以幼虫为害为主，取食植物的地下部分及播下的种子，造成缺苗断株，断口平截。成虫啃食各种植物叶片，形成孔洞、缺刻或秃枝。为害杨、柳、榆、桃、松、杉、柑橘、苹果等多种树木。下面以铜绿丽金龟为例介绍蛴螬的防治方法。

图8—11　铜绿丽金龟

（1）形态特征。成虫体长 15 ~ 18 mm，宽 8 ~ 10 mm。背面铜绿色，有光泽。额及前胸背板两侧边缘黄褐色或褐色。幼虫体肥大，体型弯曲呈 C 型，多为白色，少数为黄白色。头部褐色，上颚显著，腹部肿胀。体壁较柔软多皱，体表疏生细毛。头大而圆，多为黄褐色，生有左右对称的刚毛，刚毛数量的多少常作为分种的特征。具胸足 3 对，一般后足较长。腹部10 节，第 10 节称为臀节，臀节上生有刺毛。

（2）生活习性。1 年 1 代，以幼虫在土壤中越冬。越冬幼虫于翌年 3 月上旬开始活动，3 月中旬至 4 月在土壤表层危害植物根系。5 月上旬幼虫化蛹，蛹期 7 ~ 8 天，5 月下旬成虫出现，一周后产卵，6 月下旬至 7 月底为产卵盛期，卵期平均 16 天。孵化后 1 龄幼虫平均 20 天，2 龄幼虫平均 23 ~ 28 天，3 龄幼虫265 ~ 279 天，整个幼虫期达 300 多天（含越冬期）。7 月中旬至9 月为幼虫危害期，10 月中下旬移到深土层越冬。

（3）防治方法。

1）做好预测预报工作。调查和掌握成虫发生盛期，采取措施，及时防治。

2）药剂处理土壤。用 50% 辛硫磷乳油每亩 200 ~ 250 g，加水 10 倍喷于 25 ~ 30 kg 细土上拌匀制成毒土，顺垄条施，随即浅锄，或将该毒土撒于种沟或地面，随即耕翻或混入厩肥中施用。用 2% 甲基异柳磷粉每亩 2 ~ 3 kg 拌细土 25 ~ 30 kg 制成毒土。用 3% 甲基异柳磷颗粒剂、3% 呋喃丹颗粒剂、5% 辛硫磷颗粒剂或5%地亚农颗粒剂，每亩2.5~3 kg处理土壤。

3）药剂拌种。用50%辛硫磷、50%对硫磷或20%甲基异柳磷药剂与水和种子按1:30:（400~500）的比例拌种；用25%辛硫磷胶囊剂或25%对硫磷胶囊剂等有机磷药剂或用种子质量2%的35%克百威种衣剂包衣，还可兼治其他地下害虫。

4）毒饵诱杀。每亩用25%对硫磷或辛硫磷胶囊剂150~200 g拌谷子等饵料5 kg，或50%对硫磷、50%辛硫磷乳油50~100 g拌饵料3~4 kg，撒于种沟中，亦可收到良好防治效果。

5）药枝诱杀。成虫出土高峰期，将新鲜的榆树枝条截成50~70 cm长，用40%毒死蜱乳油500~800倍液均匀喷在树枝上，每亩插4~5把。

6）火堆诱虫。傍晚，选择成虫比较多的树下，堆积作物秸秆或干草等可燃物，点燃后摇动树体，成虫就会飞进火堆。

2. 蝼蛄的防治

蝼蛄俗称土狗、地狗、拉拉蛄等，属直翅目蝼蛄科，为典型的地下害虫。成虫、若虫咬食植物的根部及靠近地面的幼茎，断口处呈乱麻状。也常食新播和刚发芽的种子。还在土壤表层开掘纵横交错的隧道，使幼苗须根与土壤脱离枯萎而死，造成缺苗断垄。常见的有华北蝼蛄和东方蝼蛄，下面以东方蝼蛄为例介绍蝼蛄的防治方法。

东方蝼蛄又称非洲蝼蛄。东方蝼蛄在全国普遍发生，是蔬菜、果树、花卉和草坪等植物的主要地下害虫之一。以成虫和若虫危害多种植物种子、幼根、幼苗、茎、块根、块茎，被害处呈乱麻状。

（1）形态特征（见图8—12）。卵椭圆形。初产长约2.8 mm，宽1.5 mm，灰白色，有光泽，后逐渐变成黄褐色，孵化之前为暗紫色或暗褐色，长约4 mm，宽2.3 mm。若虫：8~9个龄期。初孵若虫乳白色，体长约4 mm，腹部大。2、3龄以上若虫体色接近成虫，末龄若虫体长约25 mm。成虫：体长30~

35 mm，灰褐色，全身密布细毛。头圆锥形，触角丝状。前胸背板卵圆形，中间具一暗红色长心脏形凹陷斑。前翅灰褐色，较短，仅达腹部中部。后翅扇形，较长，超过腹部末端。腹末具1对尾须。前足为开掘足，后足胫节背面内侧有4个距。

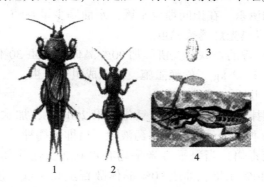

图8—12 东方蝼蛄
1—成虫 2—若虫 3—卵 4—为害状

（2）生活习性。北方地区2年发生1代，南方地区1年发生1代。以成虫及若虫在土穴中越冬。翌年清明前后上升到土表活动，在土中垒起小土堆，5~6月是为害盛期。成虫5月上中旬羽化，成虫昼伏夜出，具有趋光性。卵堆产于土室中，初孵若虫具有群集性，先取食腐殖质，3~6天后分散为害。

蝼蛄午夜前后取食，对香甜气味具趋性，尤对炒香的麦麸、豆饼、谷子等特别嗜好。对未腐熟马粪及有机质含量高的土壤也具有趋性，故堆积马粪、粪坑等有机质多的地块发生多。另外，蝼蛄较喜潮湿，成虫多于沿河地块、低洼地、田埂边产卵，因此此类地发生较多。

（3）防治方法。

1）物理机械防治。

①田间挖洞灭虫。春季根据蝼蛄上升活动时留下的隧道或虚土找到虫洞，铲去表土，顺洞壁下挖约45 cm即可找到蝼蛄。夏

季在蝼蛄产卵盛期结合田间管理挖产卵洞（洞口下 5~10 cm）捕杀卵及成虫。

②马粪诱杀。在田头挖 30~60 cm 见方的土坑，内放马粪，粪下撒少许敌百虫粉诱杀。

③香油诱杀。在田间埋设水罐，水面滴少量香油，可诱杀。

2）设置黑光灯诱杀成虫。

3）用炒香的麦麸、豆饼等加 90% 晶体敌百虫 30 倍液拌匀，每亩用量 1.5~2 kg 于傍晚撒施，诱杀成虫及若虫。

4）药剂防治

①药剂拌种。40% 乐果或氧化乐果 200 mL，加水 5~6 kg，喷在 100 kg 种子上，待种子将药液吸干后即可播种。

②撒施毒饵。当每平方米平均有虫 0.2 头或作物被害率达 5% 时，用 40% 乐果乳油或 90% 晶体敌百虫 0.5 kg，加水 5 kg，拌和 50 kg 炒香的麦麸或豆饼、玉米糁等饵料，稍加堆闷，待药液被吸收后，在蝼蛄活动期，于黄昏时撒在隧道洞口或地面，每亩用量为 1~1.5 kg。

3. 金针虫的防治

金针虫是叩头甲幼虫的通称，也称蠐虫子、金耙齿、叩头虫、磕头虫，属鞘翅目叩头甲科。种类较多，常见的有沟金针虫、细胸金针虫、褐纹金针虫等。幼虫为害刚发芽的种子和幼苗的根部，造成缺苗断垄，成虫食叶成缺刻。下面以沟金针虫成虫和细胸金针虫为例介绍金针虫的防治方法。

（1）形态特征（见图 8—13）。沟金针虫成虫体长 14~18 mm，宽 3.5~5 mm，扁长形、深黑色，密被金黄色细毛。头部扁平，密布刻点，头顶凹陷三角形。雌虫触角 11 节，为前胸长度的 2 倍，前胸背板呈半球状隆起、后缘角外突、中央 1 细纵沟，鞘翅约为前胸长度的 4 倍。雄虫触角 12 节，长及鞘翅末端，鞘翅长度为头胸部长度的 5 倍。腹部可见腹板 6 节。末龄幼虫长 20~30 mm，金黄色，体形宽而略扁平，体节宽大于长。背面中央有 1 条细纵沟。体表被有黄色细毛。头部黄褐色扁平，前缘呈齿状突起。末节每侧有 3 个齿状突起，末端分为尖锐而向上弯曲的二叉，每叉的内侧各有 1 个小齿。

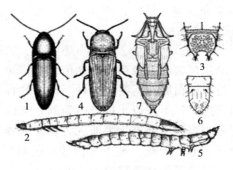

图 8—13　两种常见金针虫
细胸金针虫：1—成虫　2—幼虫　3—幼虫腹末
沟金针虫：4—成虫　5—幼虫　6—幼虫腹末　7—蛹

细胸金针虫成虫体长 8 ~ 9 mm，宽 2.5 mm，暗褐色密被灰色短毛，并有光泽。末龄幼虫体长 23 mm，细长，圆筒形，色淡黄，有光泽。末节的末端呈圆锥形，近基部的背面两侧各有 1 个褐色圆斑，背面有 4 条褐色纵纹。

（2）生活习性及发生规律。沟金针虫完成 1 代需 3 年以上，细胸金针虫和褐纹金针虫 2 年完成 1 代，均以幼虫或成虫在土下越冬。每年 3—4 月和 9—10 月作物春播和秋播期出现两次危害高峰。夏季在深土层越夏。耕作粗放、湿润的地块发生重。地面积水往往迫使幼虫下移深土层，地面危害暂时减轻。

（3）防治方法。

1）园林技术防治。精耕细作和耕翻土地可抑制金针虫发生。

2）毒草诱杀。用 90% 晶体敌百虫 500 ~ 800 倍液浸过的禾本科杂草诱杀。

3）药剂防治。

①药剂拌种。用 50% 辛硫磷或 40% 乐果乳油 200 mL，加水

5～6 kg，喷在 100 kg 种子上，待种子将药液吸干后即可播种。

②浇灌药液。当每平方米有虫 5 头以上时，可用 50% 辛硫磷乳油 1 000 倍液，或 80% 敌百虫可溶性粉剂 600～800 倍液，或 80% 敌敌畏乳油 1 500 倍液，顺垄浇灌。

4. 地老虎的防治

地老虎俗称地蚕、切根虫、土蚕、黑土蚕、黑地蚕，属鳞翅目夜蛾科。以幼虫危害花卉及苗木的幼苗，常将幼茎咬断，将茎叶拖入土中，造成缺苗断垄，甚至毁种。常见的有小地老虎、黄地老虎、大地老虎等。下面以小地老虎为例介绍地老虎的防治。

小地老虎分布普遍，严重为害地区为长江流域、东南沿海各地，在北方分布在地势低洼、地下水位较高的地区。食性很杂。对花卉、地被、草坪等园林植物为害较大。

（1）形态特征（见图 8—14）。小地老虎成虫体、翅均为暗褐色，前翅上肾形纹黑色，其外方有一浓黑色的、尖端向外的楔形纹。幼虫为圆筒形，黄褐色或黑褐色，口器前伸，体表粗皱。小地老虎多为 6 龄，体长 41～50 mm。体形稍扁平，黄褐色至黑褐色，体表粗糙，腹末臀板黄褐色，有对称的 2 条深褐色纵带。

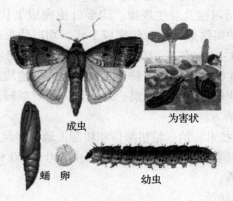

成虫

为害状

蛹　卵

幼虫

图 8—14　小地老虎

（2）生活习性。一年4代。越冬代成虫2月始见，3月中旬至4月中旬成虫盛发期，4月中旬卵孵化盛期，4月下旬至5月中旬一代幼虫为害盛期。北方发蛾盛期后20～30天是幼虫为害盛期。喜产卵于田间须根、干草棒上。幼虫有蛀茎习性。

（3）防治方法。

1）除草灭虫。杂草是小地老虎早春产卵的主要场所。在春播前，春耕细耙，消灭杂草，可消灭部分虫卵。

2）泡桐叶诱杀。每8～10 m² 用一片新鲜泡桐叶片，傍晚平放地面上，次晨到叶下捕捉幼虫，连续3～5天，诱杀率可达95%。

3）毒饵或毒草诱杀。对4龄以上幼虫，可将1 kg 90%敌百虫用热水化开，加水10 kg，喷在100 kg炒香的棉籽饼或油渣上制成毒饵，也可用0.5 kg敌百虫喷拌铡碎的鲜草60～100 kg，制成毒草。每hm²用毒饵75 kg或用毒草225～300 kg，于傍晚撒于苗根附近。

4）黑光灯诱杀成虫。利用黑光灯或糖浆诱蛾，或利用性引诱剂诱杀成虫。

5）毒土、毒砂。用50%辛硫磷、20%除虫菊酯乳油分别以1:300、1:2 000比例拌成毒土或毒砂，每公顷撒施300 ～375 kg，对低龄和高龄幼虫均有效。

6）药剂防治。幼虫孵化盛期用50%辛硫磷或甲基异柳磷1 kg，加适量水喷拌细土100 kg；50%敌敌畏1 kg，加适量水后喷拌细沙1 000 kg，制成毒土或毒砂，顺垄撒于苗根基部，每hm²用300～375 kg。

7）人工捕捉。对残余的大幼虫，可于清早逐行检查，发现新咬断的幼苗就挖土捕捉，连续捕捉3～5天。

模块二　园艺植物病害防治

一、叶、花、果病害

在自然情况下，每种园林植物都会遭受这样或那样病害的危害，尤其以园林植物叶、花、果病害种类为多。有 60% ~ 70% 的园林植物病害属于叶、花、果病害。一般情况下，叶、花、果病害很少能引起园林植物的死亡，但叶片的斑驳、枯死、变形，花的提前脱落等，却直接影响园林植物的观赏价值，尤其是对观叶植物的影响更甚。叶部病害还常常导致园林植物提早落叶，减少光合作用产物的积累，削弱花木的生长势，并诱发其他病虫害的发生。

引起园林植物的叶、花、果病害的病原既有侵染性病原（寄生性种子植物除外），也有非侵染性病原，但大多数是由侵染性病原引起的。侵染性病原，包括真菌、细菌、病毒、植原体、寄生性线虫等，都能引起植物叶部病害，以真菌为主，并且有些叶部病害（如病毒病等），往往发病比较重，危害比较大。

园林植物叶、花、果病害的症状类型很多，主要有灰霉、白粉、锈粉、煤污、斑点、毛毡、变形、变色等。

园林植物叶、花、果病害的防治原则：集中清除侵染来源和喷药保护是防治园林植物叶、花、果病害的主要措施，改善园林植物生长环境是控制病害发生的根本措施。

1. 叶变形类

叶变形病主要是由子囊菌亚门的外子囊菌和担子菌亚门的外担子菌引起的。寄主受病菌侵害后组织增生，使叶片肿大、皱缩、加厚，果实肿大、中空成囊状，引起落叶、落果，严重的引起枝条枯死，影响观赏效果。

（1）桃缩叶病

1）分布与为害。我国各地均有发生，浙江地区发生较重。

除为害桃树外，还为害樱花、李、杏、梅等园林植物。发病后引起早期落叶、落花、落果，减少当年新梢生长量，严重时树势衰退，容易受冻害。

2）症状。病菌主要为害叶片，也能侵染嫩梢、花、果实。叶片感病后，一部分或全部波浪状皱缩卷曲，呈黄色至紫红色，加厚，质地变脆。春末夏初，叶片正面出现一层灰白色粉层，即病菌的子实层，有时叶片背面也可见灰白色粉层。后期病叶干枯脱落。病梢为灰绿色或黄色，节间短缩肿胀，其上着生成丛、卷曲的叶片，严重时病梢枯死。幼果发病初期果皮上出现黄色或红色的斑点，稍隆起，病斑随果实长大，逐渐变为褐色，并龟裂，病果早落。桃缩叶病如图8—15所示。

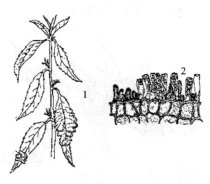

图8—15　桃缩叶病
1—症状　2—子囊及子囊孢子

3）发病规律。早春温度低、湿度大有利于病害的发生。如早春桃芽膨大期或展叶期雨水多、湿度大，发病重。早春温暖干旱时，发病轻。缩叶病发生的最适温度为10~16℃，但气温上升到21℃，病情减缓。此病于4—5月为发病盛期，6—7月后发病停滞。无再次侵染。

（2）杜鹃饼病

1）分布与为害。杜鹃饼病又称叶肿病。此病为杜鹃花上的一种常见病。分布于我国江南地区及山东、辽宁等地。除为害杜鹃外，还为害茶、石楠科植物，导致叶、果及梢畸形，影响园艺植物观赏效果。

2）症状。病菌主要为害叶片、嫩梢，也为害花和果实。发病初期叶片正面出现淡黄色、半透明的近圆形病斑，后变为淡红色。病斑扩大，变为黄褐色并下陷，叶背的相应位置则隆起成半球形，产生大小不一的菌瘿，小的直径 3 ~ 10 mm，大的直径 23 mm 左右，表面产生灰白色粉层，即病菌的子实层，灰白色粉层脱落，菌瘿成褐色至黑褐色。后期病叶枯黄脱落。受害叶片大部分或整片加厚，如饼干状，故称饼病。新梢受害，顶端出现肥厚的叶丛或形成瘤状物。花受害后变厚，形成瘿瘤状畸形花，表面生有灰白色粉状物，如图 8—16 所示。

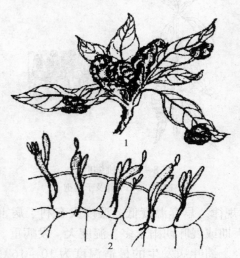

图 8—16　杜鹃饼病
1—症状　2—病原菌的担子和担孢子

3）发病规律。该病是一种低温高湿病害，低温高湿，荫蔽、日照少，管理粗放的花圃或盆栽植株有利病害发生。其发生的适宜温度为15~20℃，适宜相对湿度为80%以上。在一年中有两个发病高峰，即春末夏初和夏末秋初。高山杜鹃容易感病。

（3）叶变形类防治措施

1）清除侵染来源。生长季节发现病叶、病梢和病花，要在灰白色子实层产生以前摘除并销毁，防止病害进一步传播蔓延。

2）加强栽培管理，提高植株抗病力。种植或花盆摆放不宜过密，使植株间有良好的通风透光条件。选择弱酸性且土质疏松的土壤栽培杜鹃，不要积水，促进植株生长，提高抗病能力。

3）药剂防治。在重病区，发芽展叶前，喷洒3~5波美度的石硫合剂保护；发病期喷洒0.5波美度的石硫合剂，或65%代森锌可湿性粉剂400~600倍液，或0.5%的波尔多液或0.2%~0.5%的硫酸铜液3~5次。

2. 白粉病类

白粉病是种子植物受到白粉菌侵染所引起的病症。在我国各地均有发生，在北方地区的多雨季节以及长江流域及其以南的广大地区，发病率很高。除针叶树和球茎、鳞茎、兰花类等花卉以及角质层、蜡质层厚的花卉（如山茶、玉兰等）以外，许多观赏植物（如月季、瓜叶菊、金盏菊、松果菊、非洲菊、波斯菊、翠菊、大丽菊、百日菊、玫瑰、凤仙花、美女樱、秋葵、一品红、蜀葵、福禄考、秋海棠、栀子、紫藤、蔷薇、牡丹、菊花、芍药、大丽花、八仙花、九里香等大部分园林苗木及草坪植物）都有白粉病。白粉病主要危害花木的嫩叶、幼芽、嫩梢和花蕾。病症非常明显，在发病部位覆盖有一层白色粉层。

（1）月季白粉病

1）分布与为害。月季白粉病在我国各地均有发生。该病对月季危害较大，轻则使月季长势减弱、嫩叶扭曲变形、花姿不整，影响生长和失去观赏价值，重则引起月季早落叶、花蕾畸形或不完全开放，连续发病则使月季枝干枯死或整株死亡，造成经济损失。该病也侵染玫瑰、蔷薇等植物。

2）症状。大多发生在植株的嫩叶、幼芽、嫩枝及花蕾上。老叶较抗病。发病初期病部出现褪绿斑点，以后逐渐变成白色粉斑，逐渐扩大为圆形或不规则形的白粉斑，严重时病斑连接成片，犹如覆盖着一层白粉，即病菌的分生孢子。最后粉斑上长出许多黄色小圆点。随后，小圆点颜色逐渐变深，直至呈现黑褐色，即病菌的闭囊壳。月季芽受害后，病芽展开的叶片上、下两面都布满白粉层，叶片皱缩、反卷、变厚，呈紫绿色，感病的叶柄及皮刺上的白粉层很厚，难剥离。嫩梢和叶柄发病时病斑略肿大，节间缩短，病梢弯曲、有回枯现象。花蕾染病时表面被满白粉，不能开花或花姿畸形。严重时，叶片干枯，花蕾凋落，甚至整株死亡。月季白粉病如图8—17所示。

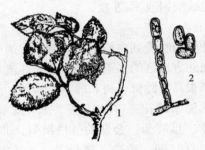

图8—17　月季白粉病
1—症状　2—白粉菌粉孢子

3）发病规律。病原菌主要以菌丝体在芽中越冬，闭囊壳也可以越冬，但一般情况下，月季上较少产生闭囊壳。翌年春季病菌随芽萌动而开始活动，侵染幼嫩部位，3月中旬产生粉孢子。粉孢子主要通过风的传播，直接侵入。在温度20℃、湿度97%~99%的条件下，粉孢子2~4小时就能萌发，3天左右就能形成新的孢子。病原菌生长的最适温度为21℃；最低温度为3℃，最高温度为33℃。露地栽培月季以春季4—6月和秋季9—10月发病较多，温室栽培可整年发生。

温室内光照不足、通风不良、空气湿度高、种植密度大，发病严重；氮肥施用过多，土壤中缺钙或过干的轻沙土，有利于发病；温差变化大、花盆土壤过干等，使寄主细胞膨压降低，都会减弱植物的抗病力，有利于白粉病的发生。月季的品种不同，白粉病的发生也有所不同，芳香族的多数品种不抗病，尤其是红色花品种极易感病。一般小叶、无毛的蔓生、多花品种较抗病。

（2）紫薇白粉病

1）分布与为害。紫薇白粉病在我国普遍发生。云南、四川、湖北、浙江、江苏、山东、上海、北京、湖南、贵州、河南、福建、台湾等省市区均有发生。白粉病使紫薇叶片枯黄，引起早落叶，影响树势和观赏效果。

2）症状。紫薇白粉病主要侵害紫薇的叶片，嫩叶比老叶易感病。嫩梢和花蕾也会受侵染。叶片展开即可受侵染。发病初期，叶片上出现白色小粉斑，扩大后为圆形病斑，白粉斑可相互连接成片，有时白粉层覆盖整个叶片。叶片扭曲变形，枯黄早落。发病后期白粉层上出现由白而黄，最后变为黑色的小点粒——闭囊壳。紫薇白粉病如图8—18所示。

3）发病规律。适温高湿有利于病害的发生。紫薇发生白粉病后，其光合作用强度降低，病叶组织蒸腾强度增加，从而加速叶片的衰老、死亡。紫薇白粉病主要发生在春、秋季，秋季发病为害最为严重。

（3）大叶黄杨白粉病

1）分布与为害。大叶黄杨白粉病是大叶黄杨的常见病害。在我国四川、上海、浙江、山东、江西等地均有发生。大叶黄杨易受白粉病危害的

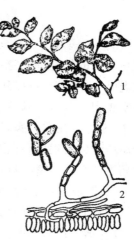

图8—18　紫薇白粉病
1—症状　2—白粉菌粉孢子

是嫩叶和新梢，严重时叶卷曲，枝梢扭曲变形，甚至枯死。

2）症状。白粉多分布于大叶黄杨的叶面，也有生长在叶背面的。单个病斑圆形，白色，愈合之后不规则。将表生的白色粉状菌丝和孢子层拭去时，原发病部位呈现黄色圆形斑。严重时新梢感病可达100%。有时病叶发生皱缩，病梢扭曲畸形，甚至枯死，大叶黄杨白粉病如图8—19所示。

图8—19　大叶黄杨白粉病
1—症状　2—菌丝和分生孢子

3）发病规律。发病的峰值一般出现在4—5月。病斑的发展也与叶的幼老关系密切，随着叶片的老化，病斑发展受限制，在老叶上往往形成有限的近圆形的病斑，而在嫩叶上，病斑扩展几乎无限，甚至布满整个叶片。以后，病害发展停滞下来，特别是7—8月，在白粉病病斑上常常出现白粉寄生菌，严重时，整个病斑变成黄褐色。在发病期间，雨水多则发病严重，徒长枝叶发病重；栽植过密，行道树下遮阴的绿篱，光照不足、通风不良、低洼潮湿等因素都可加重病害的发生，绿篱较绿球病重。

（4）白粉病的防治措施

1）清除侵染来源。秋冬季结合清园扫除枯枝落叶，生长季节结合修剪整枝及时除去病芽、病叶和病梢，以减少侵染来源。

2）加强栽培管理，提高园林植物的抗病性。适当增施磷、钾肥,合理使用氮肥。种植不要过密,适当疏伐,以利于通风透光。及时清除感病植株,摘除病叶,剪去病枝,是减少棚室花卉白粉病发生的一项有效措施。加强温室的温湿度管理,特别是早春保持较恒定的温度,防止温度忽高忽低,有规律地通风换气,使湿度不至于过高,营造不利于白粉病发生的环境条件。选用抗病品种,尽可能选择抗病品种,繁殖时不使用感病株上的枝条或种子。例如月季可选白金、女神、爱斯来拉达、爱、金凤凰等抗白粉病的品种。

3)喷药防治。盆土或苗床、土壤药物杀菌,可用50%甲基硫菌灵与50%福美双(1:1)混合药剂600~700倍液喷洒盆土、苗床或土壤,可达杀菌效果。发芽前喷施3~4波美度的石硫合剂(瓜叶菊上禁用)。生长季节用25%粉锈宁可湿性粉剂2 000倍液、30%的氟菌唑800~1 000倍液、80%代森锌可湿性粉剂500倍液、70%甲基托布津可湿性粉剂1 000~1 200倍液、50%退菌特800倍液或15%绿帝可湿性粉剂500~700倍液进行喷雾,每隔7~10天喷1次,喷药时先叶后枝干,连喷3~4次,可有效地控制病害发生。在温室内可用45%百菌清烟剂熏烟,每667 m²用药量为250 g,也可将硫黄粉涂在取暖设备上任其挥发,能有效地防治月季白粉病(使用硫黄粉的适宜温度为15~30℃,最好在夜间进行,以免白天人受害)。喷洒农药时应注意,整个植株均要喷到,药剂要交替使用,以免白粉菌产生抗药性。

3. 锈病类

锈病是园林植物中的一类常见病害。园林植物受害后,发病部位产生黄褐色锈状物,常造成提早落叶、花果畸形、嫩梢易折,影响植物的生长,降低植物的观赏性。

(1)玫瑰锈病

1)分布与为害。玫瑰锈病为世界性病害。我国北京、山东、河南、陕西、安徽、江苏、广东、云南、上海、浙江、吉林等地均有发生。该病还可为害月季、野玫瑰等园林植物,感病植物提早落叶，削弱植物生长势，影响观赏效果，减少切花产量。

2）症状。玫瑰锈病病菌主要危害叶片和芽。玫瑰芽受害后，展开的叶片布满鲜黄色粉状物，叶背出现黄色稍隆起的小斑点（锈孢子器）。小斑点最初生于表皮下，成熟后突破表皮，散出橘红色粉末，病斑外围往往有褪色环圈。叶正面的性孢子器不明显。随着病情的发展，叶片背面（少数地区叶正面也会出现）出现近圆形的橘黄色粉堆（夏孢子堆）。发病后期，叶背出现大量黑色小粉堆（冬孢子堆），玫瑰锈病如图8—20所示。

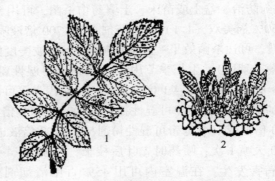

图8—20　玫瑰锈病
1—症状　2—冬孢子堆

病菌也可侵害嫩梢、叶柄、果实等部位。受害后病斑明显隆起，嫩梢、叶柄上的夏孢子堆呈长椭圆形，果实上的病斑为圆形，果实畸形。

3）发病规律。南京地区3月下旬出现明显的病芽，在嫩芽、嫩叶上产生橙黄色粉状的锈孢子。发病的最适温度为18～21℃。一年中以6—7月发病比较重，秋季有一次发病小高峰。

温暖、多雨、多露、多雾的天气有利于病害的发生，偏施氮肥会加重病害的危害。

（2）海棠锈病

1）分布与为害。海堂锈病又名梨桧锈病。主要为害海棠及其他仁果类观赏植物和桧柏。该病在我国发生普遍，各地均有发生。该病使海棠叶片病斑密布、枯黄早落，造成桧柏针叶小枝干枯、树冠稀疏，影响观赏效果。

2）症状。病菌主要为害海棠的叶片，也可为害叶柄、嫩枝、果实。感病初期，叶片正面出现橙黄色、有光泽的小圆斑，病斑边缘有黄绿色的晕圈，其后病斑上产生针头大小的黄褐色小颗粒，即病菌的性孢子器。大约3周后病斑的背面长出黄白色的毛状物，即病菌的锈孢子器。叶柄、果实上的病斑明显隆起，多呈纺锤形，果实畸形并开裂。嫩梢发病时病斑凹陷，病部易折断。

秋冬季病菌为害转主寄主桧柏的针叶和小枝，最初出现淡黄色斑点，随后稍隆起，最后产生黄褐色圆锥形角状物或楔形角状物，即病菌的冬孢子角，翌年春天，冬孢子角吸水膨胀为橙黄色的胶状物，犹如针叶树"开花"。海棠锈病如图8—21所示。

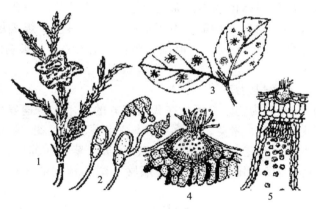

图8—21　海棠锈病
1—桧柏上的冬孢子角　2—冬孢子萌发
3—海棠叶上的症状　4—性孢子器　5—锈孢子器

3）发病规律。该病的发生与气候条件关系密切。春季多雨气温低或早春干旱少雨发病轻，春季温暖多雨则发病重。

该病发生与园林植物的配置关系十分密切。该病菌需要转主寄生才能完成其生活史，故海棠与桧柏类针叶树混栽发病严重。

（3）锈病类的防治措施

1）合理配置园林植物。这是防止转主寄生的锈病发生的重要措施。为了预防海棠锈病，在园林植物配置上要避免海棠和桧柏类针叶树混栽，如因景观需要必须一起栽植，则应考虑将桧柏类针叶树栽在下风向，或选用抗性品种。

2）清除侵染来源。结合庭园清理和修剪，及时除去病枝、病叶、病芽，集中烧毁。

3）化学防治。在休眠期喷洒3波美度的石硫合剂可以杀死在芽内及病部越冬的菌丝体。生长季节喷洒25%粉锈宁可湿性粉剂1 500～2 000倍液，或12.5%烯唑醇可湿性粉剂3 000～6 000倍液，或65%的代森锌可湿性粉剂500倍液，可起到较好的防治效果。

4. 煤污病类

煤污病是园林植物中的常见病害。发病部位的黑色"煤烟层"是煤污病的典型特征。由于叶面布满了黑色"煤烟层"使叶片的光合作用受到抑制，既削弱植物的生长势，又影响植物的观赏效果。

（1）花木煤污病

1）分布与为害。煤污病在我国南方的花木上普遍发生，常见的寄主有山茶、米兰、扶桑、木本夜来香、白兰花、蔷薇、夹竹桃、木槿、桂花、玉兰、紫背桂、含笑、紫薇、苏铁、金桔、橡皮树等。发病部位的黑色"煤烟层"削弱植物的生长势，影响观赏效果。

2）症状。病菌主要为害植物的叶片，也能为害嫩枝和花器。病菌的种类不同引起的花木煤污病的病状也略有差异，但黑色"煤烟层"是各种花木煤污病的典型特征。

3）发病规律。病害的严重程度与温度、湿度、立地条件及蚜虫、介壳虫的关系密切。温度适宜、湿度大，发病重；花木栽植过密，环境阴湿，发病重；蚜虫、介壳虫为害重时，发病重。

在露天栽培的情况下，一年中煤污病的发生有两次高峰，即3—6月和9—12月。温室栽培的花木，煤污病可整年发生。

（2）煤污病的防治措施

以及时防治蚜虫、介壳虫的为害为防治煤污病的重要措施。

1）加强管理，营造不利于煤污病发生的环境条件。注意花木栽植的密度，防止过密，适时修剪、整枝，改善通风透光条件，降低林内湿度。

2）药剂防治。喷施杀虫剂防治蚜虫、介壳虫的为害（详见蚜虫、介壳虫的防治）。在植物休眠季节喷施3~5波美度的石硫合剂以杀死越冬病菌，在发病季节喷施0.3波美度的石硫合剂，有杀虫治病的效果。

5．灰霉病类

灰霉病是草本观赏植物最常见的真菌病害，对保护地栽培植物危害最大。灰霉病的病症很明显，在潮湿情况下病部会形成显著的灰色霉层。灰葡萄孢霉是最重要的病原菌，该菌寄主范围很广，几乎能侵染所有草本观赏植物。

（1）仙客来灰霉病

1）分布与为害。仙客来灰霉病是世界性病害，尤其是温室花卉发病十分普遍，我国仙客来栽培地区均有发生。仙客来灰霉病还能为害月季、倒挂金钟、百合、扶桑、樱花、白兰花、瓜叶菊、芍药等多种园林植物，造成叶、花腐烂，严重时导致植株死亡。

2）症状。仙客来的叶片、叶柄、花梗和花瓣均可发生此病。叶片发病初期，叶缘出现暗绿色水渍状病斑，病斑迅速扩展，可蔓延至整个叶片。病叶变为褐色，以致干枯或腐烂。叶柄、花梗和花瓣受害时，均发生水渍状腐烂。在潮湿条件下，病部产生灰色霉层，即病原菌的分生孢子和分生孢子梗（见图8—22）。

3）发病规律。该病一年中有两次发病高峰，即2—4月和7—8月。温度20℃左右，相对湿度90%以上，有利于发病。温室大棚温度适宜、湿度大，适宜该病的发生，如果管理不善，该病整年都可以发生且严重。室内花盆摆放过密、施用氮肥过多引起徒长、浇水不当以及光照不足等，都可加重病害的发生。土壤黏重、排水不良、光照不足、连作的地块发病重。

（2）月季灰霉病

1）分布与为害。月季灰霉病又名四季海棠灰霉病，是世界各地都有分布的一种病害，在我国尤以长江以南多雨地区发病严重。危害月季叶片、花、花蕾、嫩茎等部位，使被害部位腐烂。月季灰霉病也侵害竹叶海棠、斑叶海棠等。

图8—22　仙客来灰霉病

2）症状。病菌可侵害叶片、花蕾、花瓣和幼茎，但以为害花器为主。叶片受害后，在叶缘和叶尖出现水渍状淡褐色斑点，稍凹陷，后扩大并发生腐烂。花蕾受害变褐枯死，不能正常开花。花瓣受害后变褐皱缩和腐烂。幼茎受害也发生褐色腐烂，造成上部枝叶枯死。在潮湿条件下，病部长满灰色霉层，即病原菌的分生孢子和分生孢子梗。月季灰霉病如图8—23所示。

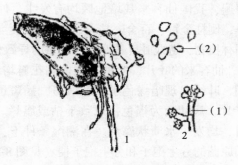

图8—23　月季灰霉病

1—症状　2—病原　（1）分生孢子梗　（2）分生孢子

3）发病规律。病菌以分生孢子、菌丝体和菌核越冬。分生孢子借风雨传播，多从伤口侵入，也可直接从表皮侵入或从自然孔口侵入。湿度大是诱发灰霉病的主要原因。播种过密，植株徒长，植株上的衰败组织不及时摘除，伤口过多，以及光照不足，温度偏低，均可加重该病的发生。

（3）灰霉病类的防治措施

1）控制温室湿度。为了降低棚室内的湿度，应经常通风，最好使用换气扇或暖风机。

2）清除侵染来源。种植过染病花卉的盆土，必须更换掉或者经消毒之后方可使用。要及时清除病花、病叶，拔除重病株，集中销毁，以免扩大传染。

3）加强肥水管理，注意园艺操作。定植时要施足底肥，适当增施磷、钾肥，控制氮肥用量。要避免在阴天和夜间浇水，最好在晴天的上午浇水，浇水后应通风排湿。一次浇水不宜太多。在养护管理过程中应小心操作，尽量避免在植株上造成伤口，以防病菌侵入。

4）药剂防治。于生长季节喷药保护，可选用70%甲基托布津可湿性粉剂800～1 000倍液，或50%多菌灵可湿性粉剂1 000倍液，或50%农利灵可湿性粉剂1 500倍液，进行叶面喷雾。每两周喷1次，连续喷3～4次。有条件的可试用10%绿帝乳油300～500倍液或15%绿帝可湿性粉剂500～700倍液。为了避免产生抗药性，要注意交替和混合用药。在温室大棚内使用烟剂和粉尘剂，是防治灰霉病的一种方便有效的方法。用50%速克灵烟剂熏烟，每667 m² 的用药量为200～250 g，或用45%百菌清烟剂，每667 m² 的用药量为250 g，于傍晚分几处点燃后，封闭大棚或温室，过夜即可。有条件的可选用5%百菌清粉尘剂，或10%灭克粉尘剂，或10%腐霉利粉剂喷粉，每667 m² 用药粉量为1 000 g。烟剂和粉尘剂每7～10天用1次，连续用2～3次，效果很好。

6. 叶斑病类

叶斑病是叶片组织受病菌的局部侵染，形成各种类型斑点的一类病害的总称。叶斑病又可分为黑斑病、褐斑病、圆斑病、角斑病、斑枯病、轮斑病等。这类病害后期往往在病斑上产生各种小颗粒或霉层。叶斑病严重影响叶片的光合作用，并导致叶片的提早脱落，影响植物的生长和观赏效果。

（1）君子兰细菌性软腐病

1）分布与为害。君子兰细菌性软腐病俗称烂头病，是君子兰中最严重的叶斑病。我国君子兰栽培地区均有分布。该病常造成君子兰全叶腐烂、整株腐烂，造成严重经济损失。

2）症状。病菌主要为害君子兰叶片和假鳞茎。发病初期，叶片上出现水渍状斑点，后迅速扩大，受害组织腐烂呈半透明状，病斑周围有黄色晕圈，较宽。在温湿度适宜的情况下，病斑扩展快，全叶腐烂解体呈湿腐。茎基发病也出现水渍状斑点，后扩大成淡褐色病斑，病斑扩展很快，蔓延到整个假鳞茎，组织腐烂解体呈软腐状，有微酸味。发生在茎基的病斑也可以沿叶脉向叶片扩展，导致叶腐烂，从假鳞茎上脱落下来。

3）发病规律。一年中6—10月均可发病，其中6—7月为发病高峰。高温、高湿有利于发病。茎心淋雨或浇水时不慎灌入茎心，是该病发生的主要诱因。

（2）水仙大褐斑病

1）分布与为害。水仙大褐斑病是世界性病害，我国水仙栽培区发生普遍。水仙受害后，轻者叶片枯萎，重者降低鳞茎的成熟度，影响鳞茎质量。该病也可为害朱顶红、文珠兰、百支莲、君子兰等多种园林植物。

2）症状。病菌侵染水仙的叶片和花梗。发病初期，叶尖出现水渍状斑点，后扩大成褐色病斑，病斑向下扩展至叶片的1/3或更大。再侵染多发生在花梗和叶片中。初为褐色斑，后变为浅红褐色，病斑周围的组织变黄色，病斑相互连接成长条状大斑。

在潮湿情况下，病部密生黑褐色小点，即病菌的分生孢子器。水仙大褐斑病如图8—24所示。

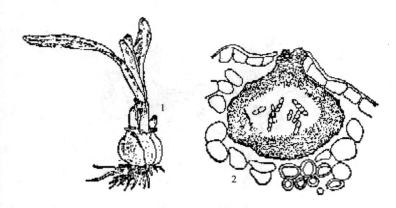

图8—24　水仙大褐斑病
1—症状　2—分生孢子器

3）发病规律。病菌生长最适温度为20～26℃。4—5月气温偏高、降雨多则发病重。连作发病重。崇明水仙感病最为严重，黄水仙、臭水仙、青水仙、喇叭水仙等较抗病。

（3）菊花褐斑病

1）分布与为害。菊花褐斑病又名菊花斑枯病，是菊花栽培品种上常见的重要病害。我国菊花产地均有发生，杭州、西安、广州、沈阳等地区发病严重。该病侵染菊花，削弱菊花植株的生长，减少切花的产量，降低菊花的观赏性。该病还侵染野菊、杭白菊、除虫菊等多种菊科植物。

2）症状。褐斑病主要为害菊花的叶片。发病初期，叶片上出现淡黄色的褪绿斑，或紫褐色的小斑点，逐渐扩大成为圆形的、椭圆形的或不规则形的病斑，褐色或黑褐色。后期，病斑中央组织变为灰白色，病斑边缘为黑褐色。病斑上散生着黑色的小点粒，即病原菌的分生孢子器。病斑的大小和颜色与菊花品种密切相关，如"登龙门""紫金荷"等品种上的病斑小，褐色，而

"银峰铃""紫云风""初樱"等品种上的病斑大，褐色（见图8—25）。

图8—25　菊花褐斑病
1—症状　2—分生孢子器

发病严重时叶片上病斑相互连接，使整个叶片枯黄脱落或干枯倒挂于茎秆上。

3）发病规律。病害发育适宜温度为24～28℃。褐斑病的发生期是4—11月，8—10月为发病盛期。

秋雨连绵、种植或盆花摆放密度大、通风透光不良，均有利于病害的发生。连作或老根留种及多年栽培的菊花发病均比较严重。

（4）芍药褐斑病

1）分布与为害。芍药褐斑病又称芍药红斑病，是芍药上的一种重要病害。我国绝大部分地区均有发生。该病也能侵害牡丹。常引起叶片早枯，致使植株矮小、花小且少，严重的会造成植株死亡。

2）症状。芍药褐斑病主要为害叶片，也能侵染枝条、花、果实。发病初期，叶背出现针尖大小的凹陷的斑点，逐渐扩大成近圆形或不规则形的病斑，叶缘的病斑多为半圆形。叶片正面的

· 256 ·

病斑为暗红色或黄褐色，有淡褐色不明显的轮纹。叶背的病斑一般为淡褐色（因品种而异）。严重时病斑连接成片，叶片皱缩、枯焦。在湿度大时，叶背的病斑上产生墨绿色的霉层，即为病菌的分生孢子梗和分生孢子。幼茎、枝条、叶柄上的病斑长椭圆形，红褐色。叶柄基部、枝干分叉处的病斑呈黑褐色溃疡斑。病害在花上表现为紫红色的小斑点（见图8—26）。

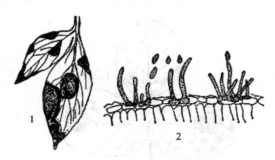

图8—26 芍药褐斑病
1—症状 2—分生孢子及分生孢子梗

3）发病规律。该病的发生与春天降雨情况、立地条件、种植密度关系密切。春雨早、雨量适中，发病早、为害重；土壤贫瘠、含沙量大，植物生长势弱，发病重；种植过密、株丛过大，致使通风不良，加重病害发生。芍药的不同栽培品种之间抗病性差异很大。

（5）月季黑斑病

1）分布与为害。月季黑斑病是月季上的一种重要病害，我国各月季栽培地区均有发生。月季感病后，叶片枯黄、早落，导致月季第二次发叶，严重影响月季的生长，降低切花产量，影响观赏效果。该病也能为害玫瑰、黄刺梅、金樱子等蔷薇属的多种植物。

2）症状。病菌主要为害叶片，也能侵害叶柄、嫩梢等部位。在叶片上，发病初期正面出现褐色小斑点，后逐渐扩大成圆形、近圆形、不规则形的黑紫色病斑，病斑边缘呈放射状，这是该病的特征性症状。病斑中央灰白色，其上着生许多黑色小颗粒，即病菌的分生孢子盘。病斑周围组织变黄，在有些月季品种上黄色组织与病斑之间有绿色组织，这种现象称为"绿岛"。嫩梢、叶柄上的病斑初为紫褐色的长椭圆形斑，后变为黑色，病斑稍隆起。花蕾上的病斑多为紫褐色的椭圆形斑（见图8—27）。

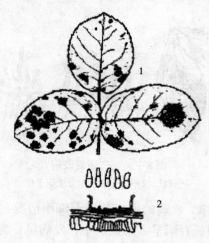

图8—27　月季黑斑病
1—被害叶片　2—分生孢子盘及分生孢子

　　3）发病规律。该病在长江流域一带一年中有5—6月和8—9月两个发病高峰，在北方地区只有8—9月一个发病高峰。雨水是该病害流行的主要条件。地势低洼积水处，通风透光不良，水肥不当、植株生长衰弱等都有利发病。多雨、多雾、露水重则发病严重。老叶较抗病，展开6～14天的新叶最易感病。月季的不同品种之间其抗病性也有较大的差异，一般浅黄色的品种易感病。

　　（6）大叶黄杨褐斑病

　　1）分布与为害。大叶黄杨褐斑病又称大叶黄杨叶斑病，是大叶黄杨上常见的叶斑病，江苏、浙江、山东、河南、湖北、四川、上海、北京等地均有发生。浙江各地的公园、绿化小区发生普遍。褐斑病常引起大叶黄杨大量落叶，也常引起扦插苗的死亡。

2）症状。病菌侵染叶片。发病初期，叶片上出现黄色小斑点，后变为褐色，并逐渐扩展成近圆形或不规则形的病斑。最后病斑变成灰褐色或灰白色，有轮纹，边缘色深，病斑上散生许多黑色的小霉点，即病菌的分生孢子梗和分生孢子（见图8—28）。

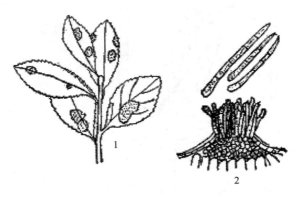

图8—28　大叶黄杨褐斑病
1—症状　2—分生孢子及分生孢子梗

3）发病规律。浙江一年中有两个发病高峰，即5—6月和9—10月。管理粗放，多雨，圃地排水不良，扦插苗过密，通风透光不良发病重。春季寒冷发病重。夏季炎热干旱，肥水不足，树木生长不良发病重。

（7）桃细菌性穿孔病

1）分布与为害。桃细菌性穿孔病在大部分省市均有发生，是造成早期落叶的原因之一。

2）症状。病害主要发生在叶片上，引起穿孔，枝梢及果实也能受害。受害叶片初期出现淡褐色水渍状圆形、多角形病斑，周围有淡黄色晕圈。边缘容易产生离层，造成圆形穿孔。许多病斑连在一起时，穿孔形状即成不规则形。严重时一叶病斑可达数十个，病叶提前脱落。果实受害后生油渍状褐色小点，后病斑扩大，颜色加深，最后呈黑色凹陷龟裂。病枝以皮孔为中心产生水渍状带紫褐色的斑点，后凹陷龟裂。桃细菌性穿孔病如图8—29所示。

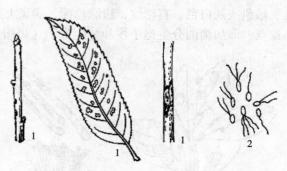

图8—29　桃细菌性穿孔病

1—症状　2—病原

3）发病规律。4—5月开始发生，6月即可见到穿孔。温暖多雨、多雾，气候潮湿时容易病重。下部萌生枝多发病重，老树发病重。管理不善，桃林荒芜，通风、透光不良，树势衰弱时病重。有叶蝉、蚜虫为害时也会加重病情。

（8）叶斑病类的防治措施

1）加强栽培管理，控制病害的发生。适当控制栽植密度，及时修剪，芍药株丛过大要及时进行分株移栽，以利于通风透光。改进灌水方式，采用滴灌或沟灌或沿盆沿浇水，避免喷灌，减少病菌的传播机会。实行轮作。及时更新盆土，防止病菌的积累。增施有机肥、磷肥、钾肥，适当控制氮肥，提高植株抗病能力。

2）选种抗病品种和健壮苗木。园林植物特别是花卉的栽培品种很多，各品种之间抗病性存在较大差异，在园林植物配置上，可选用抗病品种，避免种植感病品种，可减轻病害的发生。不同培育方式的苗木抗病性也存在差异。如香石竹的组培苗比扦插苗抗病，选用组培苗可减轻叶斑病的发生。

3）清除侵染来源。彻底清除病株残体及病死植株并集中烧毁。芍药可在秋季割除地上部分并集中烧毁，可降低来年病害的发生。每年进行一次花盆土消毒。休眠期在发病重的地块喷洒 3 波美度的石硫合剂，或在早春展叶前喷洒 50% 多菌灵可湿性粉剂 600 倍液。

4）发病期喷药防治。在发病初期及时喷施杀菌剂。如 50% 托布津可湿性粉剂 1 000 倍液，或 50% 退菌特可湿性粉剂 1 000 倍液，或 65% 代森锌可湿性粉剂 800 倍液。

5）加强检疫。松针褐斑病等是检疫性病害，要防治病害的蔓延，注意不要从疫区购进松类苗木，也不要向保护区出售松类苗木。

7. 炭疽病类

炭疽病是园林植物上的一类常见病害。其主要症状是子实体呈轮状排列，在潮湿情况下病部有粉红色的黏孢子团出现。炭疽病主要是由炭疽菌属的真菌引起，主要为害植物叶片，有的也能为害嫩枝。炭疽病有潜伏侵染的特点。

（1）山茶炭疽病

1）分布与为害。山茶炭疽病是庭园及盆栽山茶上普遍发生的重要病害。病害引起提早落叶、落蕾、落花、落果和枝条回枯，削弱山茶生长势，影响切花产量。

2）症状。病菌侵染山茶地上部分的所有器官，主要为害叶片、嫩枝。

叶片：发病初期，叶片上出现浅褐色小斑点，逐渐扩大成赤褐色或褐色病斑，近圆形，直径 5～15 mm 或更大。病斑上有深褐色和浅褐色相间的轮纹。叶缘和叶尖的病斑为半圆形或不规则形。病斑后期呈灰白色，边缘褐色。病斑上轮生或散生许多红褐色至黑褐色的小点，即病菌的分生孢子盘，在潮湿情况下，从其上溢出粉红色黏孢子团（见图8—30）。

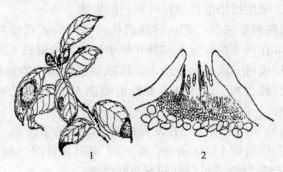

图8—30　山茶炭疽病
1—症状　2—分生孢子盘

梢：病斑多发生在新梢基部，少数发生在中部，椭圆形或梭形，略下陷，边缘淡红色，后期呈黑褐色，中部灰白色，病斑上有黑色小点和纵向裂纹。病斑环梢一周，梢即枯死。

枝干：病斑呈梭形溃疡或不规则下陷，常具同心轮纹，削去皮层后木质部呈黑色。

花蕾：病斑多在基部鳞片上，不规则形，黄褐色或黑褐色，无明显边缘，后期变为灰白色，病斑上有黑色小点。

果实：病斑出现在果皮上，黑色，圆形，有时数个病斑相连成不规则形，无明显边缘，后期病斑上出现轮生的小黑点。

3）发病规律。一年中，一般5—11月都可以发病，7—9月为发病高峰。病害发生与温湿度关系密切，旬平均温度达16.9℃左右，相对湿度86%时，开始发病。温度25~30℃，旬平均相对湿度88%时，出现发病高峰。山茶的不同品种间抗病性有差异。

（2）兰花炭疽病

1）分布与为害。兰花炭疽病是兰花上普遍发生的严重病害。除为害兰花外，还可为害虎头兰、宽叶兰、广东万年青等园林植物。我国兰花栽培区均有发生。兰花炭疽病轻者影响观赏效果，重者导致植株死亡，造成经济损失。

2）症状。病菌主要侵害叶片，也侵害果实。发病初期，叶片上出现黄褐色稍凹陷的小斑点，后扩大为暗褐色圆形或椭圆形病斑，较大。发生在叶尖、叶缘的病斑呈半圆形或不规则形。发生在叶尖的病斑向下扩展，枯死部分可占叶片的 1/5～3/5，发生在叶基部的病斑导致全叶或全株枯死。病斑中央灰褐色，有不规则的轮纹，其上着生许多近轮状排列的黑色小点，即病菌的分生孢子盘。潮湿情况下，产生粉红色黏孢子团。果实上的病斑呈不规则形，稍长（见图 8—31）。

图 8—31　兰花炭疽病
1—症状　2—病原菌分生孢子盘、分生孢子及刚毛

3）发病规律。每年 3—11 月均可发病，4—6 月梅雨季节发病重。株丛过密，叶片相互摩擦易造成伤口，蚧虫为害严重有利

于病害发生。

（3）炭疽病类防治措施

1）清除侵染来源。冬季彻底清除病株残体并集中烧毁。发病初期及时摘除病叶，剪除枯枝（应从病斑下 5 cm 的健康组织处剪除），挖除严重感病植株。

2）加强栽培管理，营造不利于病害发生的环境条件。控制栽植密度或盆花摆放密度，及时修剪，以利于通风透光，降低温度。改进灌水方式，以滴灌取代喷灌。多施磷、钾肥，适当控制氮肥，提高寄主的抗病力。选用抗病品种和健壮植株。

3）药剂防治。当新叶展开、新梢抽出后，喷洒 1% 的等量式波尔多液。发病初期喷施 65% 代森锌可湿性粉剂 500 倍液，或 75% 百菌清可湿性粉剂 500 ~ 600 倍液，或 70% 甲基托布津可湿性粉剂 800 倍液，或 50% 多菌灵可湿性粉剂 800 倍液，每隔 7 ~ 10 天喷 1 次，连续喷 3 ~ 4 次，要交替使用不同类型的药剂，也可混合用药。在温室内可以使用 45% 百菌清烟剂，每 667 m² 用药 250 g。

8. 病毒病类

病毒病在园林植物上普遍存在且严重。寄主受病毒侵害后，常导致叶色、花色异常，器官畸形，植株矮化。

（1）唐菖蒲花叶病

1）分布与为害。唐菖蒲花叶病是唐菖蒲的世界性病害，我国凡是种有唐菖蒲的地方均有发生。该病使唐菖蒲球茎退化、植株矮小、花穗短小、花少且小，严重影响切花产量。该病除侵害唐菖蒲外还侵害多种蔬菜和园林植物。

2）症状。病毒主要侵染叶片，也可侵染花器。发病初期，叶片上出现褪绿的角斑或圆斑，后变为褐色，病叶黄化、扭曲。花器受害后，花穗短小，花少且小，发病严重时抽不出花穗，有的品种花瓣变色，呈碎锦状。叶片上也有深绿和浅绿相间的斑块和线纹。初夏的新叶症状明显，盛夏时症状不明显。

3）发病规律。引起该病的病毒，在我国主要是菜豆黄花叶病毒和黄瓜花叶病毒，这两种病毒均由蚜虫和汁液传播。种球茎的调运是远距离传播的媒介。两种病毒的寄主范围都较广，菜豆黄花叶病毒可侵染美人蕉、曼陀罗及多种蔬菜和豆科植物，黄瓜花叶病毒能侵害美人蕉、金盏菊、香石竹、兰花、水仙、百合、萱草、百日草等40～50种花草。

（2）郁金香碎锦病

1）分布与为害。郁金香碎锦病是世界性病害，我国郁金香栽培地区均有发生。该病可引起郁金香鳞茎退化、花变小、单色花变杂色花，影响观赏效果，严重时有毁种的危险。

2）症状。病毒侵害叶片及花冠。受害叶片上出现淡绿色或灰白色的条斑。受害花瓣畸形，原为色彩均一的花瓣上出现淡黄色、白色条纹或不规则斑点，称为"碎锦"。受害花的花色因品种、发病时间、环境条件不同而不同。病鳞茎退化变小，植株矮化，生长不良（见图8—32）。

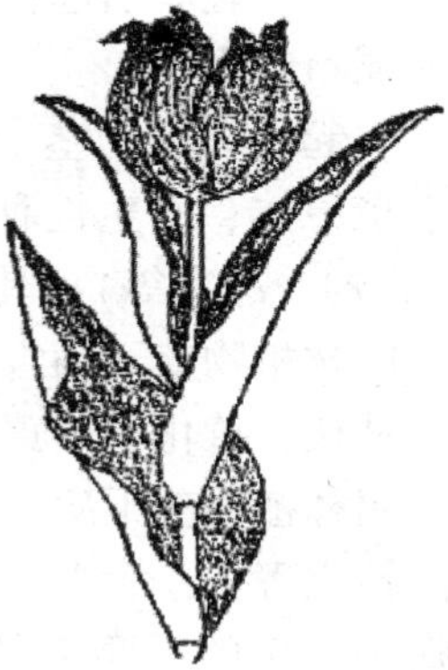

图8—32　郁金香碎锦病

3）发病规律。该病毒由桃蚜和其他蚜虫作非持久性传播。寄主范围广，能侵害山丹、百合、万年青等多种花卉。

（3）病毒病类的防治措施

1）加强检疫，防止病苗和带毒繁殖材料进入无病地区，切断病害长距离传播的途径，防止病害扩散、蔓延。兰花病毒病防治就是采用销毁病株的方法减少传毒源。

2）培育无毒苗。选用健康无病的枝条、种球作为繁殖材料。建立无毒母本园以提供无毒健康系列材料。采用茎尖脱毒法，通过组织培养繁殖脱毒幼苗。

3）加强栽培管理。加强对园林工具的消毒，修剪、切花等园林工具及人手在园林作业前必须用3%～5%的磷酸三钠溶液、酒精或热肥皂水反复洗涤消毒，以防止病毒通过园林操作传播。及时清除染病植株。对于菊花矮化病要注意圃地卫生，及时清除枯落叶，因为类病毒能在干燥病落叶中存活。

4）及时防治刺吸式口器昆虫。

5）药剂防治。根据实际情况可选用病毒A、病毒特、病毒灵、83增抗剂、抗病毒1号等对病毒有效的药剂进行防治。

二、枝干病害

虽然园林植物茎干病害种类不如叶、花、果病害多，但其危害性很大，轻者引起枝枯，重者导致整株枯死，严重影响观赏效果和城市景观。

引起园林植物茎干病害的病原包括侵染性病原（真菌、细菌、植原体、寄生性种子植物、线虫等）和一些非侵染性病原（如日灼、冻害等）。其中真菌是主要的病原。

园林植物茎干病害的病状类型主要有腐烂、溃疡、枝枯、肿瘤、丛枝、黄化、萎蔫、流脂、流胶等。

园林植物茎干病害的防治原则：清除侵染来源，有些锈病需铲除转主寄主，病毒、植原体病等需消除媒介昆虫，是减少和控制病害发生的重要手段。加强养护管理，提高园林植物的抗病力，是防治弱寄生性病原物引起的病害和环境不适引起的病害的有效手段。选育抗病品种是防治危险性茎干病害的良好途径。

1. 腐烂、溃疡病类

这类病害是指茎干皮层局部坏死的病害。典型的溃疡病是茎干皮层局部坏死，坏死后期因组织失水而稍凹陷，周围为稍隆起的愈伤组织所包围。有的溃疡病病部扩展极快，不待植株形成愈伤组织就包围了茎干，使植株的病部以上部分枯死，在枯死过程中，病部继续扩大，大部分皮层坏死，这种现象称为腐烂病或烂皮病。当病斑发生在小枝上时，小枝迅速枯死，常不表现为典型的溃疡症状，一般称为枝枯病。当病斑发生在苗木根茎部时表现为茎腐。引起茎干腐烂、溃疡病的病原主要是真菌，少数病害也由细菌引起，冻害、日灼及机械损伤也可致病。病菌借风雨或借昆虫传播。大部分溃疡病的病菌为兼性寄生菌，经常在寄主的外皮或枯枝上营腐生生活，当有利于病害发生的条件出现时，即侵染为害。病菌多自伤口侵入。腐烂、溃疡病的流行常常是由于寄主受某种原因的影响而生长势减弱的结果。腐烂、溃疡病是园林植物上的一类重要病害，常造成植株死亡。

（1）月季枝枯病

1）分布与为害。月季枝枯病又名月季普通茎溃疡病。上海、江苏、浙江、湖南、河南、陕西、山东、天津、安徽、广东等地均有发生。为害月季、玫瑰、蔷薇等蔷薇属多种植物，常引起枝条顶梢部分枯死，严重的甚至全株枯死。

2）症状。病菌主要侵染枝干。发病初期，枝干上出现灰白、黄或红色小点，后扩大为椭圆形至不规则形病斑，中央灰白色或浅褐色，有小突起，边缘为紫色和红褐色，与茎的绿色对比十分明显。后期表皮纵向开裂，着生有许多黑色小颗粒，即病菌的分生孢子器，潮湿时涌出黑色孢子堆。病斑环绕枝条一周，引起病部以上部分枯死。月季枝枯病如图8—33所示。

图8—33　月季枝枯病

1—枝条上的症状　2—病原菌的分生孢子器

3）发病规律。病菌为弱寄生菌，主要通过休眠芽和伤口侵入寄主。管理不善、过度修剪、生长衰弱的植株发病重。潮湿的环境，或受干旱，有利于发病。

（2）仙人掌茎腐病

1）分布与为害。仙人掌茎腐病是我国仙人掌类园林植物上普遍而严重发生的病害，危害仙人掌、仙人球、霸王鞭、麒麟掌、量天尺等多种植物，常引起茎部腐烂，最后导致全株枯死。

2）症状。病菌主要危害幼嫩植株茎部或嫁接切口组织。多从茎基部开始侵染，向上逐渐蔓延，上部茎节处也能发生侵染。初为黄褐色或灰褐色水渍状斑块，并逐渐软腐。病斑迅速发展，绕茎一周，使整个茎基部腐烂。后期茎肉组织腐烂失水，剩下一层干缩的外皮，或茎肉组织腐烂后仅留髓部。最后全株枯死。病部产生灰白色或紫红色霉状物，或黑色颗粒状物，即病菌的子实体（见图8—34）。

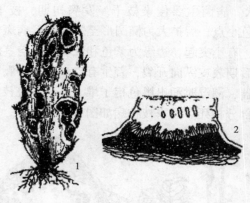

图8—34　仙人掌茎腐病
1—病害症状　2—病原菌的分生孢子盘和分生孢子

3）发病规律。病菌多由伤口侵入。高温高湿有利于发病。盆土用未经消毒的垃圾土或菜园土，施用未经腐熟的堆肥，嫁接、低温、受冻以及虫害造成的伤口多时，均有利于病害的发生。

（3）柑橘溃疡病

1）分布与为害。柑橘溃疡病是柑橘类园林植物上的危险性侵染病害，在我国普遍发生，但以热带和亚热带地区较严重。受害柑橘落叶、落果、枯梢，影响观赏效果。

2）症状。病菌为害叶片、枝条、果实、萼片，形成木栓化突起的溃疡病斑。发病初期，叶片上产生针头大小的黄色或暗绿色油浸状斑点，扩大后成圆形，灰褐色，病斑正反两面木栓化隆起显著，表面粗糙，病斑中央凹陷，似火山口状。病斑周围有黄色或黄绿色的晕圈，但老叶上黄色晕圈不明显。病斑直径 4 ~ 5 mm，有时几个病斑相互愈合，形成不规则形的大病斑。果实上的病斑和叶片上的相似，木栓化突起更显著，坚硬粗糙，病斑较大，直径 4 ~ 5 mm，最大的可达 12 mm，中央火山口状的开裂更显著。

3）发病规律。春季在适宜条件下，病部溢出菌脓，借风雨、昆虫和枝叶的接触及人工操作等传播，并由自然孔口和伤口侵入。病菌在高温多雨季节，病斑上的菌脓可进行多次再侵染。病菌可随苗木、接穗、果实的调运而远距离传播。种子一般不带病。

（4）腐烂、溃疡病类的防治措施

1）加强栽培管理，促进园林植物健康生长，增强树势，是防治茎干腐烂、溃疡病的重要途径。夏季搭荫棚或合理间作或及时灌水降温，可以有效防止银杏茎腐病的发生。适地适树、合理修剪、剪口涂药保护、避免干部皮层损伤、随起苗随移植，避免假植时间过长、秋末冬初树干涂白，防止冻害、防治蛀干害虫等措施，对防治槐树溃疡病、月季枝枯病都十分有效。用无菌土作栽培土、厩肥充分腐熟、合理施肥是防治仙人掌茎腐病的关键。

2）加强检疫，防止危险性病害的扩展蔓延。茎干溃疡、腐烂病中有些是危险性病害，是检疫对象，如柑橘溃疡病、毛竹枯梢病等，要防止带病苗木、种竹、毛竹传入无病区，一旦发现，立即烧毁。

3）清除侵染来源。及时清除病死枝条和植株，结合修剪去除其他枯枝或生长衰弱的植株及枝条，刮除老病斑，减少侵染来源，可减轻病害的发生。

4）药剂防治。树干发病时可用50%代森铵、50%多菌灵可湿性粉剂200倍液，或80%"402"抗菌素200倍液喷，或2波美度的石硫合剂喷射树干或涂抹病斑。茎、枝梢发病时可喷洒50%退菌特可湿性粉剂800～1 000倍液，或50%多菌灵可湿性粉剂800～1 000倍液，或70%百菌清可湿性粉剂1 000倍液，或65%代森锌可湿性粉剂1 000倍液和50%苯来特可湿性粉剂1 000倍液的混合液（1:1）。

2. 干锈病类

干锈病是园林植物的一类常见病害，是由锈菌侵染引起的，受害树干往往形成瘤肿，有的不甚明显，在一定的时期，病部会出现锈黄色的锈孢子器或鲜黄色的夏孢子堆或锈褐色的冬孢子堆。有的锈病要转主寄生才能完成其生活史。

（1）竹秆锈病

1）分布与为害。竹秆锈病又称竹褥病。我国生长竹子地区均有发生。主要为害淡竹、刚竹、旱竹、哺鸡竹、箭竹、毛竹等多种竹子。竹秆被侵染处变黑，材质发脆，生长衰退，发笋减少，发病严重的整株枯死，不少竹林因害此病被毁坏。

2）症状。病菌多侵染竹秆下部或近地面的秆基部，严重时也侵染竹秆上部甚至小枝。感病部位于2—3月（有的在上一年11—12月）在病部产生明显的椭圆形、长条形或不规则形、紧密不易分离的呈毡状的橙黄色垫状物，即病菌的冬孢子堆，多生于竹节处。4月下旬至5月，冬孢子堆遇雨后吸水向外卷曲并脱落，在其下面便露出由紫灰褐色变为黄褐色粉状的夏孢子堆。当夏孢子堆脱落后，发病部位成为黑褐色枯斑。病斑逐年扩展，当绕竹秆一周时，病竹即枯死。竹秆锈病如图8—35所示。

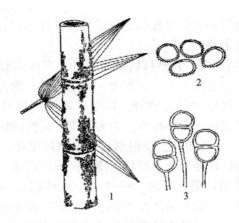

图8—35 竹秆锈病
1—症状 2—夏孢子 3—冬孢子

3）发病规律。地势低洼、通风不良、较阴湿的竹林发病重。气温在14～21℃，相对湿度78%～85%时，病害发展迅速。不同竹种抗病性也有差异。

（2）竹秆锈病类的防治措施

1）清除转主寄主，不与转主寄主植物混栽，是防治干锈病的有效途径。

2）加强检疫，禁止将疫区的苗木、幼树运往无病区，防止松疱锈病的扩散蔓延。

3）及时、合理地修除病枝，及时清除病株，减少侵染来源。

4）药剂防治。用松焦油原液、70%百菌清乳剂300倍液直接涂于发病部位。幼林用65%代森锌可湿性粉剂500倍液或25%粉锈宁500倍液喷雾。

3. 丛枝类病害

丛枝病的典型症状是树冠的部分枝条密集簇生呈扫帚状或鸟巢状，故又称扫帚病或鸟巢病。丛枝病通常是由植原体、真菌引起的，大多是系统侵染，病害从局部枝条扩展到全株需数年或十数年。丛枝病是一类危险性病害，常导致植株死亡。

（1）竹丛枝病

1）分布与为害。竹丛枝病在我国竹子产区均有发生，分布于江苏、浙江、安徽、上海、湖南、山东等地。为害刚竹属、短穗竹属、麻竹属中的部分竹种，以刚竹属中的竹种发生较为普遍。病竹生长衰弱，出笋减少。为害严重者，整株枯死。

2）症状。发病初期，个别细弱枝条节间缩短，叶退化呈小鳞片形，后病枝在春秋季不断长出侧枝，形似扫帚，严重时侧枝密集成丛，形如鸟巢，下垂。4—5月，病枝梢端、叶鞘内产生白色米粒状物，为病菌菌丝和寄主组织形成的假子座。雨后或潮湿的天气，子座上可见乳状的液汁或白色卷须状的分生孢子角。6月间假子座的一侧又长出1层淡紫色或紫褐色的垫状子座。9—10月，新长的丛枝梢端叶鞘内也可产生白色米粒状物，但不见子座产生。病竹从个别枝条丛枝发展到全部枝条发生丛枝，致使整株枯死。竹丛枝病如图8—36所示。

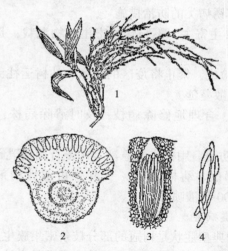

图8—36 竹丛枝病

1—病枝 2—假菌核和子座切面 3—子囊壳和子囊 4—子囊孢子

3）发生规律。郁闭度大、通风透光不好的竹林，或者低洼处、溪沟边，湿度大的竹林以及抚育管理不善的竹林，病害发生较为常见。病害大多发生在4年生以上的竹林内。

（2）泡桐丛枝病

1）分布与为害。泡桐丛枝病在我国泡桐栽培区普遍发生，分布于江苏、浙江、江西、河北、河南、陕西、安徽、湖南、湖北、山东等地。以华北平原为害最严重。发病严重时引起植株死亡。

2）症状。病菌为害泡桐的树枝、干、根、花、果。幼树和大树发病，多从个别枝条开始，枝条上的腋芽和不定芽萌发出不正常的细弱小枝，小枝上的叶片小而黄，叶序紊乱，病小枝又抽出不正常的细弱小枝，表现为局部枝叶密集成丛。有些病树多年只在一边枝条发病，没有扩展，仅由于病情发展使枝条枯死。有的树随着病害逐年发展，丛枝现象越来越多，最后全株都呈丛枝状态而枯死。病树须根明显减少，并有变色现象。一年生苗木发病，表现为全株叶片皱缩，边缘下卷，叶色发黄，叶腋处丛生小枝，发病苗木当年即枯死。有的病株花器变形，即柱头或花柄变成小枝，小枝上的腋芽又抽出小枝，花瓣变成小叶状，整个花器形成簇生小丛枝状（见图8—37）。

3）发病规律。病害由刺吸式口器昆虫（如茶翅蝽、叶蝉等）在泡桐植株之间传播。带病的种根和苗木的调运是病害远程传播的重要途径。病害的发生与育苗方式、地势、气候因素及泡桐种类有关。种子繁殖的实生苗发病率低，行道树发病率高，相对湿度大、降雨量多的地区发病轻。

图8—37　泡桐丛枝病

白花泡桐、川桐、台湾泡桐较抗病。

（3）丛枝病类的防治措施

1）加强检疫，防止危险性病害的传播。

2）栽植抗病品种或选用培育无毒苗、实生苗。

3）及时剪除病枝，挖除病株，可以减轻病害的发生。清除病原物越冬寄主是防治的重要手段。在病枝基部进行环状剥皮，宽度为所剥部分枝条直径的1/3左右，以阻止植原体在树体内运行。

4）防治刺吸式口器昆虫（如蝽、叶蝉等）可喷洒50%马拉硫磷乳油1 000倍液、10%安绿宝乳油1 500倍液或40%速扑杀乳油1 500倍液，可减少病害传染。

5）药剂防治。植原体引起的丛枝病可用四环素、土霉素、金霉素、氯霉素4 000倍液喷雾。真菌引起的丛枝病可在发病初期直接喷50%多菌灵或25%三唑酮的500倍液进行防治，每周喷1次，连喷3次，防治效果明显。

4. 枯萎病类

枯萎病是由病原物侵入寄主的输导组织而引起的一类病害。枯萎病主要由真菌、细菌、病原线虫引起。病原物借风雨、昆虫传播，自伤口侵入茎干，在植物的输导组织内大量繁殖，以阻塞或毒害或以其他方式，破坏植物的输导组织，导致整个植株枯萎。是园林植物上的又一类重要病害。

（1）松材线虫病

1）分布与为害。松材线虫病又称松枯萎病，是松树的一种毁灭性病害。主要为害黑松、赤松、马尾松、海岸松、火炬松、黄松、湿地松、琉球松、白皮松等植物。

2）症状。病原线虫侵入树体后，松树的外部症状表现为针叶陆续变色（7—8月），松脂停止流动，萎蔫，而后整株干枯死亡（9—10月），枯死的针叶红褐色，当年不脱落。发病和死亡过程的时间是该病诊断的重要依据之一。但在寒冷地区，松树当年感染了松材线虫也可能在第二年才枯死。松材线虫侵入树体后不仅使树木蒸腾作用降低，失水，木材变轻，而且还会引起树脂分泌急速减少和停止。当病树已显露出外部症状之前的 9 ~ 14 天，松脂流量下降，或中断分泌，在这段时间内病树不显露其他症状，因此泌脂状况还可以作为早期诊断的依据。松材线虫病症状发展过程可分为四个阶段：首先，外观正常，但树脂分泌量减少或停止，蒸腾作用下降；其次，针叶开始变色，树脂分泌停止，通常能够观察到天牛或其他甲虫为害和产卵的痕迹；再次，是大部分针叶变为淡褐色，萎蔫，可见到甲虫蛀屑；最后，针叶全部变为黄褐色或红褐色，病树整株枯死，此时树体一般有多种次生性的害虫栖居。

3）发病规律。松材线虫病多发生在每年 5—9 月。高温干旱气候适合病害发生和蔓延，低温则能限制病害的发展。土壤含水量低，病害发生严重。在我国，传播松材线虫的主要媒介是松墨天牛。它们主要分布在天牛的气管中，每只天牛都可携带成千上万条线虫，最高可达约 28 万条。当天牛在树上咬食时，线虫幼虫就从天牛取食造成的伤口进入树脂道，然后蜕皮成为成虫。被松材线虫侵染的松树往往又是松墨天牛的产卵对象。翌年，在患病松树内寄生的松墨天牛羽化时又会携带大量线虫，并"接种"到健康的树上，导致病害的扩散蔓延。病原线虫近距离由天牛携带传播，远距离则随调运带有松材线虫的苗木、枝丫、木材及松木制品等传播。松树线虫雌雄虫交尾后产卵，每雌虫产卵约 100 粒。幼虫共 4 龄。在温度 30℃时，线虫 3 天即可完成一个世代。松材线虫生长繁殖的最适温度为 20℃，低于 10℃时不能发育，28℃以上繁殖受到抑制，在 33℃以上则不能繁殖。

（2）香石竹枯萎病

1）分布与为害。香石竹枯萎病是香石竹上发生普遍而严重的病害，天津、广东、浙江、上海等地均有发生，主要为害香石竹、石竹、美国石竹等多种石竹属植物，引起植株的枯萎死亡。

2）症状。植株生长发育的任何时期都可受害。先是植株下部叶片枝条变色、萎蔫，并迅速向上蔓延，叶片由正常的深绿色变为淡绿色，最终呈苍白的稻草色。整个植株枯萎，有时表现为一侧枝叶枯萎。纵切病茎可看到维管束中有暗褐色条纹，从横断面上可见到明显的暗褐色环纹。香石竹枯萎病如图8—38所示。

图8—38　香石竹枯萎病
1—症状　2—大型分生孢子

3）发病规律。繁殖材料是病害传播的重要来源，被污染的土壤也是传播来源之一。高温高湿有利于病害的发生。酸性土壤以及偏施氮肥有利于病菌的侵染和生长。

（3）枯萎病类的防治措施

1）加强检疫，防止危险性病害的扩展与蔓延。香石竹枯萎病和松材线虫病都属于检疫对象，应加强对传病材料的监控。

2）加强对传病昆虫的防治是防止松材线虫扩散蔓延的有效手段。防治松材线虫的主要媒介——松墨天牛，可在 5 月天牛从树体中飞出时用 0.5% 杀螟松乳剂（每株用药 2 ~ 3 kg）或 50% 杀螟松乳油 500 ~ 800 倍液喷雾。用溴甲烷（40 ~ 60 g/m^3）或水浸 100 天，可杀死松材内的松墨天牛幼虫。

3）清除侵染来源。及时挖除病株烧毁并进行土壤消毒可有效控制病害扩展。

4）药剂防治。防治香石竹枯萎病可在发病初期用 50% 多菌灵可湿性粉剂 800 ~ 1 000 倍液，或 50% 苯来特 500 ~ 1 000 倍液，灌注根部土壤，每隔 10 天 1 次，连灌 2 ~ 3 次。防治松材线虫病可在树木被侵染前用丰索磷、克线磷、氧化乐果、涕灭威等进行树干注射或根部土壤处理。

5. 寄生性种子植物病害

寄生性种子植物病害是园林植物上的一类较常见病害，是菟丝子科和桑寄生科植物寄生园林植物引起的，寄生性种子植物从寄生植物上吸取水分、矿物质、有机物供自身生长发育需要，而导致园林植物生长衰弱，严重的导致植物死亡。

（1）菟丝子害

1）分布与为害。菟丝子在全国各地均有分布，主要为害一串红、金鱼草、菊花、扶桑、榆叶梅、玫瑰、珍珠梅、紫丁香、台湾相思树、千年桐、木麻黄、小叶女贞、人面果、红花羊蹄角等多种园林植物，危害轻者生长不良，重者导致园林植物死亡，严重影响观赏效果。

2）症状。菟丝子为全寄生种子植物。它以茎缠绕在寄主植物的茎干，并以吸器伸入寄主茎干或枝干内与其导管和筛管相连接，吸取全部养分。因而导致被害植物生长不良，通常表现为植株矮小、黄化，甚至植株死亡。菟丝子发育及侵染植物的过程如图 8—39 所示。

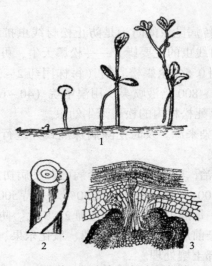

图 8—39　菟丝子发育及侵染植物的过程

1—菟丝子自种子萌发至缠绕寄主的过程

2—寄主枝条被害状　3—菟丝子吸器伸入寄主茎部皮层的切面

3）发病规律。菟丝子以成熟种子脱落在土壤中或混杂在草本花卉种子中休眠越冬，也有以藤茎缠绕在被害寄主上越冬的。以藤茎越冬的，翌年春季温湿度适宜时即可继续生长攀缠为害。越冬后的种子，翌年春末夏初，当温湿度适宜时种子在土中萌发，长出淡黄色细丝状的幼苗。随后不断生长，藤茎上端部分旋转向四周伸出，当碰到寄主时，便紧贴在其上缠绕，不久在其与寄主的接触处形成吸盘，并伸入寄主体内吸取水分和养料。此后茎基部逐渐腐烂或干枯，藤茎上部与土壤脱离，靠吸盘从寄主体内获得水分、养料，不断分枝生长缠绕植物，开花结果，不断繁殖蔓延为害。

夏秋季是菟丝子生长高峰期，11 月开花结果。菟丝子的繁殖方法有种子繁殖和藤茎繁殖两种。靠鸟类传播种子，或成熟种子脱落土壤，再经人为耕作进一步扩散。藤茎繁殖是借寄主树冠之间的接触由藤茎缠绕蔓延到邻近的寄主上，或人为将藤茎扯断后有意无意地抛落在寄主的树冠上。

（2）寄生性种子植物病害的防治措施

1）园林措施防治。在菟丝子种子萌发期前进行深翻，将种子深埋在 3 cm 以下的土壤中，使其难以萌芽出土。经常巡查，一旦发现病株，应及时清除。在种子成熟前，结合修剪，剪除有种子植物寄生的枝条，注意清除要彻底，并集中销毁。严禁随手乱扔菟丝子的藤茎。

2）药剂防治。对菟丝子发生较普遍的园地，一般于5—10月酌情喷药 1 ~ 2 次。有效的药剂有：10% 草甘膦水剂400 ~ 600 倍液加 0.3% ~ 0.5% 硫酸铵，或 48% 地乐胺乳油 600 ~ 800 倍液加 0.3% ~ 0.5% 硫酸铵。防治桑寄生可用氯化苯氨基醋酸、2，4 – D 和硫酸铜。

6. 膏药病

膏药病是亚热带地区阔叶树的常见病害，危害多种阔叶树树干或枝条。常在树干或枝条上形成膏药状病斑。树干受害影响生长，小枝感病后可造成衰弱至枯死。

（1）阔叶树膏药病

1）分布与为害。阔叶树膏药病主要分布在我国江苏以南省（区），为亚热带地区常见病害。

2）症状。病害在树干或枝条上形成圆形或不规则形厚膜状菌丝层，灰白色、茶褐色或淡紫色至紫褐色，有时呈天鹅绒状，菌膜边缘色较淡，中部后生龟裂纹。整个菌膜像中医所用的膏药。小枝受病后逐渐衰弱终至枯死，树干受害严重时也影响生长。

3）发病规律。膏药病菌常与蚧虫或白蚁共生。病菌以它们的分泌物为养料，蚧虫则由于菌膜覆盖而得到保护。雨季，孢子借蚧虫爬行而传播蔓延。林中阴暗潮湿、通风透光不良，或土壤黏重、排水不良的地方容易发生膏药病。

（2）阔叶树膏药病的防治措施

1）可刮除树上菌膜后涂以石灰，或 1~3 波美度石硫合剂消毒，也可涂 1:（10~15）的波尔多液浆。

2）防治蚧虫，常用的药剂是松碱合剂：烧碱 2 份，松香 3 份，水 16 份。将水烧开后加入烧碱，待溶化后，慢慢加入研细的松香，边加边搅拌均匀，然后再煮 50 分钟，冷却后加水 15 倍稀释防治蚧类。

三、根部病害

虽然园林植物的根部病害是园林植物各类病害中种类最少的，但其危害性却很大，常常是毁灭性的。染病的幼苗几天即可枯死，幼树在一个生长季节可造成枯萎，大树延续几年后也可枯死。根部病害主要破坏植物的根系，影响水分、矿物质、养分的输送，往往引起植株的死亡，而且由于病害是在地下发展的，初期不容易被发觉，等到地上部分表现出明显症状时，病害往往已经发展到严重阶段，植株也已经无法挽救了。

园林植物根部病害的症状类型可分为：根部及根茎部皮层腐烂，并产生特征性的白色菌丝、菌核、菌索；根部和根茎部肿瘤；病菌从根部侵入并在输导组织定植导致植株枯萎；根部或干基腐朽并可见大型子实体等。根部病害发生后的地上部分往往表现出叶色发黄、放叶迟缓、叶形变小、提早落叶、植株矮化等症状。

引起园林植物根部病害的病原：一类是非侵染性病原，如土壤积水、酸碱度不适、土壤板结、施肥不当等；另一类是侵染性病原，如真菌、细菌、寄生线虫等。

园林植物根部病害的防治原则：严格实施检疫措施、土壤消毒、病根清除和植前处理，是减少侵染来源的重要措施。加强栽培管理，促进植物健康生长，提高植株抗病力，对土壤习居菌引起的病害有十分重要的意义。开展以菌治病工作，探索根部病害防治的新途径。

1. 根腐、根朽病类

根腐病类是园林植物上的常见病害，包括根腐病、白绢病、白纹羽病、紫纹羽病、苗木立枯病等，主要是由真菌和非侵染性病原引起的，常导致植株的死亡。

（1）幼苗猝倒和立枯病

1）分布与为害。幼苗猝倒和立枯病是园林植物的常见病害之一，全国各地均有此病发生。寄主范围很广，主要危害杉属、松属、落叶松属等针叶树苗木，并危害杨树、臭椿、榆树、枫杨、银杏、桑树等多种阔叶树幼苗和瓜叶菊、蒲包花、彩叶草、一串红、秋海棠、唐菖蒲、鸢尾、香石竹等多种花卉，是育苗中的一大病害。

2）症状。自播种至苗木木质化后均可能被侵害，但各阶段受害状况及表现特点不同，种子在播种后至幼苗出土前，种子和芽受病菌侵染发生腐烂，表现为种芽腐烂，苗床上出现缺行断垄现象。幼苗出土期，若湿度大或播种量多，苗木密集，或揭除覆盖物过迟，被病菌侵染，幼苗茎叶粘结，表现为茎叶腐烂。苗木出土后至嫩茎木质化之前，苗木根颈部被害，根颈处变褐色并发生水渍状腐烂，表现为幼苗猝倒，这是本病的典型特征。苗木茎部木质化后，根部被害，皮层腐烂，苗木不倒伏，直立枯死。

3）发病规律。病菌借雨水、灌溉水传播，一旦遇到合适的寄主便侵染为害。病菌主要危害1年生幼苗，尤其是苗木出土后至木质化之前最容易感病。发病程度与以下因素有关：①前作感病。前作是马铃薯、棉花、茄子、番茄、大豆、烟草、瓜类等感病植物，病株残体多，病菌繁殖快，苗木易于发病。②雨天操作。无论是整地、作床或播种，若在雨天进行，因土壤潮湿、板结，不利于种子生长，种芽容易腐烂。③圃地粗糙，土壤黏重，床面不平，不利于苗木生长，苗木生长纤弱，抗病力差，病害易于发生。④肥料未腐熟。施用未经腐熟的有机肥料，肥料在腐熟过程中，易烧坏幼苗，且肥料中常混有病株残体，病菌会蔓延为害苗木。⑤播种过迟。幼苗出土较晚，出土后若遇阴雨，湿度大，有利于病菌生长，加上苗茎幼嫩，抗病力差，病害容易发生。⑥揭草过晚。如果种子质量差，种子发芽势弱，幼苗出土不齐，因而不能及时揭除覆草。因为揭草不及时，幼苗生长细弱，抗病力差，易发病。⑦苗木过密。育苗时，一般播种量稍多，以预防因病、虫、鸟、兽为害而缺苗，但若间苗过迟，苗木过密，苗间湿度较大，有利于病菌蔓延，病害易发生。⑧天气干旱。苗木缺水或地表温度过高，根颈烫伤，有利于病害发生。

（2）花木紫纹羽病

1）分布与为害。花木紫纹羽病又称紫色根腐病。是园林植物、树木、果树、农作物上的常见病害。我国多地均有发生。松、杉、柏、刺槐、杨、柳、栎、漆树、橡胶、杧果等都易受害。苗木受害后，病害发展很快，常导致苗木枯死。大树发病后，生长衰弱，个别严重的植物会因根茎腐烂而死亡。

2）症状。从小根开始发病，逐渐蔓延至侧根及主根，甚至到树干基部，皮层腐烂，易与木质部剥离，病根及树干基部表面有紫色网状菌丝层或菌丝束，有的形成一层质地较厚的毛绒状紫褐色菌膜，如膏药状贴在干基处，夏天在上面形成一层很薄的白粉状孢子层。在病根表面菌丝层中有时还有紫色球状的菌核。

病株地上部分表现为顶梢不发芽，叶形变小、发黄、皱缩卷曲，枝条干枯，最后全株死亡。

3）发病规律。4月开始发病，6—8月为发病盛期，有明显的发病中心。地势低洼、排水不良的地方容易发病。但在北京香山公园较干旱的山坡侧柏干基部也有发现。

（3）花木白纹羽病

1）分布与为害。花木白纹羽病分布于我国多个省。寄主有栎、栗、榆、槭、云杉、冷杉、落叶松、银杏、苹果、梨、泡桐、垂柳、蜡梅、雪松、五针松、大叶黄杨、芍药、风信子、马铃薯、蚕豆、大豆、芋等。常引起根部腐烂，造成整株枯死。

2）症状。病菌侵害根部，最初须根腐烂，后扩展到侧根和主根。被害部位的表层缠绕有白色或灰白色的丝网状物，即根状菌索。近土表根际处展布白色蛛网状的菌丝膜，有时形成小黑点，即病菌的子囊壳。栓皮呈鞘状套于根外，烂根有蘑菇味。植株地上部分的叶片逐渐枯黄、凋萎，最后全株枯死（见图8—40）。

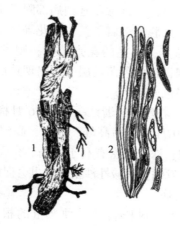

图8—40　花木白纹羽病
1—病根上羽纹状菌丝片　2—病菌的子囊和子囊孢子

3）发病规律。一般3月中下旬开始发病，6—8月发病盛期，10月以后停止发生。病害发生与土壤条件有密切关系。土质黏重、排水不良、低洼积水地，发病重。土壤疏松、排水良好的地，发病极少。高温有利于病害的发生。

（4）花木白绢病

1）分布与为害。花木白绢病分布于我国长江以南各省。危害60多个科中的200多种植物。园林植物上常见的寄主有芍药、牡丹、凤仙花、吊兰、美人蕉、水仙、郁金香、香石竹、菊和许多乔、灌木观赏树种，如油茶、油桐、楠、茶、泡桐、青桐、橄榄、乌桕、柑橘、葡萄、松树等。植物受害后轻者生长衰弱，重者植株死亡。

2）症状。白绢病主要发生于植物的根、茎基部。木本植物一般在近地面的根茎处开始发病，而后向上部和地下部蔓延扩展。病部首先呈褐色，进而皮层腐烂。受害植物叶片失水凋萎，枯死脱落，植株生长停滞，花蕾发育不良，僵萎变红。主要特征是病部呈水渍状，黄褐色至红褐色湿腐，其上被有白色绢丝状菌丝层，多呈放射状蔓延，常常蔓延到病部附近土面上，病部皮层易剥离，基部叶片易脱落。君子兰和兰花等则发生于叶茎部及地下肉质茎处。有球茎、鳞茎的花卉植物，则发生于球茎和鳞茎上。发病的中后期，在白色菌丝层中常出现黄白色油菜籽大小的菌核，后变为黄褐色或棕色。

3）发病规律。在江苏、浙江一带5—6月梅雨季节为发病高峰，北方地区8—9月为发病高峰。高温、高湿是发病的主要条件。土壤疏松湿润、株丛过密有利于发病。介壳虫为害可加重病害的发生。连作地发病重。酸性沙土质土也会促进病害的发生。

（5）花木根朽病

1）分布与为害。根朽病是一种严重的根部病害，可侵害200多种针、阔叶树种，也能为害樱花、牡丹、芍药、杜鹃、香石竹等。导致根系或根颈部分腐朽，严重的全株死亡。

2）症状。病菌侵染根部或根颈部，引起皮层腐烂和木质部腐朽。针叶树被害后，在根颈部产生大量流脂，皮层和木质部间有白色扇形的菌膜。在病根皮层内、病根表面及病根附近的土壤内，可见深褐色或黑色扁圆形的根状菌。秋季在濒死或已死亡的病株干茎和周围地面，常出现成丛的蜜环菌的子实体。杜鹃被害的初期症状表现为皮层的湿腐，具有浓重的蘑菇味，黑色菌索包裹着根部，紧靠土表的松散树皮下有白色菌扇，也形成蘑菇。根系及根颈腐烂，最后整株枯死（见图8—41）。

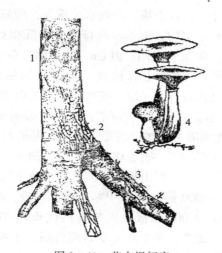

图 8—41　花木根朽病

1—皮下的菌扇　2—皮下的菌索　3—根皮表面的菌索　4—子实体

3）发病规律。植株生长衰弱，有伤口存在，土壤黏重，排水不良，均有利于病害的发生。

（6）根腐、根朽病类的防治措施

1）通过育苗技术措施防治苗木猝倒和立枯病。①选好圃地，要求不积水，透水性良好，不连作，前作不要是茄科等最易感病植物。②圃地深翻、耙平，施好底肥（充分腐熟的农家有机肥），做高床条播，播种沟内撒入 75% 敌克松 4 ~ 6 g/m^2。③精细选种，播种前用 0.2% ~ 0.5% 的敌克松等拌种。④适时播种，使苗木能在雨季发病敏感期前木质化，增强苗木的抗病能力。⑤播种后控制灌水，在不影响生长的情况下尽量少灌水，减少发病；出现苗木感病时，在苗木根颈部用 75% 敌克松 4 ~ 6 g/m^2 灌根。苗木出圃时严格检查，一经发现带病苗木立即销毁。栽植前，将苗木根部浸入 70% 甲基托布津 500 倍溶液中 10 ~ 30 min，进行根系消毒处理。

2）加强栽培管理，提高植株抗病力。选栽抗病品种。注意前作，防止连作。改良土壤，加强水肥管理，增施有机肥，促进根系生长。开好排水沟，雨季及时排涝，降低相对湿度。在病、健树之间开沟，沟深 1 m，宽 40 cm，防止病害蔓延。

3）病树治疗。当地上部初现异常症状如枯萎、叶小发黄时，应及时挖土检查，并采取相应措施。如为白绢病，则先将根茎部病斑彻底刮除，并采取相应措施，用抗菌剂 402 的 50 倍液或 1.9% 的硫酸铜液进行伤口消毒，然后涂保护剂；如为白纹羽病、紫纹羽病、根朽病，则应切除霉烂根。刮下、切除的病根组织均应带出园外销毁。掘出病根周围土壤，换上无病新土。病根周围灌注 500 ~ 1 000 倍的 70% 甲基托布津药液，或 50% 多菌灵可湿性粉剂 500 ~ 1 000 倍液，或 50% 的代森锌 200 ~ 400 倍液，或福尔马林 400 倍液，或 2 波美度石硫合剂，也可使用草本灰。病株周围土壤用二硫化碳浇灌处理，既给土壤消了毒又促进绿色木霉菌的大量繁殖，以抑制蜜环菌的发生。病树处理及施药时期要避开夏季高温多雨季节，处理后加施腐熟人粪尿或尿素，尽快恢复树势。

幼苗猝倒和立枯病，可在苗木出土后马上喷施青霉素（80万单位注射用青霉素钠一瓶加水 10 kg 配成药液），每隔 10 ~ 15 天 1 次，连续喷 5 ~ 6 次有较好的防治效果。

4）挖除重病株和病土消毒。病情严重及枯死的植株，应及早挖除，并做好土壤消毒工作，可于病穴土壤灌浇 40% 甲醛 100 倍液，每株（大树）30 ~ 50 kg。

5）加强检疫，防止危险性病害的扩展、蔓延。

6）生物防治。施用木霉菌制剂或 5406 抗生菌肥料覆盖根系促进植株健康生长。

2. 根瘤病类

根瘤病类的典型症状是园林植物的根部或根颈部出现瘤状突起。主要有根结线虫病和根癌病两大类。一般是由细菌、线虫引起的，常导致植物生长不良，植株矮小，叶色发黄，严重的植株因过度消耗营养而死亡。

（1）仙客来根结线虫病

1）分布与为害。仙客来根结线虫病在我国发生普遍，其寄主范围很广，除为害仙客来外，还为害六棱柱、桂花、海棠、仙人掌、菊、石竹、大戟、倒挂金钟、栀子、唐菖蒲、木槿、绣球花、鸢尾、天竺葵、矮牵牛、蔷薇等，使寄主植物生长受阻，严重时可导致植株死亡。

2）症状。线虫侵害仙客来球茎及根系的侧根和支根。球茎上形成大的瘤状物，直径可达1~2 cm。侧根和支根上的瘤较小，一般单生。根瘤初为淡黄色，表皮光滑，以后变为褐色，表皮粗糙，切开根瘤，在剖面上可见发亮的白色颗粒，即为梨形的雌虫体。受害植株地上部分矮小，叶色发黄，严重时叶片枯死。

3）发病规律。当土壤温度达到20~30℃，湿度在40%以上时，线虫侵入根部危害，刺激寄主形成巨型细胞，并形成根结，从入侵到形成根结大约1个月。幼虫几经脱皮发育为成虫，雌雄交配产卵或孤雌生殖产卵。完成1代需30~50天，1年可发生多代。通过流水、肥料、种苗传播。土壤内幼虫如3周遇不到寄主，死亡率可达90%。温度高湿度大发病严重，在沙壤土中发病也较重。

（2）樱花根癌病

1）分布与为害。根癌病在我国分布很广，寄主范围也很广，菊、石竹、天竺葵、樱花、月季、蔷薇、柳、桧柏、梅、南洋杉、银杏、罗汉松等均能为害，寄主多达59个科，142属，300多种。受害植物生长缓慢，叶色不正，严重的引起死亡。

2）症状。本病主要发生在根颈部，也可发生在主根、侧根及地上部的主干和侧枝上。病部膨大呈球形的瘤状物。幼瘤为白色，质地柔软，表面光滑，后瘤状物逐渐增大，质地变硬，褐色或黑褐色，表面粗糙、龟裂。由于根系受到破坏，重者引起全株死亡，发病轻的造成植株生长缓慢、叶色不正（见图8—42）。

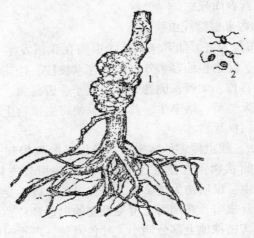

图 8—42　樱花根癌病
1—根颈部被害状　2—病原细菌

3）发病规律。雨水和灌溉水是传病的主要媒介。此外，地下害虫如蛴螬、蝼蛄、线虫等在病害传播上也起一定的作用。其中苗木带菌是远距离传播的重要途径。病菌通过伤口侵入寄主。病菌会引起寄主细胞异常分裂，形成癌瘤。从病菌侵入到显现癌瘤所需的时间一般由几周到一年以上。适宜的温度、湿度是根癌病菌进行侵染的主要条件。病菌侵染与发病随土壤湿度的增高而增加，反之则减轻。癌瘤形成与温度关系密切。土壤为碱性时有利于发病，酸性土壤对发病不利。土壤黏重、排水不良的发病多，土质疏松、排水良好的砂质壤土则发病少。此外，耕作不慎或地下害虫为害使根部受伤，有利于病菌侵入，增加发病机会。

（3）根瘤病类的防治措施

1）改进育苗方法，加强栽培管理。选择无病土壤作苗圃，实施轮作，间隔 2～3 年。苗圃地应进行土壤消毒，防治细菌性根瘤病可每平方米施硫黄粉 50～100 g，或 5% 福尔马林 60 g，或漂白粉 100～150 g，对土壤进行处理。防治根结线虫可用日光曝晒和高温干燥方法进行处理，或用克线磷、二氯异丙醚、丙线磷（益收宝）、苯线磷（力满库）、棉隆（必速灭）等颗粒剂进行土壤处理。碱性土壤应适当施用酸性肥料或增施有机肥料，如绿肥等，以改变土壤 pH 值，使之不利于病菌生长。雨季及时排水，以改善土壤的通透性。中耕时应尽量少伤根。苗木检查消毒：凡调出苗木都应在未抽芽之前将根颈部以下部位用 1% 硫酸铜溶液浸 5 min 或用 3% 次氯酸钠液浸泡 3 min，再放入 2% 石灰水中浸 2 min。仙客来根结线虫病可将染病种球在 46.6℃ 水中浸泡 60 min 或在 50℃ 水中浸泡 10 min 杀死线虫。

2）病株处理。在定植后的果树上发现病瘤时，先用快刀彻底切除病瘤，然后用 100 倍硫酸铜溶液或 50 倍抗菌剂 402 溶液消毒切口，再外涂波尔多液保护。也可用 400 单位链霉素涂切口，外加凡士林保护，切下的病瘤应随即烧毁。病株周围的土壤可用抗菌剂 402 的 2 000 倍溶液灌注消毒。防治根结线虫可在生长期将 10% 力满库（克线磷）施于病株根际附近，每公顷 48～75 kg，可沟施、穴施或撒施，也可将药剂直接施入浇水中，此药是当前较理想的触杀及内吸性杀线虫剂。

3）防治地下害虫。地下害虫为害，造成根部受伤，增加发病机会。因此及时防治地下害虫，可以减轻发病。

4）生物防治。自 1973 年来，澳大利亚、新西兰、美国等广泛应用 K84 防治核果类和蔷薇根癌病，获得良好的防治效果。K84 只是一种生物保护剂，只有在发病前，即病菌侵入前使用才能获得良好的防治效果。

复 习 题

1. 食叶害虫发生特点如何？
2. 以丝棉木尺蛾为例说明尺蛾类危害特点及防治方法。

3. 天牛类害虫有哪些？如何防治？
4. 吸汁类害虫有哪些？危害有什么特点？
5. 金龟甲有哪些主要种类？如何防治？
6. 白粉病的症状有什么特点？应如何进行防治？
7. 仙客来灰霉病有什么症状特征？应如何进行防治？
8. 叶斑病类病害的防治措施有哪些？
9. 园艺植物茎干病害的防治原则有哪些？
10. 简述苗木猝倒和立枯病的症状特点及防治措施。

培训大纲建议

一、培训目标

通过培训，培训对象可以在园艺植物生产和养护岗位工作，或从事园林工程施工员、监理员等工作。

1. 理论知识培训目标

（1）了解园艺绿化工应具备的职业道德和工作职责。

（2）了解园艺绿化工的基本素质要求。

（3）熟悉园艺绿化工相关专业知识。

（4）掌握园林植物生物学特性及栽培技术要点。

（5）掌握园林植物养护的技术要点。

2. 操作技能培训目标

（1）能识别常见的园林植物及园林绿化工程图样。

（2）掌握园林植物的繁殖方法。

（3）熟悉园林植物的栽植及养护方法。

（4）掌握园林植物常见病虫害的防治方法。

二、培训课时安排

总课时数：96 课时

理论知识课时：44 课时

操作技能课时：52 课时

具体培训课时分配见下表。

培训课时分配表

培训内容	理论知识课时	操作技能课时	总课时	培训建议
第一单元　园艺植物分类与识别	**1**	**4**	**5**	重点：园艺植物的识别
模块一　植物分类基本知识	1		1	难点：园艺植物的主要形态特征
模块二　园艺植物的识别		4	4	建议：园艺植物的识别要多借助图片，结合实物讲解
第二单元　园艺工具与机械的使用和保养		**4**	**4**	重点：园艺工具与机械的使用方法
模块一　常用园艺工具的使用和保养		2	2	难点：园艺工具与机械的保养
模块二　常用园艺机械的使用和保养		2	2	建议：先由教师示范规范性操作，学员依次操作练习
第三单元　园艺植物的繁育	**4**	**10**	**14**	重点：播种育苗、嫁接育苗、扦插育苗方法及管理要点
模块一　播种苗的培育		2	2	
模块二　嫁接苗的培育		2	2	难点：嫁接操作技术
模块三　扦插苗的培育		2	2	
模块四　其他育苗技术	1		1	建议：先由教师示范规范性操作，学员3~5人一组练习、互相评议
模块五　容器、大棚和地膜育苗	1	2	3	
模块六　穴盘育苗	2	2	4	
第四单元　园林绿化工程图样的识读	**2**		**2**	重点：地形图的识别
模块一　图样种类和比例	1		1	难点：植物在图样上的表示方法
模块二　植物在图样上的表示及地形图	1		1	建议：教师以实图结合实际讲解

培训内容	理论知识课时	操作技能课时	总课时	培训建议
第五单元　苗木的移植	**8**	**8**	**16**	重点：树木栽植的程序的技术、苗木越冬储藏、大树移栽技术
模块一　苗木出圃及越冬储藏	2	2	4	
模块二　苗木移植	2	2	4	难点：大树移栽技术
模块三　绿化工程中的苗木栽植	2	2	4	建议：教师结合实际讲解；实践课先由教师示范规范性操作，学员分组练习、评议
模块四　大树移植	2	2	4	
第六单元　常见园艺植物的栽植与养护	**16**	**10**	**26**	重点：各树种的繁殖技术及各繁殖方法的操作要点，树木修剪技术
模块一　行道树	2	2	4	
模块二　庭荫树	2		2	难点：绿雕塑类修剪、古树名木的复壮
模块三　孤赏树	2	2	4	
模块四　花灌木	2		2	建议：结合实例讲解为佳，具体操作部分应先由教师示范，学员再练习
模块五　藤本类	2	2	4	
模块六　绿篱与绿雕塑类	2	2	4	
模块七　地被植物	2		2	
模块八　古树名木的养护与复壮	2	2	4	
第七单元　草坪的建植与养护	**5**	**4**	**9**	重点：草坪建植技术
模块一　常见草坪草的种类及形态特征	1		1	难点：混播草坪建植方法
模块二　草坪建植	2	2	4	建议：结合实例现场讲解为佳，具体操作部分应先由教师示范，学员分组练习
模块三　草坪的养护管理	2	2	4	

培训内容	理论知识课时	操作技能课时	总课时	培训建议
第八单元　园艺植物病虫害防治	**8**	**12**	**20**	重点：各种病虫害的症状和防治方法
模块一　园艺植物害虫防治	4	6		难点：各种病虫害的识别
模块二　园艺植物病害防治	4	6		建议：结合实例标本讲解为佳
合计	**44**	**52**	**96**	